JN287625

◀)) 音 ◀ 振動 〜 との出会い

CD-ROM付き

音響学 ABC

Acoustics

久野和宏
野呂雄一
井　研治
堀　康郎
成瀬治興
吉久光一
大石弥幸
岡田恭明
佐野泰之

共著

技報堂出版

はじめまして / ようこそ

　音響学の主題は音と振動と人間との係わりです。本書は初めて音響学を学ぶ人達（学生達）のための入門書です。著者らはしばしば寄り集まり，本書の目的や意図，内容や執筆編集方針について賑やかな議論を積み重ね，易しく肩の凝らない，親しみの持てる（バリヤーフリーの）入門書を目指すこととしました。「名は体をあらわす」といいますが，

- 音響学入門
- 音響振動入門
- 音響学 ABC
- 音響学事始め
- ドレミファ音響学
- フレッシュ音響学
- 大学生のための音響学
- みんなの音響学
- 楽しい音響学
- 音興学

などなど数多くの書名が候補に挙がりました。

　本書の内容は前半（1章～4章）の音響学に関する基礎の部分と後半（5章～10章）の応用から成り立っています。それぞれの分野における基本的な事柄（これだけはと思われる事項）を平易に解説し，初心者が音響学に関する常識を理解し，身に付けることができるよう努めることにしました。

　第1章は音響学への親しみと興味を引き出すためのプロムナード（導入部）です。音や耳に関する日常的な知識を整理するとともに，意外な側面が紹介されています。

第2章では音の定量表示の基礎であるデシベルdBについて学びます。dBは物理量を感覚量に橋渡しするための便利な物差しです。日常生活における様々な場面でdBの仲間たちが活躍しています。人は周囲の物理刺激の大きさを目，耳などにより感覚的に把握しているからです。

　第3章では音が発生する原理を学びます。物体が振動すると，表面の空気も振動し，周囲に伝わって行きます。最初に弦や膜，棒や板など物体の振動（機械振動）の基礎を，次に振動により発生する音の基礎を分かりやすく説明します。これらの機械振動や音を支配する波動方程式の導き方や解き方を通して，音や振動の物理的性質についての理解を深めます。

　第4章では，音や振動（物理刺激）に対する人間の感じ方（感覚）について学びます。音や振動の強さや周波数等をどように感じ取っているか。物理量と感覚との間の基本的な関係，聴覚（耳）や体の振動感覚等の性質について理解を深めます。

　第5章では，音と電気との関係，特に音と電気との変換の仕組みに注目します。われわれの身の周りにはラジオ，テレビ，電話機など生活を豊かにしてくれる様々な電気音響機器があります。その主要部分は，音を電気に，電気を音に変換するマイクロホンとスピーカです。ここでは電気音響変換の主役であるマイクロホンとスピーカの動作や特性について学びます。

　第6章では音声と情報通信技術を取り上げます。まず音声の発声のメカニズムや基本的性質について述べ，ディジタル信号処理と共に急速に発展しつつある音声の分析，合成，認識，記録，加工，再生技術及び最近のサウンドシステム等の概要を紹介します。

　第7章では音と建物について考えます。室内の音環境を快適に保つには，外部からの音の侵入を防ぎ，過剰な音を吸収し，内部の反射音を適切に制御することが必要です。材料の吸音や遮音のメカニズムや周波数特性，室内の残響や音圧分布，室の音響性能を評価する各種の指標ついて学びます。そしてホールの音響設計に関する基本的な考え方や事例を紹介します。

　第8章では日常生活における騒音や振動の問題を取り上げます。好ましくない音，無いほうが良い音，邪魔な音を騒音といいます。また大地は不動であり，振動の無いのが普通の状態であり，地面が振動することは不安や恐怖，不快感を与えます。騒音や振動の伝わり方，測定及び評価方法につて学びます。住居や職場

の音環境を保全するための法律や規則（基準や規制等）の概要についても紹介します。

　第9章では音楽と音響学の係わりが述べられています。楽器や音楽の歴史，いろいろな音階の話，最近の音作りの技術など音を楽しむための知識が集められています。

　最後の第10章では音と振動のいわゆる測定技術のほか，身近なパソコンやデジタルオーディオプレイヤー等を用いて，音や振動を視たり，録ったり，分析する方法を紹介し，音響学に関する様々な実験が手軽に楽しめることを示します。

　その他，本書ではコラムを随所に設け，音響学の歴史や最新のトピックスなどに気楽に接することができるよう配慮しました。また各章末には音や振動について考え，より関心を深めるための課題や演習問題を用意しました。是非チャレンジして見て下さい。

　以上，本書は音響学に関する基本的な事柄を楽しく修得できるよう企画したものですが，その目的がどこまで達成されたかは，読者の判断に委ねられていることは，言うまでもありません。

2009年新春

著　者　一　同

目 次

第 1 章　音と耳の話し　　1

- 1.1　耳に聞こえない音　　1
- 1.2　音の種類　　1
- 1.3　音の速さ　　2
- 1.4　音速と媒質の振動速度　　3
- 1.5　音の背丈（波長）　　3
- 1.6　音と障害物　　4
  - ♪コラム♪　音（波）と音（波）が出会うと？　　5
- 1.7　大気圧と音　　5
- 1.8　音の不思議　　6
- 1.9　音のエネルギー　　6
- 1.10　音の発生のメカニズム　　7
- 1.11　耳の働き　　8
  - ♪コラム♪　耳も疲れる！　　10
- 1.12　聴覚の世界　　10
- 1.13　音の明暗　　11
- 1.14　噪音（非楽音）と騒音　　11

第 2 章　dB（デシベル）　　13

- 2.1　圧力とその単位　　13
- 2.2　大気圧　　14
- 2.3　音圧　　15
- 2.4　百ワットの生命　　16
- 2.5　音の強さと声のエネルギー　　18

2.6	音の被暴量	20
2.7	単位と人名	21
	♪コラム♪ パスカル（**Blaise Pascal**）	22
2.8	音のレベル表示	22
2.9	ウェーバー・フェヒナーの法則	25
	♪コラム♪ 感覚の特性（人の気持）	26
2.10	音の大きさのレベルと騒音レベル	27
2.11	振動のレベル表示	28
2.12	dB の仲間	29
2.13	dB の演算	30

第 3 章　音と振動　　34

3.1	振動の基礎	34
	3.1.1　ニュートンの第 2 法則とフックの法則	34
	♪コラム♪ フック（**Robert Hooke**）とニュートン（**Isaac Newton**）	35
	3.1.2　1 自由度系の振動	36
	3.1.3　多自由度系（n 自由度）の振動	37
	3.1.4　連続体の振動	38
	♪コラム♪ 物体の共鳴周波数	45
	♪コラム♪ 振動を速く伝えるには?	46
3.2	音の基礎	46
	3.2.1　空気のばねと質量	46
	♪コラム♪ レーリー卿（**Lord Rayleigh**）	47
	3.2.2　1 次元音波の波動方程式	47
	♪コラム♪ 音速 c の式の論争	49
	3.2.3　3 次元音波の波動方程式	49
	3.2.4　波動方程式の解	51
	3.2.5　音波の放射	54
	♪コラム♪ 音源の指向性	58
3.3	振動系のアナロジー	60
	♪コラム♪ 楽器を作ってみよう	62

第 4 章 聴覚と振動感覚　64

- 4.1 聴覚器官 ... 64
  - 4.1.1 外耳 ... 64
  - 4.1.2 中耳 ... 65
  - 4.1.3 内耳 ... 65
- 4.2 聴覚の心理特性 ... 66
  - 4.2.1 可聴範囲 ... 66
  - 4.2.2 年齢による聴力損失 ... 66
  - 4.2.3 弁別限 ... 67
  - 4.2.4 音の強さの弁別限 ... 68
  - 4.2.5 周波数の弁別限 ... 68
  - 4.2.6 音の大きさ ... 68
  - 4.2.7 sone ... 69
  - 4.2.8 mel ... 69
  - 4.2.9 マスキング（隠蔽効果） ... 70
  - 4.2.10 Haas 効果 ... 70
  - 4.2.11 カクテルパーティ効果 ... 71
  - 4.2.12 両耳効果 ... 71
- 4.3 人体の振動感覚 ... 72

第 5 章 音と電気　75

- 5.1 電気音響変換器 ... 75
  - 5.1.1 変換器の分類 ... 75
  - 5.1.2 電気・機械・音響系の信号表現 ... 76
  - 5.1.3 電気出力 ... 77
  - 5.1.4 一般的特性 ... 77
  - 5.1.5 制御方式 ... 78
- 5.2 マイクロホン ... 79
  - 5.2.1 構造 ... 79
  - 5.2.2 振動板に加わる力 ... 80
  - 5.2.3 変換器 ... 81

	5.2.4	ダイナミックマイクロホン	81
	5.2.5	コンデンサマイクロホン	82
	5.2.6	音圧傾度型マイクロホン	84
	5.2.7	カーボンマイクロホン	85
	5.2.8	特殊なマイクロホン	85
	♪コラム♪ ベル（Alexander Graham Bell）	87
5.3	イヤホン	87
	5.3.1	分類	87
	5.3.2	ダイナミック型イヤホン	88
	5.3.3	マグネチック型イヤホン	89
	♪コラム♪ イヤホンから漏れるシャカシャカ音	90
5.4	スピーカ	90
	5.4.1	スピーカの分類	90
	5.4.2	一般的性質	91
	5.4.3	スピーカの構造	92
	5.4.4	スピーカの動作解析	93
	5.4.5	スピーカの特徴	96
5.5	エンクロージャ	97
5.6	ホーンスピーカ	98

第6章 音声とコミュニケーション　　　　　　　　　　　101

6.1	音声の基礎		101
	6.1.1	発声器官	101
	6.1.2	母音と子音	102
	6.1.3	基本周波数	102
	6.1.4	ホルマント	103
	6.1.5	音声勢力	103
	6.1.6	ピークファクタ	104
6.2	音声コミュニケーション		104
	6.2.1	音声の伝達	104
	6.2.2	音声の録音・記録	105

	6.2.3	アナログ伝送・記録方式の問題点	105
	6.2.4	放送	106
	6.2.5	拡声装置（PA：Public Address）	106
	6.2.6	緊急放送	107
6.3	ディジタル音声通信	107
	6.3.1	信号処理	107
	6.3.2	分析・合成・認識	108
	6.3.3	ディジタル音声の品質	109
	6.3.4	低ビットレート伝送方式	109
6.4	音楽プレーヤ	110
	6.4.1	記録方式	110
	6.4.2	非圧縮方式	110
	6.4.3	圧縮方式	111
6.5	その他の方式	113
	6.5.1	サラウンドシステム	113
	6.5.2	ディジタル放送	114
	6.5.3	音声通信に関するその他の補助的装置	115
	♪コラム♪ 振動によるコミュニケーション	115
	♪コラム♪ 音声の速度変換	116

第 7 章　音と建物　　　　　　　　　　　　　　　118

7.1	吸音と遮音	118
	7.1.1	吸音材料と吸音機構	118
	♪コラム♪ 吸音と遮音	119
	7.1.2	遮音材料と遮音機構	124
	♪コラム♪ コイシデンス効果	127
7.2	室内音場	128
	7.2.1	室の形状と固有振動	128
	♪コラム♪ 干渉と定在波	130
	♪コラム♪ セービン（W. C. Sabine）の考え方	132
7.3	室内の音を楽しむために	135

		7.3.1 室外からの騒音の制御	135

      7.3.1　室外からの騒音の制御 135
      7.3.2　室内の音の制御 137
      7.3.3　室内における騒音の評価指標 138
  7.4　ホールの室内音響計画 140
      7.4.1　ホールの室内音響評価指標 140
      7.4.2　ホールの形状・規模 143
    ♪コラム♪　聴衆 1 人当たりの室容積 145
      7.4.3　ホールの音響性能評価 145
      7.4.4　ホールの音響特性に関する予測（音響シミュレータ） . . 146
    ♪コラム♪　無響室と残響室（不思議な部屋） 148

第 8 章　騒音と環境振動　　150

  8.1　騒音 150
      8.1.1　身の回りの音 150
      8.1.2　騒音の伝搬 151
    ♪コラム♪　空気吸収による航空機騒音の減衰 157
      8.1.3　騒音の計測と評価 157
    ♪コラム♪　音響インテンシティ 158
    ♪コラム♪　航空機騒音に係る環境基準 162
      8.1.4　騒音の影響と社会反応 164
    ♪コラム♪　低周波音 165
  8.2　環境振動 165
      8.2.1　振動レベルと補正加速度 166
    ♪コラム♪　基準の振動加速度 a_0 167
      8.2.2　振動伝搬 169
    ♪コラム♪　地震波と縦揺れ，横揺れ 170
      8.2.3　振動の測定と評価 171
  8.3　地域の騒音・振動環境と法制度 171
      8.3.1　環境基本法 172
      8.3.2　騒音規制法，振動規制法 173
      8.3.3　環境基準 174

	8.3.4 環境影響評価	174
	8.3.5 その他の法令	176
	♪コラム♪ 大規模小売店舗立地法	178

第 9 章 楽しむ音 180

- 9.1 音楽の起源 180
- 9.2 音楽の 3 要素 181
- 9.3 音階 182
  - 9.3.1 音階 182
  - ♪コラム♪ オクターブ 183
  - 9.3.2 階名と音名 183
  - 9.3.3 平均律音階 184
  - 9.3.4 移調 187
  - 9.3.5 ピタゴラスの音階と純正律 187
  - 9.3.6 世界の音階 189
  - 9.3.7 ハーモニー 191
- 9.4 楽器 193
  - 9.4.1 楽器の分類 193
  - 9.4.2 倍音構造 195
  - 9.4.3 楽器の音色 196
- 9.5 電子楽器 197
  - 9.5.1 シンセサイザ 197
  - 9.5.2 音の合成方法 199
  - 9.5.3 MIDI 201
  - 9.5.4 MIDI 信号の伝わり方 202
  - 9.5.5 MIDI 信号の構成 203
  - 9.5.6 MIDI による自動演奏 204
  - ♪コラム♪ 音程の度 205
  - ♪コラム♪ 無限音階 206

第 10 章 音を測る/聴く/視る　　208

- 10.1 音を測るために 208
  - 10.1.1 アナログ処理とディジタル処理 208
  - 10.1.2 ソフトウェア利用の勧め 209
  - ♪コラム♪ 数値解析ソフトウェア Octave 209
- 10.2 音を録る 210
  - 10.2.1 録音のための機材 210
  - 10.2.2 ディジタルデータの取り出し 211
  - 10.2.3 音を聴く 213
- 10.3 音の大きさを測る 214
  - 10.3.1 A 特性フィルタの実現 214
  - 10.3.2 WAV ファイルの作成 216
  - 10.3.3 騒音レベルの算出 216
- 10.4 音の評価量を求める 217
  - 10.4.1 等価騒音レベルの算出 217
  - ♪コラム♪ Octave と外部ソフトとのデータ交換 .. 218
  - 10.4.2 単発騒音暴露レベルの算出 219
  - 10.4.3 時間率騒音レベルの算出 219
- 10.5 音を周波数から眺める 220
  - 10.5.1 オクターブ分析 221
  - 10.5.2 スペクトル解析 225
- 10.6 音を作る 227
  - 10.6.1 測定に用いる信号 227
  - 10.6.2 インパルス信号 228
  - 10.6.3 正弦波（純音） 229
  - 10.6.4 チャープ信号（TSP 信号） 229
  - 10.6.5 雑音 231
- 10.7 音を視る 234
  - 10.7.1 各種の音響実験 234
  - ♪コラム♪ ヘルムホルツ（Hermann L. F. Helmholtz） .. 235
  - 10.7.2 各種の音 235

10.7.3　音場の可視化 237
10.7.4　声紋, 音紋 238

索引 241
著者紹介 245
付録 CD–ROM について 246

第1章　音と耳の話し

人は母親のお腹の中にいる胎児の頃から，音を聞いているといわれている．また眠っていても耳は働いている．そんな身近な音や耳に関する意外な素顔を紹介することから始めよう．

1.1　耳に聞こえない音

音とは通常，耳に感ずる（聞こえる）ものをいう．しかし耳に聞こえない音もある．勿論，あまり弱ければ聞こえないし，強すぎれば耳が痛くなり，音どころの話ではなくなる．また時間変化が早すぎても遅すぎてもいけない．耳に聞こえるのは周波数にして約 20〜20000Hz の範囲にある適当な強さの疎密の波である．音は空気中だけでなく水中や地中をも伝わる．耳に聞こえようが聞こえまいが，物理的には媒質（気体，液体，固体）中を伝わる弾性波はすべて音である．恐ろしい地震や，楽しい楽器の弦の振動なども音である．耳に聞こえるのは空気の振動のほんの一部で実は耳に聞こえない音が大部分なのである．

1.2　音の種類

音には媒質の各部分の振動の仕方とその周囲への伝わり方によって縦波と横波がある．媒質の微小な各部分を媒質粒子と言う．

媒質粒子の振動の方向とその伝搬方向が一致するのが縦波で，空気中の音波はその代表である．媒質粒子の振動方向に対し直角（横）方向に伝わる波が横波で，弦を伝わる波はその代表である．

地面など固体中にはこの両方の波が伝わる．例えば均質な固体表面に衝撃力が加わると，離れた地点では縦波（P波），横波（S波），それに両者が合体した表

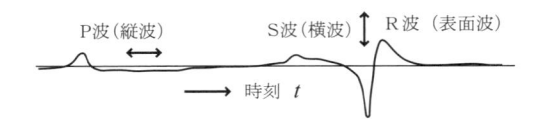

面波（R 波）が観測される（図 1.1）。最初，水平方向の弱い縦波，次に鉛直方向の強い横波，そしてさらに強い表面波がやってくる。P 波と S 波は固体内のあらゆる方向に 3 次元的に伝わる波で実体波と呼ばれ，その強さは地中深くでは距離の 2 乗に，また地表では距離の 4 乗に反比例して減衰する。一方，R 波は固体の表面に集中して 2 次元的に伝わる波で，距離の 1 乗に反比例して減衰する。加振点（震源）の近くではこれらの波がほぼ同時に到達するが，それぞれ伝わる速さが異なるため，震源から遠くなるにつれ，互いに分離して観測されるようになる。また表面波（R 波）は実体波に比し減衰が小さいことから，より遠方まで達する。地震の際にも P 波，S 波に続いて最後にやってくるが，地面の揺れは一番大きい。

なお，P 波，S 波，R 波は Primary（最初にやってくる波），Secondary（2 番目にやってくる波），表面波の存在を予言したレーリー（Rayleigh）に因んだ名称である。

図 1.1　固体表面に沿っての縦波（P 波），横波（S 波）及び表面波（R 波）の伝搬

1.3　音の速さ

地震は縦波，横波，表面波から成り，それぞれに伝わる速さが異なることを述べた。この様に波の種類によって伝わる速さが異なる。また同じ種類の波であっても媒質によって伝搬速度が異なる。例えば縦波をとってみても空気中に比し水中では約 5 倍，固い金属中では更に数倍も速く伝わる。空気中の音速は毎秒 340m であると言われる。しかし，これは 1 気圧，15℃のときの音速であり，気圧や温度が異なれば音速も異なる。1℃気温が上がれば約 0.6m 速くなる。音速は媒質に固有の量ではあるが，媒質の状態が変化すれば変わる。気体や液体では圧力が高く密度が低い程，音は速くなる。固体では固くて軽いもの程，音は速く伝わる。また弦や太鼓の場合には軽い材質のものを使い，きつく張ることが音を速く伝えるコツである。要は身軽で緊張感があるもの（軽くピリッと引き締ったもの）ほ

ど，速く音を伝えることができる。たるんだ緊張感の全くない媒質中（例えば張力のない弦）では音は伝わらない。

1.4　音速と媒質の振動速度

　音の無いときには媒質の各部分（媒質粒子）はそれぞれ決められた場所で静止している。音が来るとその決められた場所を中心に振動し始めるが，媒質粒子はあくまで決められた場所の極く近傍で揺れているだけで遠くへ移動する訳ではない。しかし，その媒質粒子の振動状態が隣接する媒質粒子に次々に伝わって行く。ここに2つの速度があることになる。一つは媒質の各部分が静止位置を中心に振動する速度 u であり，もう一つはそれが周囲に波及していく速度 c である。図1.2に示すように音速は後者の波が周囲に伝搬する速度を言い，前者の媒質各部の振動速度（粒子速度という）とは異なる。媒質の粒子速度 u は通常，音速 c に比べると桁違いに小さい。小さな小さな（微弱な）媒質の振動が周囲に猛スピード（空気中では毎秒約340m）で伝わって行くのである。

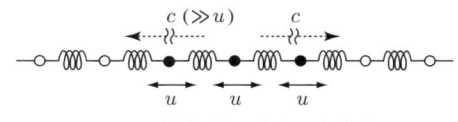

図 **1.2**　媒質の粒子速度 u と音速 c

1.5　音の背丈（波長）

　音は真空中を伝わらないとよく言われるが，その理由は振動すべき媒質の無いところ，即ち何もない真空中では振動が生じないからである。
　さて，音速は媒質に固有の量であり，媒質の状態により決まる一定の値を持っている。媒質の振動数（周波数）が変化しても音速は変わらない。周波数は媒質を振動させるために外部から加えられる力の時間変化により定まるが，音速（振動の伝わる速さ）はこれとは関係なく媒質に固有の量である。周波数が変わるとそれに伴って波長（波の山と山の距離）が変化するが，両者の積である音速はいつも一定で変わらない。図1.3は空気中（1気圧，15℃）における周波数と波長の関係を示したものである。
　空間的に繰り返される波の山と山（あるいは谷と谷）の間の距離を波長といい，波の背丈（身長）に相当する量である。空気中を伝わる可聴音（耳に聞こえる音）

の身長を調べてみると面白いことが分る。我々に聞こえる音の身長は大体 2cm から 20m の範囲にあり，それより小さくても大きくても聞こえない。この耳に聞こえる音の身長は我々の周りに存在する様々な物体（小石からビルディング）の大きさにほぼ匹敵している。音が色々な物体に出会ったとき，どの様なことが起きるかは，音の背丈（波長）と物体の背丈（寸法）とによって概ね決まる。また物体が振動すると，物体表面に接する空気を揺すり，周りに音が放射されるが物体の寸法に見合った波長の音が特に勢い良く放射される。即ち物体にはそれぞれ材質と寸法によって決まる音色（共鳴周波数）がある。

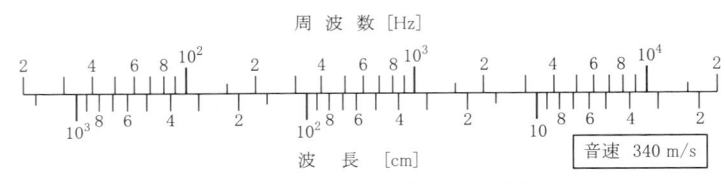

図 1.3 可聴音の周波数と波長の関係

1.6 音と障害物

音は伝わっていく途中で図 1.4 に示すような障害物（建物や塀など）に出会うと自分の背丈（波長）に比べ障害物の寸法が十分小さいときには，殆ど何の影響も受けずにそのまま素通りする。また障害物が波長に比し十分大きいときには大部分が反射（回れ右）をし後戻りすることになる。厄介なのは音と障害物の背丈がほぼ同程度の場合で，このときには反射するもの，背後に回り込むもの，通り抜けるものなどが入り組み，問題が複雑になる。世の常として（人間の世界にもよくあるように），同程度のものがぶつかり合うと問題がこじれ複雑に（難しく）なる。さて我々は大きな問題に直面したとき，"壁に衝き当った"と言うが，こんなとき壁に入射した音がどんな具合に振舞うか，参考にすると解決策（道）が開けるかも知れない。音も人間と同じく実に様々に振舞う。元気よく

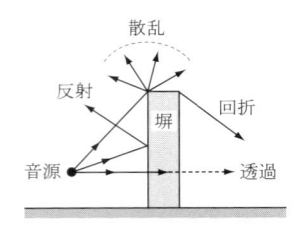

図 1.4 障害物による音の反射，回折，透過，散乱

衝き抜ける（透過する）ものも皆無ではないが，それには大きな犠牲を伴う（特に壁が重くて，音の背丈が短い場合には）。ペカペカしたベニヤ板の様な壁は簡単に通り抜けられるが，どっしりとしたコンクリートの壁を通り抜けるのは容易なことではない。

> ♪コラム♪ 音（波）と音（波）が出会うと？
>
> 　音（波）と人の振舞いはよく似ている。1.6 では音（波）が障害物に出会うと反射や回折，透過や散乱が起きることを述べた。それでは音が音と出会うと，どの様なことが起きるであろうか。互いに干渉し，協力したり，足を引張ったり，あるいは無視したりする。干渉により強め合ったり，弱め合ったり空間的な音の強弱のパターンが生じる。音源の指向性（方向による放射強度の差異）や室内の定在波（固有振動モード）などは干渉の結果である。人間の場合と同様，干渉は似たもの同士（周波数が同じ音波）の間で起き易い。また干渉では相互の位相関係（気合い／呼吸のタイミング）が重要となる。ともあれ干渉は波動的に興味のある数々の現象を引き起こす（3 章参照）。

1.7　大気圧と音

　気圧と音とは同じ仲間である。いや気圧は音の生みの親というべきかも知れない。

　空気の示す圧力が大気圧である。地球の表面には上空 100km あたりまで空気の層があり，気圧とは単位面積当たりに積った空気の重さのことである。以前，天気予報で使用していたバールという気圧の単位は重さ（重量）を表すギリシャ語のバロスからきている。標準的な大気の圧力が 1 気圧で，これが 1013mbar（ミリバール）即ち約 1bar（バール）である。次章（2.2 参照）で述べるように 1bar の空気の重さは $1m^2$ あたり，驚くことに 10t（トン）もの重量に相当する。

　一方，空気中を伝わる音，即ち空気の振動は大気圧の時間的空間的変動を引き起こす。大気圧のこの変動が音圧であり，音が存在するということは音圧が存在

することと同じである。しかし通常，この音圧は大気圧と比べると驚くほど小さい。音とは大気圧の極く微弱なさざ波のような変動なのである（2.3 参照）。

1.8 音の不思議

空気中の音は大気圧の周りの微小な変化分である。音圧も大気圧も共に空気の圧力でありながら，大きな大気圧が聞こえなくて微小な音圧が聞こえるのは何故であろう。いくら大きな圧力でも変化しないもの，変化の緩やかなものは我々の耳には聞こえない。前述のように振動数（周波数）が 20〜20000Hz の間にある圧力の変動分が耳には音として感じられる。

さて，この耳に聞こえる音の圧力はどれ位かと言うと，大気圧を 1 とした場合，耳で聞くことのできる最小の音圧はおよそ 10^{-10}（100 億分の 1）であり，耳で聞くことのできる最大の音圧は（耳が痛くなるのは）およそ 10^{-4} 程度である。

この様に音の圧力は大気圧に比べると驚くほど小さく，気圧が 1 ミリバール（1 ヘクトパスカル）も変動したら耳が痛くて音どころの話ではなくなる。

上で述べたことを音圧の代りに音の強さ（$1m^2$ あたりの音のワット数）で表現すると，耳で聞きとることのできる最小値は $10^{-12}W/m^2$ であり，最大値は $1W/m^2$ となる。即ち我々の体（表面積約 $1m^2$）に 1 兆分の 1 ワットという超微弱な音がやってくれば感知できるし，1 ワットもやって来ればもう耳が痛くなるのである。

1.9 音のエネルギー

道路や鉄道，飛行場，工場や建設現場，都市では住居（家）の周りにも音があふれている。

これだけ騒がしいのだから音のエネルギーは大変なものだと思う人も多いことであろう。音を出すもの，音のエネルギーを周囲に放射する振動源を音源という。自動車や電車，楽器などは勿論のこと，人も音源である。音源としての能力は 1 秒間に周囲に放射する音のエネルギー（ワット数）で表される。

この音源のワット数を調べると，

自動車	数 mW ～ 100mW
列車	数 W ～ 100W
ジェット旅客機	数 kW

であり，人間の声はわずか $40\mu W$ 程度である。

　これまた意外な数値である。家庭で使う蛍光灯 1 本にしても 20～40W の電力を消費する。蛍光灯などの照明器具とともに，クーラーや掃除機，洗濯機や電子レンジなどを一緒に使えば各家庭で使用するエネルギー（電力）もたちまち 2kW や 3kW にはなる。

　してみると，自動車 1 台分の騒音は豆電球 1 個分，新幹線の騒音は蛍光灯数本分，ジェット旅客機の騒音は 1 家族が使用する電力程度であることが分る。高速道路や鉄道（新幹線），飛行場のまわりで嫌われものの騒音を捕獲収集して発電すれば，周囲は静かになるし，騒音のエネルギーは有効に利用できるし，一挙両得（一石二鳥）の様に思われるかも知れないが，とても採算に合わない。

　しかし誤解しないでいただきたい。何も新幹線やジェット機の騒音が大したことはない，取るに足らないと言っているのではない。それどころか，新幹線やジェット旅客機の騒音が如何にすごいものか（すさまじいものか）は一寸考えればすぐ分かる。ジェット旅客機 1 機から出る騒音のエネルギーは，1 億人もの人（日本国民）が一同に会し，全員がおしゃべりをしている時の声のエネルギーに，また時速 200km で走る新幹線 1 本から出る騒音はおよそ 250 万人（名古屋市の人口は 220 万人）の人々の声量に相当するわけですから。

1.10　音の発生のメカニズム

　空気中の音の源（みなもと）は物体の振動や気流の乱れ（乱流）によることが多い。各種の機械類，打楽器や弦楽器などでは物体の振動が表面の空気を揺すらせ，物体の振動エネルギーの一部が空気の振動エネルギー（空気中の音のエネルギー）に変換される。一方，管楽器の音や，エイオルストーン（風で電線が鳴る音など）やジェット騒音などは気流の持つエネルギーの一部が空気の振動エネルギーに変わったものである。

　実はわれわれが発する声にも 2 種類の音源がある。「ア，イ，ウ，エ，オ，ブ，

ド，グ」など有声音を発声する場合には喉にある声帯が肺からの呼気を断続して，振動エネルギーを作り出しているし，「k, s, f, sh, p, t…」など無声音を発するときには歯ぐきや口唇などをうまく使って乱流を作り出している。そしてノド，口，舌，アゴ，歯，クチビル，鼻まで総動員して音に色づけをして声として外に出す。図 1.5 はその音声発生の調音器官を示したものである。

工場の機械類や自動車，列車など運動する物体は大きな運動エネルギーを持っているが，空気中の音のエネルギーに変換されるのはそのうちの 1 千万分の 1，ないしは 1 億分の 1 程度であることが多い。また，音源から放射された音は近くに障害物がない場合には通常，距離の 2 乗に逆比例して弱くなる。

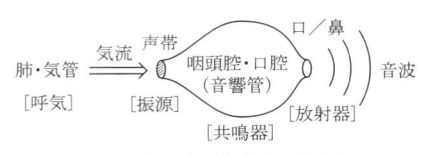

図 1.5 調音器官（有声音の発生）

1.11 耳の働き

耳は外耳，中耳，内耳から成っている（図 1.6）。やってきた音は耳の中を外耳，中耳，内耳に進むにつれて空気の振動，骨の振動，膜の振動そして電気信号に変換されて神経に伝えられる。マイクロホンと同じように音を電気信号に変える働きをしている。そして連続的な音の強さに比例した離散的な電気パルス列を発生させる。通信工学の分野でよく知られたパルス数変調を行っていることになる。

さて，耳の能力，聴能力について調べてみることにしよう。

① 可聴音の振動振幅

我々が音として聞いている空気の振動振幅を求めてみると，1000Hz の音の場合，かろうじて聞きとれるのが 0.1Å（オングストローム），耳が痛くなるのが 10μ（ミクロン）となる。$1\text{Å} (= 10^{-10}\text{m})$ というのは水素分子の大きさに相当しており，鼓膜がわずかその 1/10 ほど変位すれば音を感じるので

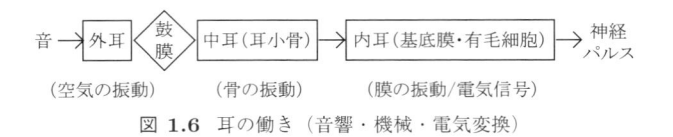

図 1.6 耳の働き（音響・機械・電気変換）

ある。音がいかに微弱な振動であるか，そして耳がいかに優れた検出能力を持っているかが分る。

② カクテルパーティ効果

我々はお酒の入った騒がしいパーティ会場においても聞きたい音を選択的に聞き取ることができる。自分からある程度離れたところで交わされている会話でもその気になって注意を払えば聞きとることができる。様々な話し声の中からある特定の人の声を選び出して聞きとる能力は，現在のハイテク技術を用いても及ばないものである。

③ 自分の声はうるさくない

自分の声がうるさいとか騒がしいと思ったことがありますか。他人の声をそう思うことがあっても，自分の声に対しては多分ないでしょう。既に述べたように音は概ね音源からの距離の2乗に反比例して弱くなるため，耳に近い音源ほど大きく聞こえる。耳に一番近い音源は言うまでもなく自分の口であり，しゃべっているときには幹線道路端よりももっと強い音が耳に達しているにもかかわらず，それでも大きいとかうるさいとか感じないのは何故であろう。自分の声が因で耳が悪くなったという話は未だかって聞いたことがない。これは発声しているときには自動的に耳の感度が低下し，聴力を保護しているからだと考えられている。若しこれが本当であるとすれば，騒がしいところでは，静かにしているより自分も大声を出している方が耳のためにはよいのかも知れない（?）。

④ 刺激の対数圧伸

耳でカバーできる音の強さの範囲は前述のように $1m^2$ あたり $10^{-12}W$ から $1W$ である。従って耳にやっと聞こえる程度の刺激を1とすれば，痛みを感ずる刺激はその 10^{12} 倍となる。この1から 10^{12}（1兆）にも及ぶ極めて広い刺激の範囲について耳はその桁数を感知することで対処している。数字の桁数を知るにはその数の対数をとればよい。即ち耳では刺激の対数変換が行われていることになる。刺激の大きさはその桁数を見れば分かるというのである。その結果，弱い刺激は拡大され，強い刺激は抑制される。これは刺激の対数圧伸といわれ，広範な刺激をほどよい範囲に変換する耳の優れた能力の一つである。

♪コラム♪ 耳も疲れる！

「目が疲れた。」と言うことはよく耳にするが，「耳が疲れた。」とはあまり聞かない。だが目と同様，耳も注意しないと，疲れがたまり，機能（聴力）が劣化し，遂には会話に支障をきたすようになる。例えば大きな音を聞いた直後には誰れでも耳が遠くなった感じを持つが，これは一時的なものでまもなく回復する。騒音による耳の疲労現象と考えられており，騒音性聴力損失（騒音性難聴）のうちの一時性難聴と呼ばれている。これに対し，騒音の大きい職場で長年働いていると，次第に耳が遠くなり回復することがない。昔から職業病の一種として知られており，騒音による永久性難聴という。また最近ではイヤホンで音楽を楽しむ若者が増えているが，音量に注意しないと難聴になる危険があると指摘されている。

通常，人の聴力は成長するにつれて発達し，20歳前後でピークに達するが，それ以降は年齢とともに低下し，老齢になるにつれ聞こえ難くなる。職業性の難聴では，主として耳の感度の最も鋭敏な4000Hzを中心に聴力劣化が始まり，周辺の周波数域に波及するのに対し，老人性難聴の場合には高音域から劣化が始まり，徐々に会話音域に及ぶこと，また女性より男性の方が聴力の低下が著しいのが特徴である。聴力を検査する装置にオージオメータがある。正常な人に比し，各周波数においてどれだけ（何dB）聴力が劣化しているかを測定するものである。何れにせよ，耳を酷使しないこと，耳に疲れを貯めないことが聴力を保持する上で大切である。

1.12 聴覚の世界

我々は音には「大きさ」と「高さ」と「音色」のあることを知っている。これらを音の三要素とか属性とか言い，音を耳で聞いたときに発生する感覚であり，物理的なエネルギー，周波数及び周波数スペクトル（周波数の混り具合）により複雑に変化する。図1.7に示すように音の大きさは概ね音のエネルギーと，音の高さは周波数と，音色は音の周波数スペクトルと関連付けられるが，それらの間の関係は単純ではない。また音の物理的な世界における法則と聴覚（耳で聞いた後）の世界における法則とは非常に異なっている。即ち音のエネルギーや周波数，スペクトルに関する物理の世界と音の大きさや高さ，音色に関する聴覚の世界とは様子がかなり異なっている。物理的な世界（刺激の世界）から眺めると感覚の世界はかなり歪んでしかもファジー（奇妙）に見えることであろう。

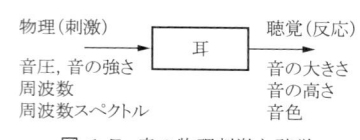

物理（刺激） → 耳 → 聴覚（反応）
音圧, 音の強さ　　　　　　音の大きさ
周波数　　　　　　　　　　音の高さ
周波数スペクトル　　　　　音色

図 1.7 音の物理刺激と聴覚

それに感覚量は物理量に比し，あいまいで必ずしも明確に計測できる訳ではない。定量的な表示のできないものもある。

1.13　音の明暗

　音を聞いたとき明るいとか，暗いとか思うことがある。金属性の高い音，テンポの速いリズミカルな音，メジャーな音などは明るく感じるのに対し，鈍い音，テンポの遅い音，マイナーな音などは暗く感じることが多い。ある音が明るいとか暗いとか言うのは音色の問題である。音色には音源に固有の側面（音源の識別）と音に対して人が感ずる共通の側面とがある。日本の大学生によるとお寺の鐘の音は暗いが，教会の鐘の音は明るい。また，同じベル（チャイム）の音でも授業開始の時は暗く，終了の時は明るく聞こえるそうである。

　さていろいろな音に共通な音色の側面は大略，次の3つの要素から成るといわれている。

○　美的因子（美しさの程度）
○　金属性因子（金属的な響きの程度）
○　迫力因子（迫力を感じさせる程度）

上で述べたことと，この3つの要素とを組み合せると美しく，金属的な響きがあり，元気のいい音が明るく感じられることになる。音の大きさと高さは感覚量として明確に定義され測ることもできるが，音色に関しては内容が複雑で未だ定量的な扱いは困難である。

1.14　噪音（非楽音）と騒音

　周期的な音には，その基本周波数に対応する高さ（ピッチ）が感じられる。音には高さの感じられるものと，そうではないものとがあり，音楽では前者を楽音，後者を噪音（そうおん）と呼んでいる。噪音とは非楽音，音楽性の欠如した音という意味であり，騒音とは区別すべきものである。

騒音とは，「好ましくない音」，「ない方がよい音」のことであり，楽音と言えども事と次第によっては騒音となり得るのである．一方，小川のせせらぎや波の音，松風の音など噪音の中にも我々の心を和ませてくれる音が多々ある．

課題・演習問題

1. 耳はなぜ二つあるのか．二つあることにより期待される機能（両耳効果）について考えてみよう．
2. 我々の頭には口（音の送信機）と耳（受信機）の両方が備わっている．このことが人間のコミュニケーション能力にどのように係わっているか考えてみよう．
3. 目と耳の機能について考えてみよう．「百聞は一見に如かず」と言うが本当であろうか．光と音の性質を列挙し，比べてみよう．
4. 「耳が痛い」，「耳にタコができる」とはどういうことか．また「壁に耳あり，障子の目あり」とはどういうことか．
5. 漢字には「音」や「耳」を含む文字がいろいろある．古代の中国の人々にとって「音」とは何であったか，また「耳」とは何であったか．「音」や「耳」を含む漢字を列挙し，考えてみよう．
6. 日本語の「おと」とはいったい何であるのか，そのルーツについて調べてみよう．
7. sound, vibration, phone, acoustics, tone, sonic, sone など音に関する英単語のルーツを訪ねてみよう．
8. 視力を補うのに眼鏡を掛ける．聴力を補うのに補聴器（ヒアリングエイド）がある．補聴器の構造や装着上の留意事項について調べてみよう．

参考図書等

1) 西山静男他, 音響振動工学（コロナ社, 1979）．

第2章　dB（デシベル）

　音を定量的に表現する便利な手段にデシベル（dB）がある。しかし，一般の人々や学生達にとっては，このデシベルの意味（正体）がなかなかつかみにくく，音響学を学ぶ上でネック（障害）になっていることが多い。それに dB を用いた音の様々なものさし（レベル）がある。音圧レベル，音の強さのレベル，騒音レベルなど。ものさし相互の関係を理解するのも一苦労である。急がば回れ！わき見やよそ見をし，道草を食べながら本章では dB と音の定量表示について学ぶことにする。それでは前章の復習と補足をしながら話を進めることにしよう。

2.1　圧力とその単位[1]

　もう 20 年程前のことになるが，テレビやラジオ，新聞の天気予報（概況）で気圧を表すミリバール（mbar）がある日，突然ヘクトパスカル（hPa）に変わり，「あれっ」と思ったことがある。気圧と言えばミリバールと長年馴れ親しんできたのが，あるとき急に耳慣れないヘクトパスカルに変わったのである。呼び名（気圧の単位名）が変更になっただけで，数値そのものは同じであったから，さほど混乱はなかったようであるが。
　前述のように気圧と言うのは空気の示す圧力（大気の重さ）のことであるが，圧力とは気圧に限らず単位面積あたりに働く力のことである。水の示す圧力を水圧，土の示す圧力を土圧，音の示す圧力を音圧などと呼ぶ。勿論，血圧も圧力の一種である。これらの圧力を表すのに物理学の世界ではいろいろな単位が用いられてきた。バール（bar），パスカル（Pa），ミリメートル水銀（mmHg）などなど。bar はギリシャ語の baros（バロス，重さ）に由来しており，barometer（晴雨計，気圧計）という言葉にもみられるように気象関係で主に用いられてきた。1bar の千分の 1 が 1mbar，そのまた千分の 1 が 1μbar（マイクロバール）であ

るが，実はこの 1μbar（百万分の 1 バール）が

$$1[\mu\text{bar}] \fallingdotseq 1[\text{dyne/cm}^2]$$

即ち，1cm² あたり 1dyne（ダイン）の力が加わっている状態を表すのである。1dyne というのは約 1mg の物体に働く重力に相当することから，1μbar というのは 1cm² の面積に 1mg の荷重が加わった場合の圧力ということができる。

一方，1Pa（パスカル）は 1m² あたり 1N（ニュートン）の力が加わった時の圧力と定められている。そして N と dyne，m² と cm² の間にはそれぞれ

$$1[\text{N}] = 10^5[\text{dyne}]$$
$$1[\text{m}^2] = 10^4[\text{cm}^2]$$

なる関係があることから

$$1[\text{Pa}] = 1[\text{N/m}^2] = 10[\text{dyne/cm}^2] = 10[\mu\text{bar}]$$

となり，1Pa は 10μbar に等しいことがわかる。また，ある量の 10 倍をデカ（da），100 倍をヘクト（h），1000 倍をキロ（k）などということから

$$1[\text{hPa}] = 100[\text{Pa}] = 1000[\mu\text{bar}] = 1[\text{mbar}]$$

となり，1 ヘクトパスカル（100 パスカル）は 1 ミリバールということになるわけである。

2.2　大気圧

さて，1N という力は 10^5dyne であるから，1mg の重さの 10 万倍，すなわち

$$1[\text{N}] \fallingdotseq 100\text{g の重さ}$$

に相当する。したがって，1Pa とは 1m² の面積に 100g の重さの物体が載っている場合の圧力ということになる。それでは通常の大気圧はどの程度の圧力であるか考えてみよう。常温における空気の圧力は

$$1[\text{気圧}] = 1013[\text{mbar}] \fallingdotseq 1[\text{bar}]$$

であるから

$$1[\text{気圧}] \fallingdotseq 10^5[\text{Pa}] = 10^5[\text{N/m}^2] \fallingdotseq 10[\text{t 重/m}^2] = 1[\text{kg 重/cm}^2]$$

となり，1cm^2 あたり 1kg の重さが加わっていることになる。普通の人の体表面積は大略 1m^2 程度であることを考えると大気圧により体表面にかかっている荷重は全体で 10t にも達することは，気付かないとは言え，驚くべきことである。

地球は 100km にも及ぶ大気の層でおおわれているという。大気圧とは，この地球をおおう大気（空気）の重量によって生ずる圧力のことである。空気の密度は地表で水の 1/1000 程度であり，上空に行くにつれどんどん薄く（軽く）なるが空気も積もれば 1m^2 あたり 10t もの巨大な重量となるのである。そしてこの圧力（1 気圧）が水銀柱を 76cm 持ち上げ，水ならば 10m の高さまで押し上げる力となる。水の比重は 1，水銀の比重は 13.59 であることから，この水銀柱や水の高さはともに 1cm^2 あたり約 1kg の重さに相当することが分かる。

2.3 音圧 [1)]

大気中に音が存在すると，音による大気の圧力変動が生じる。この音による大気圧の変動分を音圧と呼んでいる。音圧の大きさは大気圧の周りの振動振幅（実効値）で表され，物理的には大気圧と同じく空気の示す圧力であることから，その値はパスカルとかバールを単位として測られる。我々はこの圧力変動（音圧）を全て耳で聞くことができる訳ではない。人が聞くことができる音（可聴音）は周波数が 20〜20000Hz，音圧（実効値）が 20μPa〜20Pa の範囲に限られており，しかも周波数によって耳の感度が異なっている。すなわち 1000Hz 付近において耳で聞くことのできる最も弱い音（最小可聴音圧）は

$$20[\mu\text{Pa}] = 0.0002[\mu\text{bar}] = 0.0000000002[\text{bar}]$$

程度であり，一方，最も強い音（それを越えると音としてよりも痛みを感ずる最大可聴音圧）は

$$20[\text{Pa}] = 0.2[\text{hPa}] = 0.2[\text{mbar}] = 0.0002[\text{bar}]$$

である。大気圧はおよそ 1bar（$\fallingdotseq 10^5$Pa）であるから，これらの音圧は大気圧に比べ驚くほど小さく，殆ど無視できる程度の大きさである（図 2.1）。音とはこの

ような微弱な大気圧の変動であり，気圧が時々刻々千分の 1（1mbar 程度）も変動すれば耳が痛くて音どころの話（騒ぎ）ではなくなるのである。可聴音の特徴としてはその圧力が大気圧に比べこのように極めて小さいのであるが，同時に最小可聴音圧と最大可聴音圧の比が 100 万倍（10^6）にも達することである。音圧の代わりに音のエネルギー（音圧の 2 乗に比例する）で言えば，この比は実に 10^{12}（1 兆）倍という驚異的な値となるのである。

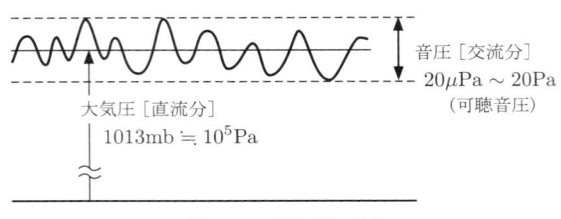

図 2.1 大気圧と音圧

前節では大気圧が我々の想像を遥かに上回るほど大きな圧力であることを述べ，一方ここでは音の圧力が極めて小さいことを述べた。音圧が小さいと言っても大気圧（1 気圧）に比べてのことであり，実は最小可聴音圧は

$$20[\mu\mathrm{Pa}] \fallingdotseq 2[\mathrm{mg\,重/m^2}]$$

また最大可聴音圧は

$$20[\mathrm{Pa}] \fallingdotseq 2[\mathrm{kg\,重/m^2}]$$

となり，それぞれ $1\mathrm{m}^2$ の広さに 2mg 及び 2kg の重さの物体を載せた場合の圧力に相当し，決して無茶苦茶に小さな量という訳ではない。

音の無い場合，大気圧はほぼ一定のまま変化しない。より正確には変化が極めて緩やかであり（毎秒の変化が 20Hz よりもはるかに遅く），耳にはその変化が感じられない。音として耳に聞こえるためには毎秒の振動数が 20〜20000Hz の範囲にあることが必要である。電気回路との対応で言えば大気圧は直流成分に，音圧はその上に乗っかった交流成分に相当し，聴覚を刺激し音として聞こえるのは交流成分（20〜20000 Hz）のみである。

2.4　百ワットの生命 [2)]

音のエネルギーについて話をする前に，少々大げさだが，人が生命を維持するために必要とするエネルギーについて考えよう。言うまでもなく人は食物からエ

2.4. 百ワットの生命[2]

ネルギーを摂取し，それにより生活している。このエネルギーのうち，声として使用されるのはどれくらいであろうか。時に考えて見るのも無駄ではなかろう。エネルギーを測るには，カロリー及びジュールという単位がよく使われる。カロリー（cal）は栄養学や化学の分野で，ジュール（J）は力学など物理学の分野で主に用いられており，それぞれ次のように定義されている。

  1cal：1g の水の温度を 1℃ 上げるのに必要な熱量

  1J：1N の力に逆らって物体を 1m 移動させるのに要する仕事

  （即ち，約 100g の物体を 1m 持ち上げるのに必要な仕事）

この熱量と仕事との間の関係をジュール（Joule，イギリスの物理学者）は実験により定めた。これが有名な熱の仕事当量と言われるもので

$$1[\text{cal}] \fallingdotseq 4.2[\text{J}]$$

である。かくして 1cal の熱量は 4.2J の仕事に等しいのであるが，機械や電気等の作業能力を表すには，単位時間（1 秒）あたりの仕事（単位はワット）が使われる。1 ワット（W）とは毎秒 1 ジュール（J）の仕事をする能力（仕事率）

$$1[\text{W}] = 1[\text{J/s}]$$

のことである。さて，これで我々の生命をジュールやワット（仕事や仕事率）で表す準備が概ねできた。後は毎日の食事から摂取するカロリーを基に簡単な計算により求められる。1 日に必要なカロリーは体重や年齢，労働の軽重により異なるが，大人の場合には 2000kcal 前後である。そこでいま 1 日の摂取量を

$$2000[\text{kcal/day}] = 2 \times 10^6 [\text{cal/day}]$$

としよう。すると 1 日の仕事 E はジュールに換算すれば

$$E = 2 \times 10^6 \times 4.2 [\text{J/day}] = 8.4 \times 10^6 [\text{J/day}] \tag{2.1}$$

であり，これを 1 日（=86400 秒）で消費するわけであるから，1 秒間あたりの平均の仕事率は

$$8.4 \times 10^6 [\text{J}] \div 86400 [\text{秒}] \fallingdotseq 100 [\text{J/s}] = 100 [\text{W}] \tag{2.2}$$

約 100W となる。すなわち毎秒 100J 程度のエネルギーを消費しつつ生活していることになる。これは大略白熱電球 1 個分の消費電力である。

また人間を熱機関としてながめたとき，成人が 1 日に摂取するカロリー（エネルギー）は，体重に相当する水（人体は殆ど水からなっている）を 0 ℃から体温まで高めるのに要する熱量とほぼ等しいことが知られる。

例えば 2000kcal というのは，0 ℃の水 55kg を 36.5 ℃まで熱するのに必要な熱量である。栄養学によると成人の場合，1 日に必要なカロリーは体重 1kg あたり 35～40kcal（従って 1g あたり 35～40cal）であり，ダイエットを心がける場合には 25～30kcal を目安にするとよいと言われている。

なお，仕事の単位ジュール（J）は上述のように人名 Joule に由来するのに対し，カロリー（cal）はラテン語の calor（熱）から来ている。

2.5　音の強さと声のエネルギー [1)]

音を発するもの，発音体を音源という。音源の能力は音として 1 秒間に発生できるエネルギーの大きさ（ワット数）で表され，これを音響出力という。また，毎秒，単位面積を通過する音のエネルギー（W/m²）をその点（面）における音の強さ I といい，その点における音圧 p と次の関係にある。

$$I = \frac{p^2}{\rho c} \quad [\text{W/m}^2] \tag{2.3}$$

ここに ρc は媒質（空気）の特性インピーダンスと呼ばれる量であり，ρ は空気の密度（1.2kg/m³）を c は音速（340m/s）を表わし，

$$\rho c \fallingdotseq 400 \quad [\text{kg/m}^2\text{s}]$$

である。

それでは上式の関係を利用しまず前述の音の可聴範囲を音の強さで表示してみよう。音圧の最小可聴値 p_0

$$p_0 = 20[\mu\text{Pa}] = 2 \times 10^{-5}[\text{Pa}]$$

に対応する音の強さ I_0 は

$$I_0 = \frac{p_0^2}{\rho c} = 10^{-12} \quad [\text{W/m}^2] \tag{2.4}$$

であり，音圧の最大可聴値 p_M

$$p_M = 20[\text{Pa}]$$

に対応する音の強さ I_M は

$$I_M = \frac{p_M^2}{\rho c} = 1 \quad [\text{W/m}^2] \tag{2.5}$$

となる。すなわち体（表面積は約 1m^2）に 10^{-12}W（1W の 1 兆分の 1）程度の極く微弱な音が当たればかすかに聞こえるし，1W の音がやって来れば耳に痛みを感ずることになり，最小可聴値と最大可聴値の比は音の強さでは 10^{12} にも達する。

ではいよいよ，われわれの発する声のエネルギーの大きさを求めてみよう。口から前方 1m のところの声の強さは，通常の会話では平均

$$I = 3[\mu\text{W/m}^2]$$

程度である。いま簡単のため，口から全ての方向に一様に音（声）が放射されるものとする。この場合，口の音響出力（声として発せられる音のワット数）は，この音の強さに口を中心とする半径 1m の球面の面積を掛け合わせることにより

$$3[\mu\text{W/m}^2] \times 4\pi[\text{m}^2] \fallingdotseq 40[\mu\text{W}] \tag{2.6}$$

$40\mu\text{W}$ 程度と見積もられる。

前述のようにわれわれの生命（生活）は大略 100W で維持されているのであるから，そのうち声として消費されるのは

$$40[\mu\text{W}] \div 100[\text{W}] = 4 \times 10^{-7} \tag{2.7}$$

1 千万分の 4 ということになる。しかしもう少し正確には 1 日に各人がしゃべる時間の長さを考えに入れる必要がある。人のしゃべる正味の時間長は 1 日大体 1

時間（= 3600 秒）である[3]。したがって声として口から発せられるエネルギーは1日あたり

$$40[\mu\text{W}] \times 3600[\text{s}] = 0.144[\text{J}] \tag{2.8}$$

0.1J そこそこである。これは1日のエネルギー摂取量（消費量）8.4×10^6J の 1 億分の 1（$1/10^8$）程度である。人間が一生涯に発する声のエネルギーの合計は，30000 日（80 余年）生きたとしてもせいぜい

$$0.144[\text{J}] \times 30000 \fallingdotseq 4.3 \times 10^3[\text{J}] \fallingdotseq 1[\text{kcal}] \tag{2.9}$$

に過ぎず，1日のエネルギー摂取量（消費量）の 1/2000 程度にしかならない。

2.6　音の被暴量 [3]

次に我々が日々の生活において受けている（聞いている）音のエネルギーについて考えてみよう。音の被暴量（暴露量）は個々人の職業や生活行動等により様々であるが，1つの目安としてアメリカの環境保護庁（EPA）が提唱している聴力保護のための基準値を基に計算を行うことにする。

EPA のこの基準によれば，人が長年月生活してもそこでさらされる音により聴力の低下をきたさないためには，1日にさらされる騒音量の時間平均値が $10\mu\text{W/m}^2$ 以下であることとある。すなわち，耳の健康（聴力の保全）のためには，人体（表面積約 1m^2）が許容できる音のエネルギーは毎秒 10μJ 程度であるということである。したがって1日（= 86400 秒）の合計は

$$10[\mu\text{W/m}^2] \times 86400[\text{s}] = 8.64 \times 10^5[\mu\text{J/m}^2] \fallingdotseq 1[\text{J/m}^2] \tag{2.10}$$

約 1J であることが分る。

ところで我が国の実状はどうかと言うとサラリーマン，主婦，学生など多数の人々を対象に仙台，東京，名古屋において行われた個人の騒音暴露量調査結果をもとに，1日の音の被暴量を求めると，大人の場合には 1〜2J 程度であった（表 2.1）。

表 2.1　1日の音の被暴量（平均値）

被験者	サンプル数（名）	音の被爆量（ジュール/日）
有職者	462	1.7
主　婦	140	0.9
学　生	20	1.7
児　童	7	13.0

このように人が1日にさらされる音のエネルギーは自分自身が発する声のエネルギーの約10倍（1J）であるが，1生涯（80余年）にわたり合計しても大略30000Jであり，これは100Wの電球（≒人の生命）5分間分にしかならない。

2.7　単位と人名[5]

　物理学，特に力学は長さと質量と時間の3つをベースに組み立てられており，他の量（本章で取扱った力，圧力，仕事，仕事率など）は全てこれらを用いて誘導される。従ってこの3つの基本的な量の単位を決めれば，他は定義式に基づき自動的に与えられる。現在，物理学の世界において，最も普通に（国際的に）用いられているのはMKS単位系といわれ

　　長さを　メートル　　　[m]
　　質量を　キログラム　　[kg]
　　時間を　秒　　　　　　[s]

表 2.2　物理量と単位

物理量	単位
力	N
圧力（気圧，音圧）	Pa, bar $(= 10^5 \text{Pa})$
エネルギー	J, cal $(\fallingdotseq 4.2\text{J})$
仕事率	W

で表すものである。この3つの基本単位を用いることにより力，圧力，エネルギー（仕事），仕事率など表2.2の単位は

$$1\,[\text{N}] = 1\,[\text{kg}\cdot\text{m/s}^2]$$
$$1\,[\text{Pa}] = 1\,[\text{N/m}^2] = 1\,[\text{kg/m}\cdot\text{s}^2]$$
$$1\,[\text{J}] = 1\,[\text{N}\cdot\text{m}] = 1\,[\text{kg}\cdot\text{m}^2/\text{s}^2]$$
$$1\,[\text{W}] = 1\,[\text{J/s}] = 1\,[\text{kg}\cdot\text{m}^2/\text{s}^3]$$

と表すことができ，基本単位に対し組立て単位とか誘導単位とか呼ばれている。これら誘導単位の名称の多くは，それぞれの関連分野において顕著な業績のあった人々の名前が用いられている。ニュートン（N）は万有引力の発見者として，ワット（W）は蒸気機関の発明者として万人の知るところであり，またジュール（J）は熱の仕事当量を実験的に求めた著名な物理学者である。力の単位にニュートン，仕事（エネルギー）の単位にジュール，仕事率（単位時間あたりの仕事で馬力が用いられることもある）の単位にワットが用いられるのは極く当たり前のように

受け入れられている。しかし圧力（大気圧や音圧など）の単位が何故パスカルなのか，不思議に思う人がいるかも知れない。

> ♪コラム♪ パスカル（Blaise Pascal）
>
> パスカル（1623-1662）はわずか 39 歳で他界したが，短い生涯の間に数学，物理学，計算機，哲学（神学）など様々な分野で超一流の仕事をした。物理学における彼の実験的，理論的研究成果は「真空」に始まり，「大気の重さについて」や「流体の平衡について」書かれた一連の著書にまとめられている。流体の圧力の原因，流体の重さは高さに比例すること，空気に重さがあり，気圧とは地球の表面に積った空気の層の重さのことであり，上空に行くにつれて低くなることを示したのもパスカルである。気圧を含めて圧力の単位をパスカルと呼ぶようになったのは，圧力に関する彼の偉大な研究業績を称えてのことである。それにパスカルといえば世上では「人間は考える葦である。」「クレオパトラの鼻が低かったら，歴史が変わっていた。」などなどの名言で名高いが，高校の数学で「2 項係数に関するパスカルの三角形」に出会い，その見事さに感嘆した読者も多いことであろう。またパスカルは 19 歳のときに父親の仕事を手伝うため歯車仕掛けの計算機を製作したことでも知られる。四則演算（加減乗除）を自動的に実行することができ，計算機工学の歴史に大きな一歩を刻む出来事であった。

2.8　音のレベル表示 [1)]

以上，我々が口から発する声や，耳で聞く音についてできるだけ定量的，物理的に述べてみた。そのために力，圧力（気圧，音圧），エネルギー（熱量，仕事），仕事率などの物理量について説明し，そのものさしとして表 2.2 に示すような単位が用いられていることを話した。

また，これらの物理量と単位を用い，音の圧力（音圧）をはじめ音のエネルギーや強さを表すと，可聴音をカバーするためにはとても厄介な数値（我々の感覚ではつかみきれない数値）を扱わねばならない羽目に落ち入ることを述べた。すなわち可聴音の範囲を物理学の通常の単位を用いて表すと，大略

音圧 p については　　　　$p : 20 \times 10^{-6} \sim 20 [\text{Pa}]$
音の強さ I については　　$I : 10^{-12} \sim 1 [\text{W/m}^2]$

であるが，これらを我々の感覚に見合った数値（0～10 または 0～100 程度）に変換する方法について考えてみよう．そのため最小可聴値（音圧の場合には $p_0 = 20 \times 10^{-6}$[Pa]，音の強さの場合には $I_0 = 10^{-12}$[W/m^2]）を基準に選び，上記の範囲を表すと

$$\frac{p}{p_0} : 1(=10^0) \sim 10^6 \quad , \quad \frac{I}{I_0} : 1(=10^0) \sim 10^{12}$$

となり，音圧では 100 万倍（10^6），音の強さでは 1 兆倍（10^{12}）にも及ぶ．このままでは，これらの範囲は広大そのものであるが，実は 10^n の n（10 のべき乗）を見ると，可聴範囲は

音圧に対しては　　　$n = 0 \sim 6$
音の強さに対しては　$n = 0 \sim 12$

となり，極く手頃な数値に納まっている．

ところで，ある数 x が 10 の何乗であるかを示すのが，常用対数と言われるものであり，x が 10 の y 乗

$$x = 10^y \tag{2.11}$$

であることを

$$y = \log_{10} x \tag{2.12}$$

と表す．すなわち，x の常用対数

$$\log_{10} x = \log_{10} 10^y = y \tag{2.13}$$

とは数値 x が何桁の十進数であるかを示すものである．数の大小はその桁数により把握される．我々は直感によりこのことを知っている．この常用対数を使用し，音の強さを表すと可聴範囲は

$$\log_{10} \frac{I}{I_0} : 0 \sim 12 \text{[B]}$$

となる．上式が音の強さのレベル表示であり，その単位はベル（B）と呼ばれる．B は電話の発明者アレクサンダー　グラハム　ベルにちなんだ名称である．また，一

般にある量の 1/10 をデシ（d）と呼ぶことから

$$1[\text{B}] = 10[\text{dB}]$$

である。したがって音の強さのレベル L_I を

$$L_\text{I} = 10 \log_{10} \frac{I}{I_0} \quad [\text{dB}] \tag{2.14}$$

で表せば可聴範囲は

$$0 \sim 120[\text{dB}]$$

となる。これがいわゆる音の強さの dB 表示としてよく使用されているものである。一方，音圧のレベル表示についても同様であるが，音圧 p と音の強さ I との間には前述の通り

$$I \propto p^2 \tag{2.15}$$

なる比例関係があることから

$$L_\text{p} = 10 \log_{10} \left(\frac{p}{p_0}\right)^2 = 20 \log_{10} \frac{p}{p_0} \quad [\text{dB}] \tag{2.16}$$

と表わし，音圧レベルと呼んでいる。このように定義すると，通常（平面波に対しては），音の強さのレベル L_I と音圧レベル L_p は等しく

$$L_\text{p} = L_\text{I}$$

可聴範囲は何れも 0〜120dB となり，感覚的にも取扱い易い数値となる。

　表 2.3 は音圧や音の強さと音圧レベルとの関係を示す[4]。このように受音点位置における音圧や音の強さをレベル表示する他，音響出力 W（音源から放射される音のワット数）についても次式のように dB 表示し，音響パワーレベル L_W と呼んでいる。

$$L_\text{W} = 10 \log_{10} \frac{W}{W_0} \ [\text{dB}] \quad （基準値 W_0 = 10^{-12}[\text{W}]） \tag{2.17}$$

これより，通常の会話における人の音響パワーレベル L_W は，声の音量を $40\mu W$ とすれば76dB となる。また，ジェット旅客機は150dB（1kW），自動車は100dB（10mW）程度である。

実はこのように音圧や音の強さ，音響出力などを対数で表すことは，測定値を手頃な数値に変換すること以上に，もっと重要な意味があるのである。それは人間が物理刺激をどのように感ずるか（物理量と感覚量との対応関係）という問題である。次節で述べるように光や音，熱など様々な物理刺激に対する人間の反応は，刺激として与えられる物理量の対数に比例するというのである。すなわち人間は量の大小をその桁数で判断している（感じ取っている）のである。

表 2.3 音圧レベルと音の強さ，音圧 [4]

音の強さ [W/m²]		音圧レベル [dB]		音圧 [Pa]
10^2	…	140	…	2×10^2
		134	…	10^2
10	…	130		
1	…	120	…	20
		114	…	10
10^{-1}	…	110		
10^{-2}	…	100	…	2
		94	…	1
10^{-3}	…	90		
10^{-4}	…	80	…	2×10^{-1}
10^{-5}	…	70		
10^{-6}	…	60	…	2×10^{-2}
10^{-7}	…	50		
10^{-8}	…	40	…	2×10^{-3}
10^{-9}	…	30		
10^{-10}	…	20	…	2×10^{-4}
10^{-11}	…	10		
10^{-12}	…	0	…	2×10^{-5}

2.9　ウェーバー・フェヒナーの法則 [1]

我々は身の周りの様々な刺激（音，光，熱など）を五官（耳，目，鼻など）により感知し生活している。人間に加わる物理的な刺激量を I，それに対する感覚的な反応を R とする（図2.2）。このとき，刺激の変化量 ΔI に対する感覚の変化量 ΔR との間には次の関係が成り立つことが知られている。

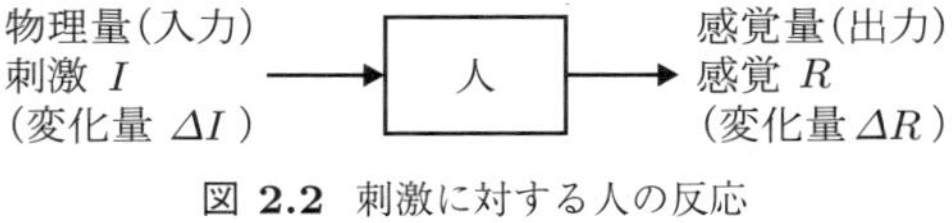

図 2.2 刺激に対する人の反応

$$\Delta R = k \frac{\Delta I}{I} \quad (k：定数) \tag{2.18}$$

すなわち，感覚の変化 ΔR は刺激の相対変化 $\Delta I/I$ に比例する（ウェーバー・フェヒナーの法則）。

これは実に面白い（興味深い）ことを述べている．元々の刺激 I が弱いときには，わずかな変化 ΔI に対しても ΔR は大きな変化となるが，I が大きいときには ΔI が相当大きくても，ΔR 自体の変化はわずかである．したがって刺激の変化量 ΔI が同じである場合には，元々の刺激 I が弱いほど，感覚の変化 ΔR が大きい．人間の感度は現に加わっている刺激に依存し，その刺激が弱い程，変化に敏感なのである．人は刺激が弱い場合ほど，その変化を鋭敏に（拡大して）キャッチする能力を備えているのである．この変化量 ΔI と ΔR の関係から I と R の関係を求めると

$$R = K' \log_{10} \frac{I}{I_0} \quad (K', I_0：定数) \tag{2.19}$$

となり，実は反応 R は刺激 I の対数に比例することが知られるのである．すなわち刺激（物理量）を対数変換したものが感覚量を表し，前述の音圧や音の強さのレベル表示と符合していることが分る．

このように，人間の感覚は刺激の対数に比例し，量の大小をその桁数により把握しており，極めて微弱な刺激から強大な刺激に至るまで，広い範囲をカバーできるのである．弱い刺激は拡大し，強い刺激を抑制する耳，目などのこのような働きを刺激の対数圧伸といい，人間の感覚器の持つ優れた特性の一つである．

♪コラム♪ 感覚の特性（人の気持）

身近な例を基に，感覚や人の気持ちについて考えてみよう．

(1) 静かな処と騒がしい処　静かな処では，ちょっとした騒音が気になるが，騒がしい処では，他の音の侵入にあまり気づかない．静かな環境，美しい物（白い物）ほど汚染され易いことは日頃よく経験することである．

(2) 懐具合により　A 君が百円しか持っていないときに 1 万円を得た喜びと，1 億円を所有するときに 1 万円を得た喜びの程度は同じであろうか．同じ 1 万円を得たのであるが前者の場合の方が A 君の喜びはずぅーと大きいに違いない．このように人の感覚や気持は刺激の変化（元々ある刺激に対する相対変化）の大きさに敏感である．また変化しないものに対しては次第に鈍感になる．

2.10 音の大きさのレベルと騒音レベル[1]

このように音圧や音の強さを dB 表示する（対数で表す）ことにより，物理量である音刺激を聴感に対応づけることができる。しかしこれで全てが解決するわけではなく，次のような問題がある。同じ dB 値（音圧レベル）であっても，周波数が異なれば人間の耳には違った大きさに聞こえる。我々の耳は周波数によって感度が異なる，すなわち周波数特性を持っているのである。このように音圧レベルを人間の耳の周波数に対する感度により補正した量をラウドネスレベル（音の大きさのレベル）といい，同じ大きさに聞こえる 1kHz の音圧レベルで表示し，その単位は phon（フォン）である。例えば 60phon の音は，1kHz，60dB の音と同じ大きさに聞こえる音をいう。

さて，世の中には騒音計というものがあり，これで測った音のレベルを騒音レベルといっている。騒音とは "好ましくない音"，"無い方がよい音" のことであり，ある音が騒音であるかどうかの判断は多分に主観的である。したがって，その音の持つ騒音の度合いを計測し，数値で表すことはなかなか困難な作業である。そこで大きな音ほど概して騒音となり易いこと（音の大きさが騒音の主要な要因であること）に着目し，音の大きさのレベルを基に騒音の度合を表すことが考えられた。そのためには音に対する耳の感度が周波数により異なることに留意し，音圧レベルを補正すればよい。すなわち，マイクロホンを用いて音圧レベルを計測する際に耳の感度の周波数特性を模擬した電気回路（聴感補正回路，A 特性フィルタという）を通せばよい。概念的に表せば音圧レベルと騒音レベルの関係は図 2.3 のようになる。

そしてこの騒音レベルを計る測定器こそが実は騒音計なのである。

騒音レベルは図 2.3 からも明らかなように A 特性フィルタを通した音圧レベル

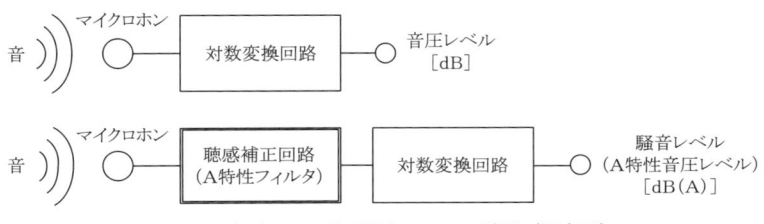

図 2.3 音圧レベル及び騒音レベルの計測（概念図）

であることから，正式には A 特性音圧レベルと呼ばれている。騒音レベル（A 特性音圧レベル）の単位は以前は dB(A) と表記されていたが，現在は dB に改められている。

我々は日常生活の場において，様々な音にさらされているが，家族との会話，TV やラジオの視聴，食事や休養，雑事など家庭内の諸行動に伴う騒音レベルは概ね 60～70dB の範囲（65dB 前後）である。一方，通勤や職場など家庭の外では 10dB 程も高い 75dB 前後の音環境にあることが多い。また，静寂が必要とされる夜間における就寝中の騒音レベル（室内）の現状は都市では 40dB 程度であることが知られている[3]。

2.11　振動のレベル表示

デシベルが使われるのは何も音の領域に限ったことではない。通信に関連したさまざまな分野で頻繁に使われている[7,8,?]。例えば増幅器の利得，四端子網の各種伝送量（減衰量），送受信機（アンテナ，マイクロホン，スピーカー）の指向性利得，マイクロホンやスピーカーの感度，SN 比（信号対雑音比）などを表すには通常 dB 表示が用いられている。その他，音に近い振動の分野でも近年公害振動の計測・評価の観点から dB 表示が導入された。振動加速度レベル及び振動レベルがそれである[10]。両者の関係は音圧レベルと騒音レベルとの関係に類似しており，次式で定義される振動加速度レベル

$$L_\mathrm{V} = 20 \log_{10} \frac{a}{a_0} \quad [\mathrm{dB}] \tag{2.20}$$

$$(a: 加速度の実効値, a_0 = 10^{-5} [\mathrm{m/s^2}] \text{ 基準値})$$

を人間の体感（振動周波数に対する感度）に合わせ補正を行ったものを振動レベルと呼んでいる。現在，我が国においては公害振動は鉛直方向の振動レベルで評価することになっているが，人間の体感は鉛直方向振動と水平方向振動では異なっている。

2.12 dBの仲間

普段何気なく使っているものの中にもデシベルに類したものがいろいろとある。地震の震度，星の明るさの等級，音楽における音階など我々の感覚に関係した量の多くがそれである（ウェーバー・フェヒナーの法則）。さらには今を時めくビット（情報量の単位）もデシベルに極く近い量である。これら日常生活になじみ深いdBの仲間（親類縁者）達の素姓について簡単に紹介しよう。

○**地震の震度階** 地震の揺れの程度は，古くから体感を基に無感，微震，軽震，弱震，中震，強震，烈震及び激震の8段階に区分されている。気象庁で定めているこの8段階の震度階 (0, I, II, $\cdots$, VII) を前述の振動レベルに換算すると，無感（震度階 0）は振動閾値 55dB 以下となり，震度階が 1 増加するごとに振動レベルは大略 10dB ずつ上昇する[10]。

○**星の等級**[11,12] 星には地球からの見かけの明るさの違いにより，等級がつけられている。明るいほうから 1 等星，2 等星といい，肉眼では 6 等星まで見ることができる。また 1 等星より明るい星は 0 等星，-1 等星，-2 等星 $\cdots$ と数え，太陽は -27 等星に相当する。1 等星と 6 等星の光量の違いはちょうど 100 倍で，その間を等比級数で 5 分割し，対数をとり（レベル表示し），等級を定めている。

○**ビット**[13] ビット (bit) は元来情報や通信の分野で情報量をはかる単位として用いられてきたが，計算機の普及に伴い，最近では日常語になりつつある。あらゆる情報（文字，音，映像などのデータ）は適当な桁の 2 進数で表される。n 桁の 2 進数で表される情報の量が n ビットである。B（ベル）が 10 進数の桁数であったことを思い出していただきたい。

○**音階**[14] 音楽に用いる個々の音を高さの順に並べたものが音階である。この音階には純正律音階，ピタゴラス音階，平均律音階などがあるが，概ね音の周波数の対数に比例して目盛られ（音名が定められ）ている。音楽では 2 倍の周波数間隔を 1 bit（ビット）とは言わずに 1 octave（オクターブ）と呼んでいるが，この間を対数的に 12 等分したものを等分平均律音階といい，ピアノは通常この音階に調律されている。

2.13　dBの演算 [1,7,8]

　概して一般の人にはdBの演算はわかりにくく大変で，面倒臭くて，うっとおしいと思われがちである。dBの演算は対数の演算そのものであり，簡単な場合もあれば面倒な場合もある。対数では通常の数の掛け算が足し算に，割り算が引き算に置き換えられることを使うと

(1) 多段接続された増幅器の総合利得（dB値）は各増幅器の利得（dB値）を単純に加算することにより求められる（図2.4）。

(2) 同様に多段接続された抵抗減衰器や伝送路の減衰量（dB値）は各セクションの減衰量（dB値）の算術和で与えられる。

　音について言えば多段接続された音響管の減衰量や，多層材料の透過損失などを算出する場合に相当する。このように積や商で表される量のレベル表示は極めて簡単であるが，

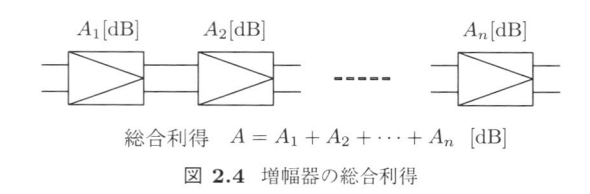

総合利得 $A = A_1 + A_2 + \cdots + A_n$ [dB]

図 2.4　増幅器の総合利得

和や差で表される量のレベル表示は逆に複雑になる。その例が2つ以上の騒音レベルの合成（dBの加算）や暗騒音補正](dBの減算）などに見られる演算である。即ち騒音レベル L_1[dB]と L_2[dB]のdB和 L^+ 及びdB差 L^- はそれぞれ

$$L^+ = 10\log_{10}(10^{L_1/10} + 10^{L_2/10}) \quad [\text{dB}] \qquad (2.21)$$

$$L^- = 10\log_{10}(10^{L_1/10} - 10^{L_2/10}) \quad [\text{dB}] \qquad (2.22)$$

で与えられ，単なる加減算ではなくなってしまう。そして，このことが時にdBに対する違和感や拒絶反応を生み出しているようである。

　一般に式(2.21)，式(2.22)の計算をきちんと行うためには関数電卓やパソコンが必要となる。しかし，面倒臭そうに見えるこれらの計算も，実際には以下に示すように極めて簡単に暗算により結果を求めることができる。便宜上，$L_1 \geq L_2$ とすればdB和（パワー和または音量の和のdB値ともいう）は

$$L^+ = L_1 + 10\log_{10}(1 + 10^{-(L_1-L_2)/10}) = L_1 + \alpha(\Delta L) \qquad (2.23)$$

またdB差（音量の差のdB値）は

$$L^- = L_1 + 10\log_{10}(1 - 10^{-(L_1-L_2)/10}) = L_1 - \beta(\Delta L) \tag{2.24}$$

のように変形される。ただし

$$\alpha(\Delta L) = 10\log_{10}(1 + 10^{-\Delta L/10})$$
$$\beta(\Delta L) = -10\log_{10}(1 - 10^{-\Delta L/10})$$
$$\Delta L = L_1 - L_2 \quad (\geq 0) \tag{2.25}$$

である。

$\alpha(\Delta L)$ 及び $\beta(\Delta L)$ を ΔL の関数として計算した結果を図 2.5 及び図 2.6 に示す。これより補正値 $\alpha(\Delta L)$ 及び $\beta(\Delta L)$ の近似値（暗算用）として表 2.4 が得られる。

したがってdB和 $L^+ = L_1 + \alpha(\Delta L)$ の計算では，レベル差 $\Delta L(= L_1 - L_2)$ が

0～1dB の時には 3dB
2～4dB の時には 2dB
5～9dB の時には 1dB
10dB 以上の時には 0dB

を L_1 に単に加えればよいことが分かる。

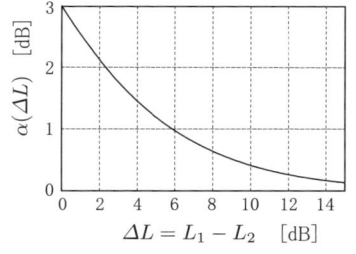

図 2.5　dB和の計算図（ΔL と $\alpha(\Delta L)$ の関係）

同様にdB差 $L^- = L_1 - \beta(\Delta L)$ の計算においては，レベル差 $\Delta L(= L_1 - L_2)$ が

3dB の時には 3dB
4～5dB の時には 2dB
6～9dB の時には 1dB
10dB 以上の時には 0dB

を L_1 から差し引けばよい。

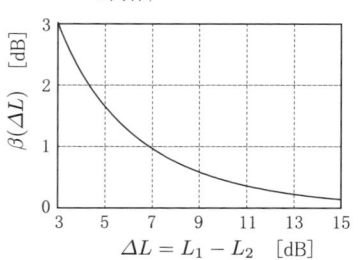

図 2.6　dB差の計算図（ΔL と $\beta(\Delta L)$ の関係）

その結果，2つの音 (L_1, L_2) の和と差のレベル L^+, L^- は，レベル差 $\Delta L(= L_1 - L_2)$ が 10dB 以上ある場合には，実際上大きい方のレベル L_1 のみで決まり，L_2 の影響は無視しても差し支えないことが知られる。

なお，$\beta(\Delta L)$ は通常，暗騒音補正と呼ばれている。注目している騒音（対象騒音）以外の騒音を暗騒音（バックグランドノイズ）と言うが，両者が混在している場合の騒音レベルを L_1，暗騒音のレベルを L_2 とするとき，対象音のレベル L^- は L_1 に暗騒音の影響 $\beta(\Delta L)$ を補正することにより求められるからである。

表 2.4 dB 和及び dB 差における補正（暗算用）

レベルの増加 $\alpha(\Delta L)$	レベル差 $\Delta L = L_1 - L_2$	レベルの減少 $\beta(\Delta L)$
3 dB	0 dB	
	1	
	2	
2	3	3 dB
	4	2
	5	
1	6	
	7	1
	8	
	9	
0	10〜	0

課題・演習問題

1. 1馬力（1頭の馬の仕事率）は約 750W である。鉄腕アトム（100万馬力）は何人力に相当するか。
2. A君の最高血圧は 110mmHg，最低血圧は 70mmHg であるという。それぞれ何 Pa に相当するか。
3. 星の1等級ごとの光量の比は 2.5 である。0等星の明るさ I_0 を 1（基準）にとれば，星の等級 m と明るさ（光量）I_m との間には次式が成り立つことを示せ。

$$m = -2.5 \log_{10} I_m$$

4. 時速 200km で走行する新幹線の音響パワーレベルは 140dB であるという。これは人の声量の何人分に相当するか。ただし通常の会話における人の声量のパワーレベルを 76dB とする。
5. 音圧レベルが 70dB, 75dB 及び 73dB の3つの音を合成（加算）すると何 dB になるか。
6. 多数の機械が稼動している工場の建屋内で騒音レベルを測定したら 85dB であった。ある機械を停止させたら騒音レベルが 80dB に低下した。停止した機械による稼働時の騒音レベルを求めよ。

7. n 個の正の数 $y_1, y_2, \cdots, y_n$ の基準値 $y_0 \, (> 0)$ に対するレベルを $L_1, L_2,$ $\cdots, L_n$ とするとき，相加平均 $\overline{y}$ 及び相乗平均 $\hat{y}$

$$\overline{y} = (y_1 + y_2 + \cdots + y_n)/n$$
$$\hat{y} = (y_1 y_2 \cdots y_n)^{1/n}$$

のレベルはそれぞれ次式で表されることを示せ．

$$L_{\overline{y}} = 10 \log_{10}(10^{L_1/10} + 10^{L_2/10} + \cdots + 10^{L_n/10}) - 10 \log_{10} n$$
$$L_{\hat{y}} = (L_1 + L_2 + \cdots + L_n)/n$$

また両者の間には

$$L_{\overline{y}} \geq L_{\hat{y}}$$

が成り立つことを示せ．

参考図書等

1) 西山静男他, 音響振動工学（コロナ社, 1979）．
2) 茅陽一編, エネルギーと人間（東京大学出版会, 1983）．
3) 久野和宏, "音と生活," 音響学会誌 **45**(10), pp.800-806 (1989)．
4) 経済産業省産業技術環境局監修, 公害防止の技術と法規 騒音編（産業環境管理協会, 2005）．
5) 理化学辞典 第3版（岩波書店, 1971）．
6) 小柳公代, パスカル 直観から断定まで（名古屋大学出版会, 1992）．
7) 伊藤健一, デシベルのはなし（日刊工業新聞社, 1990）．
8) 酒井洋他, デシベル 第2版（日刊工業新聞社, 1984）．
9) 滝保夫, 伝送回路 第2版（共立出版, 1978）．
10) 通商産業省立地公害局監修, 新訂 公害防止の技術と法規 振動編（産業公害防止協会, 1992）．
11) 理科年表（丸善, 1993）．
12) 相賀昌宏編著, 自然大博物館（小学館, 1992）．
13) 小野厚夫他, 情報科学概論 補訂版（培風館, 1992）．
14) 難波精一郎他, 音の科学（朝倉書店, 1989）．

第3章　音と振動

　物体が振動すると音が発生する。このため，どのような音が発生するかは物体の振動の様子に大きく左右される。この章では音の発生の原因となる振動の基礎と振動によって発生する音の基礎についてわかりやすく解説する。また，振動系としての機械と音と電気の類似性についても述べる。

3.1　振動の基礎

3.1.1　ニュートンの第2法則とフックの法則

　振動の発生にはニュートンの第2法則とフックの法則が関係している。ニュートンの第2法則は図 3.1 に示すように質量 m に力 F を加えると加速度 a が発生するというものであり，式で示すと

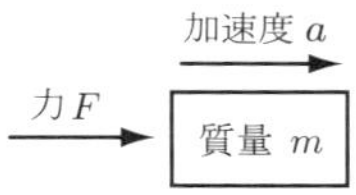

$$F = ma \tag{3.1}$$

図 3.1　質量の動作

となる。固体，液体，気体などあらゆる物質は質量を持っており，上式が成立する。質量が大きい大型タンカーなどはエンジンを全速回転させて舵を切っても，発生する加速度は小さく，曲がるにはかなりの時間がかかる。一方，質量が小さいモーターボートは舵を切ればすぐ曲がることができる。

　物体の運動を表す量として，変位 x (Displacement)，速度 v (Velocity)，加速度 a (Acceleration) があり，これらは式 (3.2)，式 (3.3) に示すように互いに時間に関する微分，積分の関係で結ばれている。

$$v = \frac{dx}{dt}, \quad x = \int v dt \tag{3.2}$$

$$a = \frac{dv}{dt}, \quad v = \int a dt \tag{3.3}$$

式 (3.1) で加速度のかわりに変位 x を用いると

$$F = m\frac{d^2 x}{dt^2} \tag{3.4}$$

となり，質量 m に力 F を加えると変位 x の時間変化（速度）dx/dt のそのまた時間変化（加速度）d^2x/dt^2 が発生することになる。

次に，フックの法則は図 3.2 に示すように，ばねに力 F を加えた場合の変位 x が力 F に比例することを示すもので

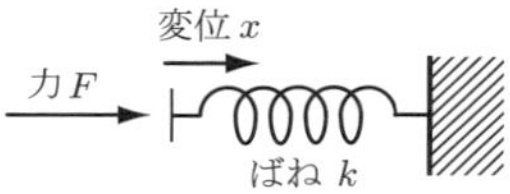

$$F = kx \tag{3.5}$$

図 3.2 ばねの動作

と表される。比例定数 k は，ばねの強さに対応し，ばね定数という。すなわち，強さ k のばねに力 F を加えると変位 x が生ずることになる。あらゆる物質は質量と同時にばねとしての性質も持っている。固体ではヤング率 E が，液体，気体では体積弾性率 K が，ばね定数を決める基本量になっている。式 (3.6), 式 (3.7) にそれらの関係を示す。

$$\sigma = \epsilon E \tag{3.6}$$

$$dP = -K\frac{dV}{V} \tag{3.7}$$

ここに，σ, ϵ, P, V は，それぞれ応力，ひずみ，圧力，体積を表す。

♪コラム♪ フック（**Robert Hooke**）とニュートン（**Isaac Newton**）

　フック（1635-1703）はイギリスの物理学者，生物学者で，科学のさまざまな分野で活躍した。1660 年にフックの法則を発見している。王立協会の初代事務局長を死ぬまで務めている。ニュートン（1642-1727）が光の粒子説を発表すると，フックは波動説で応戦し，ニュートンの論文の内容の大部分が自分の論文で発表済みとし大きな議論になった。一時和解したが，また発表論文で大論争となり，死ぬまで仲が悪く，フックの死後に 2 代目の事務局長となったニュートンは王立協会にあったフックの肖像を外してしまったと伝えられる。

3.1.2　1自由度系の振動

前項では質量とばねに個別に力を加えた場合の運動について述べたが，質量とばねを結合させた場合にどのように運動するかを考えてみる．図 3.3 にばねと質量を結合させた振動系を示す．この場合，質量に加わる力は式 (3.5) の力ではなく，ばねが力を加える相手に及ぼす力，すなわちばねの反力 $-kx$ になる．これは，綱引きと同じで，我々が引っ張ると，相手は反対方向に引っ張るわけで，相手が我々に及ぼす力は我々が加えた力と反対の方向になる．このため，質量に加わる力は $-kx$ となり，式 (3.4) は

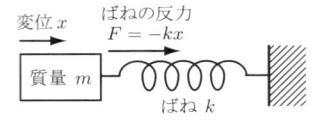

図 **3.3**　ばねと質量の 1 自由度系

$$-kx = m\frac{d^2x}{dt^2} \tag{3.8}$$

すなわち

$$m\frac{d^2x}{dt^2} + kx = 0 \tag{3.9}$$

と表される．上式は 1 自由度の運動方程式と呼ばれる．この方程式は

$$\frac{d^2x}{dt^2} = -\frac{k}{m}x \tag{3.10}$$

のように変形され，変位の 2 階微分である加速度 d^2x/dt^2 が変位に負号を付けたもの $-x$ に比例することを示している．正弦波はこのような性質

$$\frac{d^2}{dt^2}(\sin\omega_0 t) = -\omega_0^2 \sin\omega_0 t \tag{3.11}$$

$$\frac{d^2}{dt^2}(\cos\omega_0 t) = -\omega_0^2 \cos\omega_0 t \tag{3.12}$$

を満たす関数であり，$\omega_0^2 = k/m$ とすればよく，方程式 (3.10) の解は

$$x = A\sin\omega_0 t + B\cos\omega_0 t \tag{3.13}$$

で与えられ，m と k で決まる角周波数 $\omega_0\,(=\sqrt{k/m})$ で振動することがわかる．なお，A, B はそれぞれ定数である．これは同次解あるいは自由振動解と呼ばれる．

次に，図 3.4 のように，この系に外力 $F\sin\omega t$ を加えた場合は次の運動方程式が成立する。

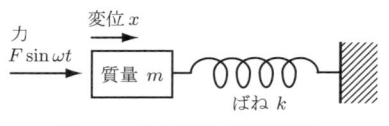

図 3.4 自由度系の強制振動

$$m\frac{d^2x}{dt^2} + kx = F\sin\omega t \quad (3.14)$$

外力と同じ角周波数 ω を持つこの方程式の特解，すなわち強制振動解（定常解）は

$$x = \frac{F}{k - m\omega^2}\sin\omega t = \frac{F}{k(1 - \omega^2/\omega_0^2)}\sin\omega t \quad (3.15)$$

となる。一般解は，式 (3.13) の自由振動解にこの強制振動解を加え

$$x = A\sin\omega_0 t + B\cos\omega_0 t + \frac{F}{k(1 - \omega^2/\omega_0^2)}\sin\omega t \quad (3.16)$$

となる。ただし，A, B は時刻 $t=0$ における変位 x_0 及び速度 v_0 を与えることにより決定される定数である。急に力を加えたときには，自由振動解が存在し ω_0 で振動するが，時間が経つと自由振動解は減衰し，強制振動解のみになる。式 (3.16) は系に抵抗成分（損失）が無い場合で，いつまでも自由振動解が残ることになるが，一般には損失があり，自由振動解は消滅するものと考えてよい。図 3.5 に強制振動解の周波数特性（振幅の周波数による変化）を示す。ω が ω_0 に近づくと，変位 x が大きくなることがわかる。これは共振といい，わずかな力でも大きな変位が発生することを示している。

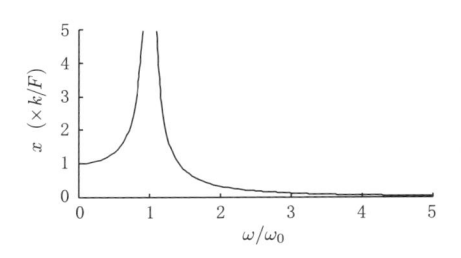

図 3.5 1 自由度系の振動の周波数特性

3.1.3 多自由度系（n 自由度）の振動

複数個の質量がばねでつながれている場合の振動系を図 3.6 に示す。i 番目の質量について考えると，左側のばねからの反力は $-k_i(x_i - x_{i-1})$，右側のばねからの反力は $-k_{i+1}(x_i - x_{i+1})$ であり，ニュートンの第 2 法則を適用すれば

$$-k_i(x_i - x_{i-1}) - k_{i+1}(x_i - x_{i+1}) = m_i\frac{d^2x_i}{dt^2} \quad (3.17)$$

図 3.6 多自由度系

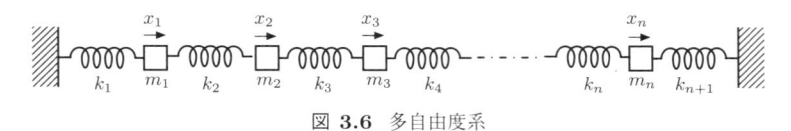

となる。$i=1$ から $i=n$ まで整理すると，次の連立常微分方程式が得られる。

$$m_1\frac{d^2x_1}{dt^2} + k_1x_1 + k_2(x_1-x_2) = 0$$

$$m_2\frac{d^2x_2}{dt^2} + k_2(x_2-x_1) + k_3(x_2-x_3) = 0$$

$$\vdots$$

$$m_n\frac{d^2x_n}{dt^2} + k_n(x_n-x_{n-1}) + k_{n+1}x_n = 0 \tag{3.18}$$

この微分方程式の解は，$x_s = X_s e^{j\omega t}$，すなわち $d^2x_s/dt^2 = -\omega^2 x_s$ ($s=1,2,\cdots,n$) として得られる $x_1, x_2, \cdots, x_n$ に関する連立 1 次代数方程式の係数からなる行列式が 0 となるような ω，すなわち

$$\begin{vmatrix} k_1+k_2-m_1\omega^2 & -k_2 & 0 & \cdots & 0 \\ -k_2 & k_2+k_3-m_2\omega^2 & -k_3 & \cdots & 0 \\ \vdots & & \ddots & \ddots & \vdots \\ \vdots & & & \ddots & \ddots & \vdots \\ 0 & \cdots & \cdots & -k_n & k_n+k_{n+1}-m_n\omega^2 \end{vmatrix} = 0 \tag{3.19}$$

を満たす n 個の $\omega = \omega_1, \omega_2, \cdots, \omega_n$ を角周波数とする互いに独立な単振動（自由振動）の 1 次結合で与えられる。

3.1.4 連続体の振動

質量が分布している連続体，すなわち分布定数系では無限個の質量とばねが存在するので，無限の自由度があり固有振動数も無数にある。連続体として，ここでは弦，膜，棒，板などの振動について説明する。

(1) 弦の振動 図 3.7 に弦と座標の取り方を示す。弦はロープ，紐などで曲げ

図 3.7 弦と座標の取り方

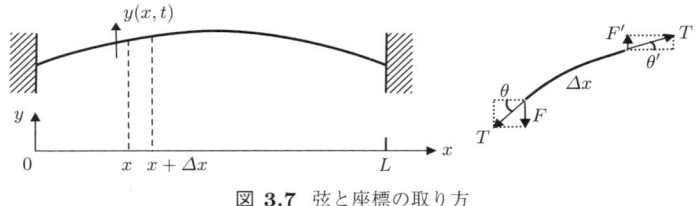

に対する弾性力が 0，あるいは無視できるもので張力 T を加えることにより，形を維持するものである．図 3.7 の微小部分 Δx について鉛直方向の変位 $y(x,t)$ を考える．x における張力の鉛直方向の成分 F は

$$F = -T\sin\theta \tag{3.20}$$

である．変位 y は弦の長さ L に比べて十分小さいので，θ も微小となり

$$\sin\theta \simeq \theta \simeq \tan\theta = \frac{\partial y}{\partial x} \tag{3.21}$$

が成立し，式 (3.20) は次式のように書ける．

$$F = -T\frac{\partial y}{\partial x} \tag{3.22}$$

一方，$x + \Delta x$ での弦の傾きを θ' とすれば

$$\theta' = \theta + \frac{\partial \theta}{\partial x}\Delta x \tag{3.23}$$

と表され，張力の鉛直方向の成分 F' は

$$F' = T\sin\theta' \simeq T\theta' = T\left(\theta + \frac{\partial \theta}{\partial x}\Delta x\right) \simeq T\left(\frac{\partial y}{\partial x} + \frac{\partial^2 y}{\partial x^2}\Delta x\right) \tag{3.24}$$

となる．弦の単位長さあたりの質量（線密度）を ρ とし，弦の微小区間 Δx の質量 $\rho\Delta x$ に対し，ニュートンの第 2 法則を適用すれば

$$-T\frac{\partial y}{\partial x} + T\left(\frac{\partial y}{\partial x} + \frac{\partial^2 y}{\partial x^2}\Delta x\right) = \rho\Delta x\frac{\partial^2 y}{\partial t^2} \tag{3.25}$$

さらに，両辺を $\rho\Delta x$ で割り，整理すれば次式が得られる．

$$\frac{\partial^2 y}{\partial t^2} = c^2 \frac{\partial^2 y}{\partial x^2} \qquad (c = \sqrt{T/\rho}) \tag{3.26}$$

式 (3.26) は 1 次元の波動方程式と言われるものであり，弦だけでなく，細い管内の空気の振動，棒の縦振動，ねじり振動など x 軸に沿って伝搬する波の方程式である．c は波の位相速度と呼ばれ，波動の伝搬速度を表している．

波動方程式の解法には変数分離法がしばしば用いられる．すなわち次式に示すように，$y(x,t)$ が x のみの関数 $\phi(x)$ と t のみの関数 $\psi(t)$ の積で表されるとする．

$$y(x,t) = \phi(x)\psi(t) \tag{3.27}$$

上式を式 (3.26) に代入すると，左辺を t のみの式，右辺を x のみの式にすることができる．

$$\frac{1}{\psi(t)}\frac{d^2\psi(t)}{dt^2} = \frac{c^2}{\phi(x)}\frac{d^2\phi(x)}{dx^2} \tag{3.28}$$

x と t とは独立に変化する量であることから，式 (3.28) が成り立つためには両辺は x と t に無関係な定数でなければならない．ここで，定数を $-\omega^2$（定数は任意に与えてよいが，ここでは振動する解を想定して負にとる．また後に平方根が必要になるので 2 乗にしている．）とおくと，t および x に関する方程式

$$\frac{d^2\psi(t)}{dt^2} + \omega^2 \psi(t) = 0 \tag{3.29}$$

$$\frac{d^2\phi(x)}{dx^2} + \frac{\omega^2}{c^2}\phi(x) = 0 \tag{3.30}$$

が得られ，それぞれの解は次のようになる．

$$\psi(t) = a\sin\omega t + b\cos\omega t \tag{3.31}$$

$$\phi(x) = A\sin\frac{\omega}{c}x + B\cos\frac{\omega}{c}x \tag{3.32}$$

ここに a, b は初期条件により決まる定数，A, B は境界条件により決まる定数，ω は角振動数を示している．結局，式 (3.26) の解は，式 (3.31) と式 (3.32) を式 (3.27) に代入することにより

$$y(x,t) = \left(A\sin\frac{\omega}{c}x + B\cos\frac{\omega}{c}x\right)(a\sin\omega t + b\cos\omega t) \tag{3.33}$$

と求められる。図 3.7 では弦の両端で変位が 0 でなければならないので，境界条件として次式が課される。

$$\phi(0) = \phi(L) = 0 \tag{3.34}$$

これらを式 (3.32) に代入し，整理すれば $B = 0$ となり，$A \neq 0$ を考慮することにより

$$\sin \frac{\omega}{c} L = 0 \tag{3.35}$$

が得られる。上式が成立するためには

$$\frac{\omega}{c} L = n\pi \qquad (n = 1, 2, 3, \cdots) \tag{3.36}$$

従って各 n に対し固有角振動数 ω_n

$$\omega_n = \frac{n\pi c}{L} \qquad (n = 1, 2, 3, \cdots) \tag{3.37}$$

が定まる。全ての n に対する固有振動を合成（加算）することにより，解は次式で表される。

$$y(x, t) = \sum_{n=1}^{\infty} \sin \frac{n\pi}{L} x \left(a_n \sin \frac{n\pi c}{L} t + b_n \cos \frac{n\pi c}{L} t \right) \tag{3.38}$$

固有角振動数 $\omega_1, \omega_2, \omega_3, \cdots$ に対応する振動のパターン

$$\phi_1 = \sin \frac{\pi}{L} x, \quad \phi_2 = \sin \frac{2\pi}{L} x, \quad \phi_3 = \sin \frac{3\pi}{L} x, \quad \cdots \tag{3.39}$$

を固有振動モードという。図 3.8 に最初の 3 つの固有振動数 $f_n \, (= \omega_n/2\pi)$ と固有振動モード ϕ_n を示す。1 次モードは全体が同じ方向に運動するのに対し，2 次モードでは左側と右側で逆の運動になっており，次数が高くなるに従い，振動モードが細かくなっていることがわかる。

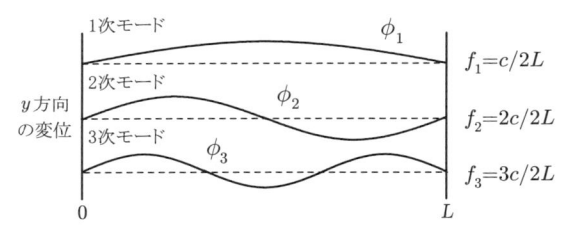

図 **3.8** 弦の固有振動数 f_n と固有振動モード ϕ_n

(2) 棒の縦振動　図 3.9 に棒と座標の取り方を示す。棒のヤング率（固さ）を E，断面積を S，密度を ρ，軸（長さ）方向の変位を $\xi(x,t)$ とし，微小部分 Δx の運動を考える。左側からかかる力 F および右側からかかる力 F' は

$$F = -ES\frac{\partial \xi}{\partial x}, \quad F' = ES\left(\frac{\partial \xi}{\partial x} + \frac{\partial^2 \xi}{\partial x^2}\Delta x\right) \tag{3.40}$$

で表される。弦の場合と同様に微小部分 Δx にニュートンの第 2 法則を適用すると，式 (3.26) と同じ 1 次元の波動方程式

$$\frac{\partial^2 \xi}{\partial t^2} = c^2 \frac{\partial^2 \xi}{\partial x^2} \qquad (c = \sqrt{E/\rho}) \tag{3.41}$$

が得られる。この場合の一般解も式 (3.33) で表される。左端固定 $\xi|_{x=0} = 0$，右端自由 $\frac{\partial \xi}{\partial x}|_{x=L} = 0$ の境界条件に対する棒の固有振動数 f_n （$= \omega_n/2\pi$）と固有振動モード ϕ_n を図 3.10 に示す。

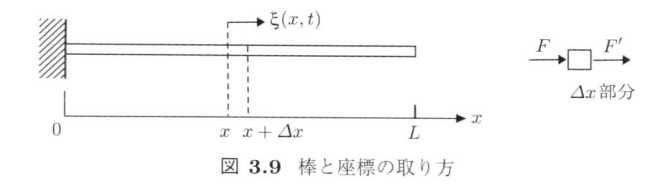

図 3.9　棒と座標の取り方

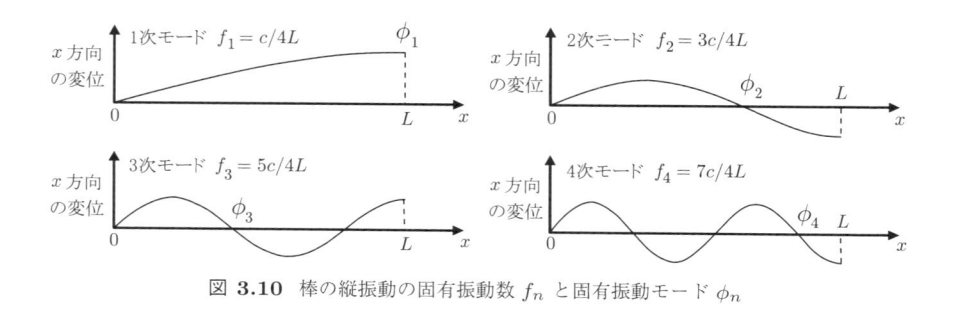

図 3.10　棒の縦振動の固有振動数 f_n と固有振動モード ϕ_n

(3) 膜の振動[1]　膜は弦が 2 次元的に広がったものと考えられる。x, y 平面に膜を配置し，膜に鉛直な方向の変位を $w(x, y, t)$ とおくと，式 (3.25) からの類推

により，微少部分には4方向からの張力が加わることから

$$T\Delta x \Delta y \left(\frac{\partial^2 w}{\partial x^2} + \frac{\partial^2 w}{\partial y^2} \right) = \rho \Delta x \Delta y \frac{\partial^2 w}{\partial t^2} \qquad (3.42)$$

となり，2次元の波動方程式

$$\frac{\partial^2 w}{\partial t^2} = c^2 \left(\frac{\partial^2 w}{\partial x^2} + \frac{\partial^2 w}{\partial y^2} \right) \qquad (3.43)$$

が得られる。なお ρ は膜の単位面積あたりの質量（面密度）を示す。円形の膜の場合には，波動方程式を極座標 (r, θ) を用いて表示すれば

$$\frac{\partial^2 w}{\partial t^2} = c^2 \left(\frac{\partial^2 w}{\partial r^2} + \frac{1}{r}\frac{\partial w}{\partial r} + \frac{1}{r^2}\frac{\partial^2 w}{\partial \theta^2} \right) \qquad (3.44)$$

となる。矩形膜に対しては式 (3.43) を円形膜に対しては式 (3.44) を変数分離することにより解を求めることができる。円形膜の振動パターンの例（対称な1次，2次，3次モード）を図3.11に示す。半径 a の円形膜の固有振動数はそれぞれ $f_{01} = 0.383c/a$, $f_{02} = 2.295f_{01}$, $f_{03} = 3.598f_{01}$ であり，上述の弦や棒の縦振動のような倍音関係はない。なお，＋は紙面手前，－は紙面奥の方向に振動することを示す。

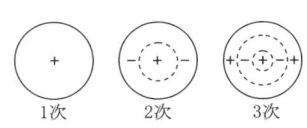

図 **3.11** 円形膜の固有振動モード

(4) 棒の横振動　図3.12に示すように，棒の軸（長さ）方向と直角方向の変位を $y(x,t)$ とすると，微小部分 Δx に左側，右側から加わる力は材料力学によれば

$$F = -EI\frac{\partial^3 y}{\partial x^3}, \quad F' = EI\left(\frac{\partial^3 y}{\partial x^3} + \frac{\partial^4 y}{\partial x^4}\Delta x \right) \qquad (3.45)$$

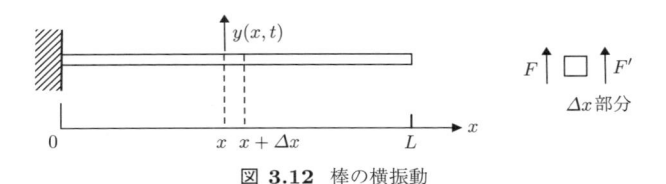

図 **3.12** 棒の横振動

となる。なお，E はヤング率，I は断面 2 次モーメントである。同様にニュートンの第 2 法則を適用し整理すれば，棒の横振動（たわみ振動）の方程式

$$\frac{\partial^4 y}{\partial x^4} + \frac{\rho S}{EI}\frac{\partial^2 y}{\partial t^2} = 0 \tag{3.46}$$

が得られる。ただし，ρ は密度，S は断面積である。変数分離により解を求めれば

$$y(x,t) = (A\cosh\mu x + B\sinh\mu x + C\cos\mu x + D\sin\mu x)$$
$$\cdot (a\sin\omega t + b\cos\omega t) \tag{3.47}$$

と表される。ここに

$$\mu = \sqrt[4]{\frac{\omega^2 \rho S}{EI}} \tag{3.48}$$

とする。係数 A, B, C, D は境界条件により決定される。図 3.12 に示す片持ちはりについて，境界条件（左端で変位 0，傾き 0，右端でモーメント 0，せん断力 0）を設定すれば，μ に関する固有方程式

$$1 + \cosh\mu L\cos\mu L = 0 \tag{3.49}$$

が導かれる。この方程式 (3.49) を満足する μL は 1.875, 4.694, 7.855, $\cdots$ と無数にある。n 番目の μ を μ_n とすると，固有振動数 f_n は式 (3.48) より

$$f_n = \frac{\omega_n}{2\pi} = \frac{\mu_n^2}{2\pi}\sqrt{\frac{EI}{\rho S}} \quad (n = 1, 2, 3, \cdots) \tag{3.50}$$

で与えられる。f_1, f_2, f_3 に対応する固有振動モード ϕ_n を図 3.13 に示す。

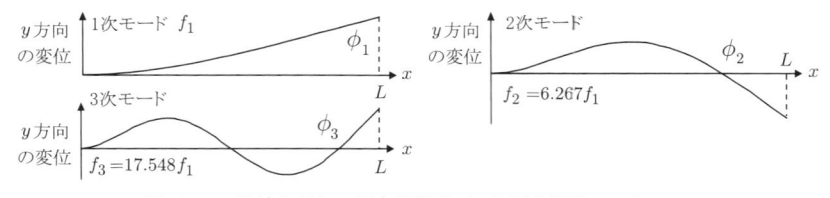

図 3.13 片持ちはりの固有振動数 f_n と固有振動モード ϕ_n

(5) 板の振動[2)]　弦の横振動を 2 次元化すれば，膜の横振動が得られることを述べた。同様に棒の横振動を 2 次元化したものが板の横振動であると考えられるが，板の場合にはポアソン比の影響を受け，さらに複雑になる。その結果，板の自由振動の方程式は板面の座標を x, y とし，鉛直方向の変位を $w(x, y, t)$ とすれば

$$\left(\frac{\partial^2}{\partial x^2} + \frac{\partial^2}{\partial y^2}\right)^2 w + \frac{12\rho(1-\nu^2)}{Eh^2}\frac{\partial^2}{\partial t^2}w = 0 \qquad (3.51)$$

と表される。ここに h, ρ, E, ν は，それぞれ板（材料）の厚さ，密度，ヤング率及びポアソン比である。板の固有振動数と固有振動モードは板の形状（材質および寸法）と境界条件により定まる。例えば，縦 a，横 b の長方形板を周辺支持（周辺の変位のみを 0 に拘束）した場合の固有振動数は，$w(x, y, t) = X(x)Y(y)e^{j\omega t}$ とおき，変数分離法を適用することにより

$$f_{mn} = \frac{\pi h}{4}\left(\frac{m^2}{a^2} + \frac{n^2}{b^2}\right)\sqrt{\frac{E}{3(1-\nu^2)\rho}} \qquad (m, n = 1, 2, 3, \cdots) \quad (3.52)$$

で与えられる。振動モードの概要を図 3.14 に示す。なお，振動方向は + が紙面手前，− は紙面奥を表す。

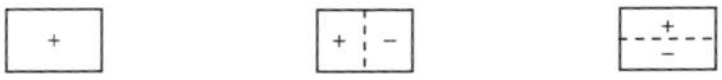

□ +　　　　□ +│−　　　　□ −⎺⎻−
(m=1, n=1)　(m=2, n=1)　(m=1, n=2)

図 **3.14**　周辺支持の長方形板の振動モード

♪コラム♪　物体の共鳴周波数

　弦や膜（太鼓），棒や板，室空間などの振動系には，いわゆる共振（共鳴）現象があり，それぞれ固有の周波数において大きく振動する。この共鳴周波数は振動の伝搬速度 c と物体（振動系）のサイズ L に依存し，c が大きく L が小さいほど高くなる。物体の動き得る部分を制限し，軽く，固定すること，すなわち振動系に対する束縛（制限）をきつくすれば共鳴周波数は高くなり，物体は金切り声を発生するのである。
　なお，物体はそれぞれ無数の共鳴周波数 $f_1, f_2, f_3, \cdots$ を持っているが，f_n が基本周波数 f_1（一番低い共鳴周波数）と倍音関係（整数倍の関係）にあるものと，そうでないものがある。本文中にある弦の振動や棒の縦振動，閉管内の音の共鳴は前者に，膜（太鼓）の振動や，棒の横振動，板振動，室内の共鳴は後者に属する。

> **♪コラム♪ 振動を速く伝えるには?**
>
> 　打てば響くためには物体（媒質）が身軽で緊張していることが大切である。緊張の程度は弦や膜では張力 T，空気や水などの流体では圧力 P，棒や板などの固体ではヤング率（剛性）E で表される。また身軽さの程度は密度 ρ の逆数 $1/\rho$ で表される。本文から明らかなように振動の伝搬速度 c は物体の緊張度と身軽さの積の平方根（相乗平均）に比例しているのである。
>
> $$c \propto \sqrt{T/\rho},\ \sqrt{P/\rho},\ \sqrt{E/\rho}$$

3.2 音の基礎

3.2.1 空気のばねと質量

　空気中の音波の発生も前節の機械系の振動と同様に，フックの法則とニュートンの第2法則で説明できる。最初に空気のばねと質量について考える。

(1) 空気のばね　空気中の音の場合は圧力の変化が早いため，圧縮による発熱，膨張による吸熱が外部に伝わる余裕がない，いわゆる断熱変化とみなされる。断熱変化では圧力 P と体積 V の関係は

$$PV^\gamma = 一定 \tag{3.53}$$

となる。なお，γ は定圧比熱と定積比熱の比（空気の場合，$\gamma = 1.402$）である。上式の微分をとると，圧力変化（音圧 dP）と体積変化の関係が導かれる。

$$dP = -\gamma P \frac{dV}{V} \tag{3.54}$$

これは気体の音波を考える場合のフックの法則，すなわち音圧（応力）dP とひずみ dV/V の関係式 (3.7) に相当し，気体のばね定数 K（体積弾性率）は γP で与えられる。

(2) 空気の質量 次に空気の質量であるが，よく知られているように「すべての気体 1mol は 0°C，1 気圧の標準状態で 22.4ℓ の体積を有する」。一方，1mol の質量は水素が 2g，窒素が 28g，酸素が 32g であり，空気（窒素 4, 酸素 1 の割合からなる）では

$$28 \times \frac{4}{5} + 32 \times \frac{1}{5} \simeq 28.9 \text{ [g]}$$

となる。したがって空気の密度 ρ は

$$\rho = \frac{28.9 \times 10^{-3}}{22.4 \times 10^{-3}} = 1.29 \text{ [kg/m}^3\text{]}$$

となる。

♪コラム♪ レーリー卿（**Lord Rayleigh**）

　レーリー卿（1842-1919）は英国の物理学者で，希ガス（アルゴン）の発見によりノーベル物理賞を受賞している。物理学の様々な分野で数々の貢献をしている。彼の名のついているものを挙げるとレーリーの原理，レーリー数，レーリー波，レーリー板など数多い。研究分野は，音響学はもとより，振動工学，熱力学，化学，地震学に及んでいる。なかでも音響学については，生涯ずっと興味を持ち続け，多数の論文を残している。不朽の名著と云われる Theory of Sound I, II は寺田寅彦も愛読したといわれ，現代でも読み継がれている。レーリーの原理は地震学から量子力学に至る幅広い分野に応用され，その実用的な価値が認められている。

3.2.2　1 次元音波の波動方程式

図 3.15 に長さ L，断面積 S の音響管を示す。管の直径が音の波長に比べて十

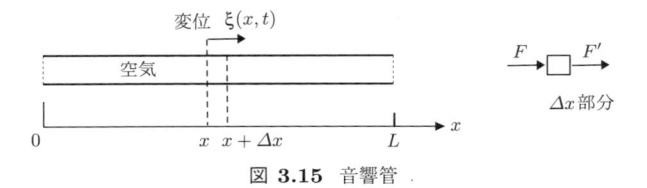

図 3.15 音響管

分小さい場合，長さ方向のみの空気の動きを考えればよい．x の位置での変位を $\xi(x,t)$，音圧を $p(x,t)$ とする．図中の Δx の部分に，左側から加わる力は

$$F = p(x,t)S \tag{3.55}$$

右側から加わる力は

$$F' = -\left\{p(x,t) + \frac{\partial p(x,t)}{\partial x}\Delta x\right\}S \tag{3.56}$$

である．またこの部分の質量は $\rho S \Delta x$ であるので，ニュートンの第 2 法則を適用し，整理すれば

$$\left[p(x,t) - \left\{p(x,t) + \frac{\partial p(x,t)}{\partial x}\Delta x\right\}\right]S = \rho S \Delta x \frac{\partial^2 \xi(x,t)}{\partial t^2} \tag{3.57}$$

すなわち

$$\rho \frac{\partial^2 \xi(x,t)}{\partial t^2} = -\frac{\partial p(x,t)}{\partial x} \tag{3.58}$$

が得られる．次に Δx の部分の体積 $V = S\Delta x$ の変化量を求めると

$$dV = \{\xi(x+\Delta x, t) - \xi(x,t)\}S = \frac{\partial \xi(x,t)}{\partial x}\Delta x S = \frac{\partial \xi(x,t)}{\partial x}V$$

となる．式 (3.54) において気圧の変化分 dP を改めて $p(x,t)$ とおけば，音圧 p とひずみ $\partial \xi/\partial x$ の間には次式が成り立つ．

$$p(x,t) = -\gamma P \frac{\partial \xi(x,t)}{\partial x} \tag{3.59}$$

式 (3.58) と式 (3.59) は音圧 $p(x,t)$ 及び変位 $\xi(x,t)$ に関する連立方程式である．両式を基に $\xi(x,t)$ を消去すれば音圧 $p(x,t)$ に関する波動方程式

$$c^2 \frac{\partial^2}{\partial x^2} p(x,t) = \frac{\partial^2}{\partial t^2} p(x,t) \tag{3.60}$$

が，また $p(x,t)$ を消去すれば変位 $\xi(x,t)$ に関する同一の波動方程式

$$c^2 \frac{\partial^2}{\partial x^2} \xi(x,t) = \frac{\partial^2}{\partial t^2} \xi(x,t) \tag{3.61}$$

が導かれる。ここに

$$c = \sqrt{\gamma P/\rho} \tag{3.62}$$

は空気中の音速を表す。

> ♪コラム♪ **音速 c の式の論争**
>
> Newton (1642-1727) は空気の圧力 P と体積 V は等温変化に従うものと考え，$PV = $ 一定の関係を利用して，$c = \sqrt{P/\rho}$ を導いた。実験値に比べ約 20%遅く，なぜ一致しないかで論争が続いた。約 100 年後，Laplace (1749-1827) が音に対しては，圧力と体積の関係は断熱変化に従い，$PV^\gamma = $ 一定 (γ は空気では 1.4) と考えるべきであるとし $c = \sqrt{\gamma P/\rho}$ を導いた。

3.2.3　3 次元音波の波動方程式

3 次元 (x, y, z) 空間における音波の方程式は，前項で取扱った 1 次元の方程式を拡張することにより容易に導かれる。以下にその概要を述べる。時刻 t における各部の音圧を $p(x, y, z, t)$，振動変位の x, y, z 方向成分を $\xi(x, y, z, t), \eta(x, y, z, t), \zeta(x, y, z, t)$ とすれば式 (3.58) に対応するニュートンの第 2 法則 (3 次元の運動方程式) は

$$\rho\frac{\partial^2 \xi}{\partial t^2} = -\frac{\partial p}{\partial x}, \quad \rho\frac{\partial^2 \eta}{\partial t^2} = -\frac{\partial p}{\partial y}, \quad \rho\frac{\partial^2 \zeta}{\partial t^2} = -\frac{\partial p}{\partial z} \tag{3.63}$$

と書かれる。また体積ひずみ dV/V は各方向のひずみ成分 ($\partial\xi/\partial x, \partial\eta/\partial y, \partial\zeta/\partial z$) の和

$$\frac{dV}{V} = \frac{\partial \xi}{\partial x} + \frac{\partial \eta}{\partial y} + \frac{\partial \zeta}{\partial z} \tag{3.64}$$

で与えられることから，フックの法則 (式 (3.59)) は

$$p = -\gamma P \left(\frac{\partial \xi}{\partial x} + \frac{\partial \eta}{\partial y} + \frac{\partial \zeta}{\partial z}\right) \tag{3.65}$$

と表される。上記の音圧 p と振動変位 ξ, η, ζ に関する連立微分方程式 (3.63), 式 (3.65) から ξ, η, ζ を消去すれば音圧 p に対する 3 次元の波動方程式（ダランベールの波動方程式）

$$\frac{\partial^2 p}{\partial t^2} = c^2 \left(\frac{\partial^2 p}{\partial x^2} + \frac{\partial^2 p}{\partial y^2} + \frac{\partial^2 p}{\partial z^2} \right) \tag{3.66}$$

が得られる。ここに $c = \sqrt{\gamma P/\rho}$ は空気中の音速である。なお，空気中の音波については，空気粒子の振動変位 ξ, η, ζ よりも，通常はその時間微分である粒子速度 u, v, w

$$u = \frac{\partial \xi}{\partial t}, \quad v = \frac{\partial \eta}{\partial t}, \quad w = \frac{\partial \zeta}{\partial t} \tag{3.67}$$

に関心が持たれる。さらにその u, v, w に対し

$$u = -\frac{\partial \phi}{\partial x}, \quad v = -\frac{\partial \phi}{\partial y}, \quad w = -\frac{\partial \phi}{\partial z} \tag{3.68}$$

なる速度ポテンシャル $\phi(\xi, \eta, \zeta)$ を導入し，種々の考察が行われる。その結果，ϕ と音圧 p との間に

$$p = \rho \frac{\partial \phi}{\partial t} \tag{3.69}$$

なる関係が成立すること，ϕ, u, v, w とも音圧 p と全く同じ波動方程式を満たすことが導かれる。したがって速度ポテンシャル ϕ に関する波動方程式

$$\frac{\partial^2 \phi}{\partial t^2} = c^2 \left(\frac{\partial^2 \phi}{\partial x^2} + \frac{\partial^2 \phi}{\partial y^2} + \frac{\partial^2 \phi}{\partial z^2} \right) \tag{3.70}$$

の解が求められれば，音圧 p 及び粒子速度 u, v, w は式 (3.68), 式 (3.69) の関係を用い，単なる ϕ の微分により得られることがわかる。特に角周波数 ω の音波（定常場）に対しては

$$\phi(x, y, z, t) = \phi_\omega(x, y, z) e^{j\omega t} \tag{3.71}$$

とおけば波動方程式 (3.70) は，いわゆるヘルムホルツの式

$$\frac{\partial^2 \phi_\omega}{\partial x^2} + \frac{\partial^2 \phi_\omega}{\partial y^2} + \frac{\partial^2 \phi_\omega}{\partial z^2} + k^2 \phi_\omega = 0 \tag{3.72}$$

となる。ここに

$$k = \omega/c = 2\pi/\lambda \tag{3.73}$$

は波数（wave number）と呼ばれ，周波数に比例し波長 λ に反比例する。

3.2.4 波動方程式の解

(1) 1次元の場合/閉管内の音場 速度ポテンシャル ϕ に関する1次元の波動方程式は

$$\frac{\partial^2 \phi}{\partial t^2} = c^2 \frac{\partial^2 \phi}{\partial x^2} \tag{3.74}$$

と表される。角周波数 ω の波に対しては $\phi(x,t) = X(x)e^{j\omega t}$ とおけばヘルムホルツの式として，X に関する常微分方程式

$$\frac{d^2 X}{dx^2} + k^2 X = 0 \tag{3.75}$$

が得られる。この方程式の解は A, B を任意の定数とし

$$X = Ae^{-jkx} + Be^{jkx} \tag{3.76}$$

と表される。したがって式 (3.74) を満たす角周波数 ω の波は一般に

$$\begin{aligned} \phi(x,t) &= Ae^{j(\omega t - kx)} + Be^{j(\omega t + kx)} \\ &= Ae^{j\omega(t - x/c)} + Be^{j\omega(t + x/c)} \end{aligned} \tag{3.77}$$

で与えられる。ここに右辺の第1項は x 軸の正の方向に，第2項は x の負の方向にそれぞれ速度 c で伝搬する波を表し，定数 A, B は以下に示すように境界条件から決定される。

この一般解を，剛壁で終端された長さ L の音響管が $x = 0$ において振動速度 $u_0 e^{j\omega t}$ のピストン板により駆動されている場合に適用してみよう（図 3.16）。言うまでもなく，この

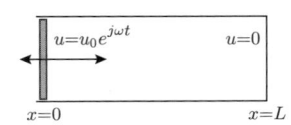

図 3.16 剛壁で終端された音響管

場合，上式の右辺第 2 項は剛壁による反射波に対応している。

さて，管内の音圧 $p(x,t)$ 及び粒子速度 $u(x,t)$ は式 (3.69) および式 (3.68) より，それぞれ

$$p(x,t) = \rho\frac{\partial \phi}{\partial t} = j\omega\rho\{Ae^{-jkx} + Be^{jkx}\}e^{j\omega t} \tag{3.78}$$

$$u(x,t) = -\frac{\partial \phi}{\partial x} = jk\{Ae^{-jkx} - Be^{jkx}\}e^{j\omega t} \tag{3.79}$$

と表される。したがって粒子速度 $u(x,t)$ はピストン板上 ($x=0$) 及び剛壁上 ($x=L$) において境界条件

$$u(0,t) = u_0 e^{j\omega t} \tag{3.80}$$

$$u(L,t) = 0 \tag{3.81}$$

を満たす必要がある。これより

$$jk(A - B) = u_0$$

$$Ae^{-jkL} - Be^{jkL} = 0$$

すなわち

$$A = -\frac{u_0 e^{jkL}}{2k\sin kL}, \qquad B = \frac{u_0 e^{-jkL}}{2k\sin kL} \tag{3.82}$$

となり，定数 A, B が定まる。これを式 (3.78),式 (3.79) に代入し整理すれば管内の音圧及び粒子速度は

$$p(x,t) = -j\rho c u_0 \frac{\cos k(L-x)}{\sin kL} e^{j\omega t} \tag{3.83}$$

$$u(x,t) = u_0 \frac{\sin k(L-x)}{\sin kL} e^{j\omega t} \tag{3.84}$$

で与えられる。上式は x 軸に沿っての音圧や粒子速度の強弱のパターンを表し，定在波と呼ばれる。定在波はピストンから放射された波と剛壁による反射波との干渉（合成）によって生じる。ここで特に留意すべきは

$$\sin kL = 0, \quad kL = 2\pi L/\lambda = n\pi \quad (n = 1, 2, 3, \cdots) \tag{3.85}$$

すなわち管の長さ L が半波長 $\lambda/2$ の整数倍

$$L = n\lambda/2 \quad (n = 1, 2, 3, \cdots) \tag{3.86}$$

のとき，式 (3.83) や式 (3.84) が無限に大きくなることである。この状態を共鳴という。また式 (3.86) を満たす波長 $\lambda = \lambda_n$ に対応する周波数 f_n

$$f_n = c/\lambda_n = nc/2L \quad (n = 1, 2, 3, \cdots) \tag{3.87}$$

を閉管（図 3.16）の共鳴周波数といい，無数に存在し，基本周波数 f_1 と倍音関係 ($f_n = nf_1$) にあることがわかる。

(2) 3次元の場合/直方体室の音場 [4] 変数分離法は境界条件が変数ごとに分離できる場合に適用される。音響的に剛な壁で囲まれた直方体内部の音場について考えてみよう。図 3.17 に示す縦，横，高さが L_x, L_y, L_z の直方体室内の速度ポテンシャル $\phi(x, y, z, t)$ を

$$\phi(x, y, z, t) = X(x)Y(y)Z(z)e^{j\omega t} \tag{3.88}$$

と仮定し，式 (3.70) に代入すれば

$$\frac{d^2X}{dx^2} = k_x^2 X, \quad \frac{d^2Y}{dy^2} = k_y^2 Y, \quad \frac{d^2Z}{dz^2} = k_z^2 Z \tag{3.89}$$

$$(k_x^2 + k_y^2 + k_z^2 = (\omega/c)^2)$$

なる常微分方程式が導かれ，それぞれ

$$X = A_1 \cos k_x x + A_2 \sin k_x x$$
$$Y = B_1 \cos k_y y + B_2 \sin k_y y$$
$$Z = C_1 \cos k_z z + C_2 \sin k_z z \tag{3.90}$$

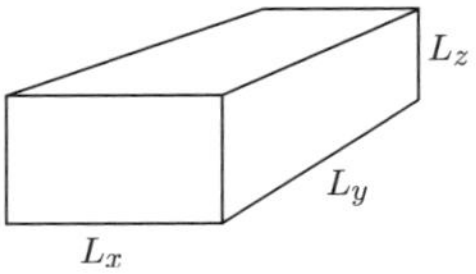

図 **3.17** 直方体室

なる解を有する。剛壁上では粒子速度の垂直成分が 0 となることを考慮すれば，関数 X, Y, Z は境界条件

$$\left.\frac{dX}{dx}\right|_{x=0, L_x} = 0, \quad \left.\frac{dY}{dy}\right|_{y=0, L_y} = 0, \quad \left.\frac{dZ}{dz}\right|_{z=0, L_z} = 0 \tag{3.91}$$

を満たす必要がある。したがって $A_2 = B_2 = C_2 = 0$ 及び $\sin k_x L_x = \sin k_y L_y = \sin k_z L_z = 0$ が導かれる。これより k_x, k_y, k_z は

$$k_x = \ell\pi/L_x, \quad k_y = m\pi/L_y, \quad k_z = n\pi/L_z \tag{3.92}$$
$$(\ell, m, n = 0, 1, 2, 3, \cdots,\ ただし同時には零とならない)$$

となり，速度ポテンシャルは

$$\phi_{\ell m n}(x,y,z)e^{j\omega_{\ell m n}t} = \cos(\ell\pi x/L_x)\cos(m\pi y/L_y)\cos(n\pi z/L_z)$$
$$\cdot e^{j\omega_{\ell m n}t} \tag{3.93}$$

$$\omega_{\ell m n} = \pi c\sqrt{(\ell/L_x)^2 + (m/L_y)^2 + (n/L_z)^2} \tag{3.94}$$

で与えられる。この波形は直方体室に固有の振動パターン（定在波）を示し，室の固有振動モードと呼ばれる。この様なモードは無数に存在し，室内の音場は一般にそれらの1次結合（重ね合わせ）により

$$\phi(x,y,z,t) = \sum_{\ell,m,n=0}^{\infty} D_{\ell m n}\phi_{\ell m n}e^{j\omega_{\ell m n}t} \quad (\ell, m, n) \neq (0,0,0) \tag{3.95}$$

と表される。角周波数 $\omega_{\ell m n}$ は対応するモードの自由振動数と言われ，室の共鳴周波数に相当し，式 (3.94) で与えられる。なお，上式の定数 $D_{\ell m n}$ は時刻 $t = 0$ における室の音場の状態（初期条件）から決定される。

3.2.5　音波の放射

物体が振動すると音波が発生する。面音源，球音源，点音源など代表的な振動源からの音の放射について述べる。

(1) 面音源　図 3.18 に無限剛壁を示す。剛壁が x 方向に速度 $u = u_0 e^{j\omega t}$ で振動している場合を考える。音波は1次元として，x の正の方向に伝搬し，反射（障害物）がなければ式 (3.77) の右辺第1項のみになる。

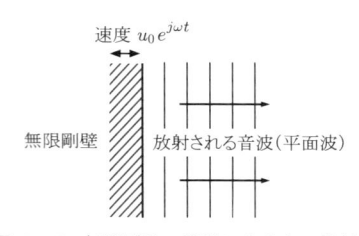

図 3.18　無限剛壁の振動による音の放射

$$\phi(x,t) = Ae^{j(\omega t - kx)} \tag{3.96}$$

$x=0$ での粒子速度は壁の振動速度と等しいことから

$$-\left.\frac{\partial \phi}{\partial x}\right|_{x=0} = jkAe^{j(\omega t - kx)}\Big|_{x=0} = u_0 e^{j\omega t}$$

とおけば

$$A = \frac{u_0}{jk} \tag{3.97}$$

が得られる。したがって面音源から放射される音の速度ポテンシャル，粒子速度及び音圧はそれぞれ次式で表される。

$$\phi(x,t) = \frac{u_0}{jk} e^{j(\omega t - kx)} \tag{3.98}$$

$$u(x,t) = -\frac{\partial \phi}{\partial x} = u_0 e^{j(\omega t - kx)} \tag{3.99}$$

$$p(x,t) = \rho \frac{\partial \phi}{\partial t} = \rho c u_0 e^{j(\omega t - kx)} \tag{3.100}$$

すなわち，振幅 u_0 と $\rho c u_0$ の粒子速度及び音圧の平面波が x の正方向に速度 c で伝搬することがわかる。両者の比は

$$\frac{p(x,t)}{u(x,t)} = \rho c \tag{3.101}$$

となり，場所，時間に依らない一定値を示す。この値 ρc は媒質の特性インピーダンスといわれ，媒質に固有の量である。

(2) 球音源（呼吸球） 球表面（半径 a）が半径方向に速度 $u_0 e^{j\omega t}$ で振動している呼吸球からの音の放射を考える。速度ポテンシャル ϕ に関するヘルムホルツの式を球座標系 (r, θ, φ) を用いて表せば

$$\frac{1}{r^2}\frac{\partial}{\partial r}\left(r^2 \frac{\partial \phi_\omega}{\partial r}\right) + \frac{1}{r^2 \sin \theta}\frac{\partial}{\partial \theta}\left(\sin \theta \frac{\partial \phi_\omega}{\partial \theta}\right)$$
$$+ \frac{1}{r^2 \sin^2 \theta}\frac{\partial^2 \phi_\omega}{\partial \varphi^2} + k^2 \phi_\omega = 0 \tag{3.102}$$

となる。放射場は球対称であり，θ, φ に無関係であることから

$$\frac{\partial \phi_\omega}{\partial \theta} = \frac{\partial \phi_\omega}{\partial \varphi} = 0 \tag{3.103}$$

とおけば，上式は

$$\frac{d^2}{dr^2}(r\phi_\omega) + k^2(r\phi_\omega) = 0 \tag{3.104}$$

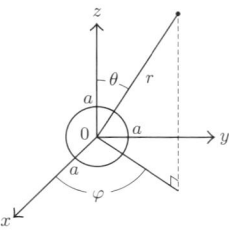

図 **3.19** 球座標系

のごとく簡略化され，一般解として

$$\phi_\omega = \frac{A}{r}e^{-jkr} + \frac{B}{r}e^{jkr} \tag{3.105}$$

を得る。右辺第1項は原点 O に中心を持つ呼吸球から遠ざかる発散波を，第2項は原点に収れんする波を表す。いま $B = 0$ とおき，発散波のみを扱う（自由空間における放射場を扱う）ことにすれば，呼吸球の周りの速度ポテンシャルは

$$\phi = \phi_\omega e^{j\omega t} = \frac{A}{r}e^{j(\omega t - kr)} \tag{3.106}$$

となり，音圧 p 及び粒子速度の r 方向成分 u_r は，それぞれ次式で与えられる。

$$p = \rho \frac{\partial \phi}{\partial t} = j\omega \rho \phi = j\omega \rho \frac{A}{r} e^{j(\omega t - kr)} \tag{3.107}$$

$$u_r = -\frac{\partial \phi}{\partial r} = jkA\left(1 + \frac{1}{jkr}\right)\frac{e^{j(\omega t - kr)}}{r} \tag{3.108}$$

ここに定数 A は呼吸球の表面における振動速度（境界条件）$u_r|_{r=a} = u_0 e^{j\omega t}$ から

$$A = \frac{a^2 u_0}{1 + jka} e^{jka} \tag{3.109}$$

と決定される。したがって式 (3.107) の放射音圧は

$$p = j\omega \rho \frac{Q_0}{4\pi r} \frac{e^{jka}}{1 + jka} e^{j(\omega t - kr)} \tag{3.110}$$

で与えられる。ここに

$$Q_0 = 4\pi a^2 u_0 \tag{3.111}$$

は呼吸球の体積排除量であり，音源の強度を表す．上式の音圧 p 及び粒子速度 u_r は式 (3.107)，式 (3.108) から明らかなごとく呼吸球の半径方向（r 方向）に速度 c で伝わる球面波を示している．また，両者の比は

$$\frac{p}{u_r} = \rho c \frac{jkr}{1+jkr} \simeq \rho c \quad (kr \gg 1) \tag{3.112}$$

となり，呼吸球から遠ざかるに従って媒質の特性インピーダンス ρc に近づく．

(3) 点音源（$a \to 0$）　呼吸球の単位時間当たりの体積排除量 Q_0 ($= 4\pi a^2 u_0$) を一定に保ちつつ，半径 a を 0 に近づけた極限が点音源である．Q_0 を点音源の強さという．この場合，点音源の周りの音圧及び粒子速度は，上述の呼吸球に対する結果において $a \to 0$ とすれば，それぞれ

$$p = \frac{j\omega \rho Q_0}{4\pi} \frac{e^{j(\omega t - kr)}}{r} \tag{3.113}$$

$$u_r = \frac{jkQ_0}{4\pi} \left(1 + \frac{1}{jkr}\right) \frac{e^{j(\omega t - kr)}}{r} \tag{3.114}$$

となり，無指向性の球面波を表す．音圧は距離 r に反比例し，粒子速度も遠距離場（$kr \gg 1$）では同じく r に反比例して減衰することが知られる．

(4) 双極子音源　同じ強さの正負（逆位相の）2 つの点音源が近接して置かれているものとする（距離 ℓ）．この様な正負二重極の音源を双極子音源という．図 3.20 のように座標を取り，遠距離（$kr \gg 1$）における放射場を考える．正の点音源による音圧を p_+，負の点音源による音圧を p_- とすれば，式 (3.113) からそれぞれ

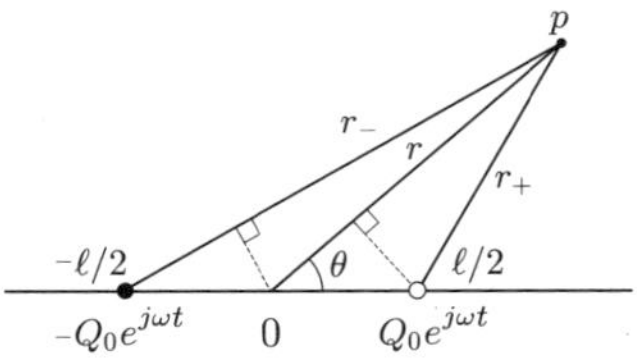

図 3.20 双極子音源

$$p_+ = j\omega \rho \frac{Q_0}{4\pi} \frac{e^{-jkr_+}}{r_+} e^{j\omega t} \simeq j\omega \rho \frac{Q_0}{4\pi r} e^{-jk(r - \ell \cos\theta/2)} e^{j\omega t}$$

$$p_- = -j\omega \rho \frac{Q_0}{4\pi} \frac{e^{-jkr_-}}{r_-} e^{j\omega t} \simeq -j\omega \rho \frac{Q_0}{4\pi r} e^{-jk(r + \ell \cos\theta/2)} e^{j\omega t}$$

となり，受音点 (r, θ) における音圧は両者の和として

$$p = p_+ + p_- \simeq -2\omega\rho\frac{Q_0}{4\pi r}e^{j(\omega t - kr)}\sin\left(\frac{k\ell}{2}\cos\theta\right) \quad (3.115)$$

で与えられる。ℓ が小さいこと（$k\ell \ll 1$）に留意すれば上式は

$$p \simeq -k^2\rho c\frac{Q_0 \ell}{4\pi r}e^{j(\omega t - kr)}\cos\theta \quad (3.116)$$

となり，図 3.21 に示すごとく $\theta = 0°$ 方向を主軸（最大放射の方向）とする 8 の字型の指向特性を有する。

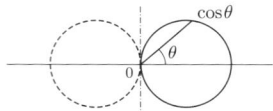

図 **3.21** 双極子音源の指向特性

♪コラム♪ 音源の指向性

複数の波が重なり，強め合ったり弱め合ったりする現象を干渉という。入射波と反射波の干渉により定在波が生じることは良く知られている（3.2.4）。点音源（波長に比べて大きさが無視できる音源）は無指向性であり，あらゆる方向に均等に音を放射する。一方，大きさのある通常の音源は点音源の集まりとみなされる。各音源要素（点音源）から受音点までの距離が異なるため，波の到達時間に差が生じ，それぞれの波の間にいわゆる位相差が発生する。音源の各部分から受音点に到達した位相の異なる複数の波は相互に干渉し，放射される方向により強弱のパターンが生じる。これが音源の指向性であり，放射方向により強度が変化する。音源の各部（点音源）は無指向性であっても，それらの干渉により指向性が生じる。

---

(5) 剛壁上のピストン音源 図 3.22 に無限剛壁の表面の微小面積が速度 $u_0 e^{j\omega t}$ で振動する場合を示す。振動する部分は強さ Q_0 が $u_0 dS$ の点音源とみなされることから，r だけ離れた位置の音圧 dp は，式 (3.113) より

$$dp = \frac{j\omega\rho u_0 dS}{2\pi r}e^{j(\omega t - kr)} \quad (3.117)$$

と表される。ただし，半空間への放射であることから 2 を乗じている。速度分布 $ue^{j\omega t}$ を持つ無限剛壁上の一般の音源に対しては，各微小部分の振動による寄与 dp を加算（積分）することにより，放射場の音圧は次式で算定される。

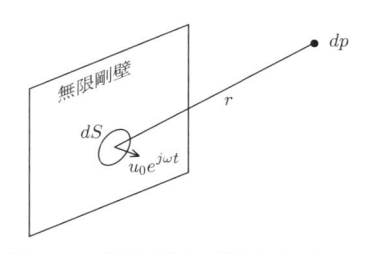

図 **3.22** 無限剛壁上の微小部分の振動による音場

$$p = j\omega\rho \int_S \frac{ue^{j(\omega t - kr)}}{2\pi r} dS \qquad (3.118)$$

例えば，図 3.23 に示す半径 a の円形ピストンによる放射音圧は

$$p \simeq j\omega\rho u_0 \pi a^2 \frac{e^{j(\omega t - kr)}}{2\pi r} \left\{ \frac{2J_1(ka\sin\theta)}{ka\sin\theta} \right\} \quad (kr \gg 1) \qquad (3.119)$$

となり，図 3.24 に示すような指向性を持つ。ここに $J_1(ka\sin\theta)$ は 1 次のベッセル関数である。円形ピストン音源の指向性は $ka = 2\pi a/\lambda$，すなわちピストンの半径 a と波長 λ の比に依存し，a/λ が大きくなるにつれ指向性は鋭く複雑になる。

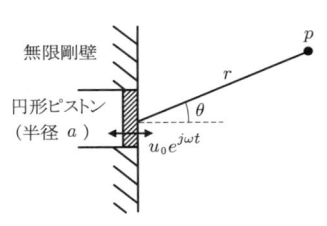

図 3.23 円形ピストンによる音場

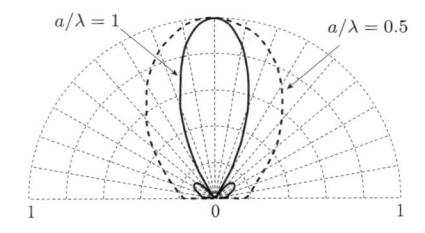

図 3.24 剛壁上の円形ピストンによる音圧の放射指向性

(6) 放射インピーダンス[8]　振動する物体には，放射される音による反作用が生ずる。たとえば，スピーカの振動板を駆動する場合には，音の反作用力を負荷として考える必要がある。反作用力 F は振動面上の音圧を表面全体にわたり積分することにより求められる。この反作用力を物体表面の振動速度で割った量

$$Z_R = \frac{F}{u_0 e^{j\omega t}} \qquad (3.120)$$

を放射インピーダンスという。例えば (2) で述べた球音源（半径 a の呼吸球）に対する反作用力は式 (3.110) より

$$F = 4\pi a^2 p|_{r=a} = 4\pi a^2 \rho c \frac{jka}{1+jka} u_0 e^{j\omega t} \qquad (3.121)$$

と表される。したがって呼吸球の放射インピーダンスは

$$Z_R = 4\pi a^2 \rho c (r_R + jx_R) \tag{3.122}$$

$$r_R = \frac{(ka)^2}{1+(ka)^2} \tag{3.123}$$

$$x_R = \frac{ka}{1+(ka)^2} \tag{3.124}$$

で与えられる。放射インピーダンスの実部 r_R は周囲の空間に放射される音響出力の目安とされる。一方、虚部 x_R は呼吸球への空気の付加質量の効果に対応している。

図 3.25 は，この放射インピーダンスの実部 r_R および虚部 x_R の周波数特性である。$ka(=2\pi a/\lambda)$ が 1 以下の低周波数域では，x_R が優勢であり，音の放射は抑制されるが，高周波数域（$ka > 2$）では r_R が優勢となり，効率良く空気中に音が放射されることを示している。

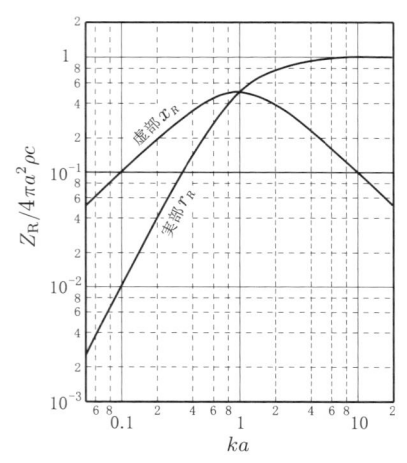

図 3.25 呼吸球の放射インピーダンス

3.3 振動系のアナロジー [8]

物理現象として異なっていても，同じ形の微分方程式で表示される場合がある。本章で取扱った機械振動系や音響系と電気回路（電気の振動系）との間には，その様な対応関係が見られる。

機械振動系　質量 m，ばね定数 k，機械抵抗（損失）r_M の機械系に外力 $F(t)$ が作用している場合（図 3.26(a)）の振動速度を $v(t)$ とすれば

$$m\frac{dv(t)}{dt} + r_M v(t) + k\int v(t)dt = F(t) \tag{3.125}$$

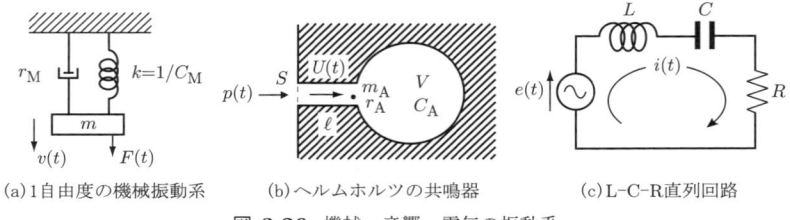

図 **3.26** 機械・音響・電気の振動系

(a) 1自由度の機械振動系 　(b) ヘルムホルツの共鳴器 　(c) L-C-R直列回路

と表される（課題・演習問題1参照）。なお，ばね定数の逆数 $C_\mathrm{M} = 1/k$ は機械容量またはコンプライアンスと呼ばれる。

音響系　図 3.26(b) に示すフラスコ状の容器はヘルムホルツの共鳴器と呼ばれる（10.7.1 参照）。気柱（長さ ℓ，断面積 S）と空洞（容積 V）からなるこの容器に音圧 $p(t)$ が加わった場合の体積速度を $U(t)$ とすれば

$$m_\mathrm{A} \frac{dU(t)}{dt} + r_\mathrm{A} U(t) + \frac{1}{C_\mathrm{A}} \int U(t) dt = p(t) \tag{3.126}$$

$(m_\mathrm{A} = \rho S \ell / S^2, C_\mathrm{A} = V/\rho c^2)$

が成立する。ここで m_A は気柱の音響質量，C_A は空洞の音響容量，r_A は音響抵抗（損失）である。なお，体積速度 $U(t)$ とは気柱の振動速度 $u(t)$ に断面積 S を乗じた量（$U(t) = Su(t)$）である。また，音圧 $p(t)$ と体積速度 $U(t)$ が正弦波振動の場合，これらの比を音響インピーダンスという。

電気系　インダクタンス（コイル）L，キャパシタンス（コンデンサ）C と抵抗（損失）R からなる直列回路（図 3.26(c)）に電圧 $e(t)$ を加えた場合に流れる電流を $i(t)$ とすれば

$$L \frac{di(t)}{dt} + Ri(t) + \frac{1}{C} \int i(t) dt = e(t) \tag{3.127}$$

が成り立つ。

上記の3つの振動系の方程式は全く同一の形をしており，変数及びパラメータ（素子）の間には表3.1に示す対応関係が存在する。この振動系相互の類似性（対応関係）をアナロジーと呼んでいる。このアナロジーは電気音響機器（マイクロ

表 3.1 音響，電気の諸量と単位の関係

	振動系		
	電気	機械	音響
変量	電圧 e 電流 i （電荷 $q = \int i dt$）	力 F 振動速度 v （振動変位 $x = \int v dt$）	音圧 p 体積速度 U （体積変位 $X = \int U dt$）
パラメータ （素子）	インダクタンス L キャパシタンス C 抵抗 R	質量 m コンプライアンス C_M 機械抵抗 r_M	音響質量 m_A 音響容量 C_A 音響抵抗 r_A

ホン，送受話器，イヤホン等）の設計や動作の解析に重要な役割を果たしている（第5章参照）。因に電気音響機器は，電気，機械及び音響系が合体・融合して出来上がっていると言える。

さて上記のアナロジーから容易に類推されるように，ヘルムホルツの共鳴器（図3.26(b)）の共鳴周波数は

$$\omega_{0\mathrm{A}} = \frac{1}{\sqrt{m_\mathrm{A} C_\mathrm{A}}} = c\sqrt{\frac{S}{V\ell}} \tag{3.128}$$

で与えられる。したがって容器のサイズ (ℓ, S, V) を基に共鳴周波数 $f_{0\mathrm{A}}$ （$= \omega_{0\mathrm{A}}/2\pi$）を算出することができる。

♪コラム♪ 楽器を作ってみよう

西洋の音楽は7音階（ド，レ，ミ，ファ，ソ，ラ，シ，ド）を基に作られている。9章で述べるようにこれらの音階は，一定の周波数比になっている（表9.4）。ヘルムホルツの共鳴器を使って，これらの周波数比を構成すればよい。空洞の容積 V_i，すなわち水の高さ（水量）を調整することにより，7音階を作ることができる。

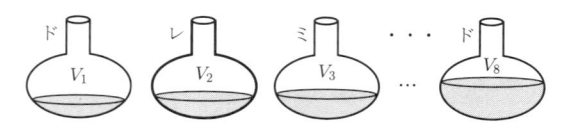

課題・演習問題

1. 粘性減衰による抗力は速度に比例し，$F = r_M \dfrac{dx}{dt}$ で表される．図 3.4 に粘性減衰（機械抵抗 r_M）を追加し，式 (3.14) に相当する式を導け．
2. 式 (3.18) において $n = 2$ の場合の式を示し，自由振動の角周波数 ω_1, ω_2 を求めよ．
3. 本文中の図 3.10 に示される棒の縦振動の固有振動数と固有振動モードを求めよ．
4. 棒の横振動で図 3.12 の片持ちはりの境界条件は
   $x = 0$ で変位 $y = 0$，傾き $\dfrac{\partial y}{\partial x} = 0$
   $x = L$ でモーメント $EI \dfrac{\partial^2 y}{\partial x^2} = 0$，せん断力 $EI \dfrac{\partial^3 y}{\partial x^3} = 0$
   である．μ に関する固有方程式 (3.49) を導け．
5. 水の特性インピーダンス ρc は空気の ρc の何倍か．
6. 粒子速度 u, v, w 及び体積ひずみ dV/V も波動方程式を満たすことを示せ．

参考図書等

参考図書等

1) チィモシェンコ著, 谷下, 渡辺訳, 工業振動学（東京図書, 1961）, p.393.
2) 谷口 修, 振動工学（コロナ社, 1962）, p.143.
3) 子安 勝, 騒音・振動（コロナ社, 1993）, p.180.
4) 伊藤 毅, 音響工学原論（上）（コロナ社, 1980）, p.219.
5) P.M.Morse, *Vibration and Sound*（Acoustical Society of America, 1995）, p.313.
6) 実吉純一, 電気音響工学（コロナ社, 1961）, p.34.
7) 文献 6) p37.
8) 西山静男他, 音響振動工学（コロナ社, 1979）．

第4章　聴覚と振動感覚

　人が感じることができる振動には，耳が感じる音響振動と人体の皮膚が感じる固体あるいは空気の振動がある。人は耳で音を感じ，人体表面の広い範囲で振動を感じることができるが，本章では人が受容できる音や振動の基本事項について概説する。

4.1　聴覚器官

　音に関する感覚を聴覚という。人の聴覚は空気の音圧変化を左右一対の耳によって感じている。その構造は図 4.1 で示され，鼓膜までの気体による振動伝達部分である外耳，主として固体振動の部分である中耳，さらにその奥が液体（リンパ液）の振動部である内耳に分けられる。

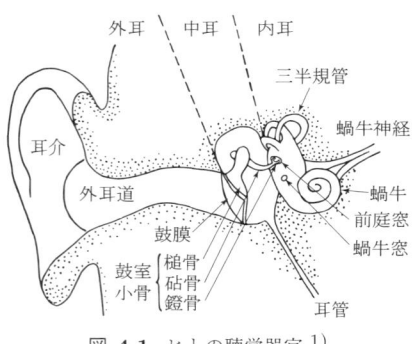

図 4.1　ヒトの聴覚器官[1]

4.1.1　外耳

耳介　いわゆる耳たぶである。音響学的には耳介での反射音が前後や上下の方向知覚に役立っていると考えられている。

外耳道　直径 0.7cm，奥行き 2.7cm で，奥は鼓膜で閉じられている。外耳道は約 3kHz で共振し，音圧を 10dB 程度上昇させる。

4.1.2 中耳

鼓膜 厚さ 0.1mm,投影面積が約 55mm^2 の薄いロート状の膜で,空気振動を機械振動に変換する機能をもつ。鼓膜には小骨が密着しており,機械振動は 3 つの小骨(槌骨(つちこつ),砧骨(きぬたこつ),鐙骨(あぶみこつ))を経由しながら,てこにより力を増幅(振幅は減衰)させつつ内耳の前庭窓へ伝えられる[2]。一方,中耳と鼻腔は耳管(びこう)(じかん)でつながれており,食物を飲み込む時に短時間通じて鼓膜表裏の気圧差を平衡させる。

4.1.3 内耳

内耳は,$2\frac{3}{4}$ 回転している蝸牛(かぎゅう)の内部にある。蝸牛は,内側がリンパ液で満たされた全長約 3cm で,これを引き伸ばすと図 4.2(a) のように基底膜(きていまく)によって前庭階と鼓室階(こしつかい)に分けられる 2 階構造になっている。中耳からの機械振動が前庭窓(ぜんていそう)に伝えられると蝸牛内部に満たされたリンパ液に定在波を生じ,基底膜上には図 4.2(b) のように周波数により異なる場所に振動が励起される。基底膜上には約 25000 本の有毛細胞(ゆうもうさいぼう)があり,振動の機械的な刺激を受けて電気パルスを発生する。この電気パルスは聴神経につながり,順次リレーされて大脳に到達し,音の感覚が引き起こされる。ある程度の周波数分析と刺激の大きさの判別は内耳で行われるが,音の音色や調子などの高度の感覚は,高次の聴神経系で行われる。

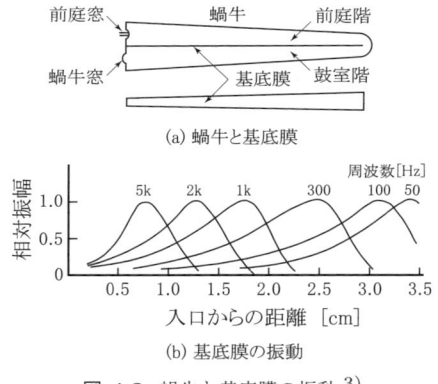

図 4.2 蝸牛と基底膜の振動[3]

4.2 聴覚の心理特性

4.2.1 可聴範囲

ヒトが音として聞きうる周波数の範囲はおよそ 20Hz から 20 kHz の範囲である。音は空気の圧力変動であり，これを音圧といい，正弦状に変化する音圧は実効値で表す。

ヒトが音として知覚できる最も下限の音圧を最小可聴値という。正常な聴力を有する成人では周波数が 2〜4kHz において聞こえる音圧は最も小さくなって感度が良く，この値は国際的に 20 μPa に定められている。また，人の耳が追従できる音圧の範囲は非常に広いので，20μPa を基準つまり 0dB とするデシベルで表示する。このように音圧を dB で表したものを音圧レベル（Sound Pressure Level）といい，SPL で略記される。

一方，聞こえる音圧の上限を最大可聴値といい，これは音圧レベルで約 120dB である。音圧がこれを上回ると，聴覚は痛みを感じ，鼓膜の損傷や一時的または半永久的な聴力損失（いわゆる難聴）の原因となる。

4.2.2 年齢による聴力損失

われわれが聞くことのできる最小の音は年齢とともに衰える。正常な状態から聴力が衰えると，音を大きくしないと聞こえない。音の大きさの正常な場合よりの増加を聴力損失といい，これは図 4.3 のようになる。聴力損失は，20 代後半か

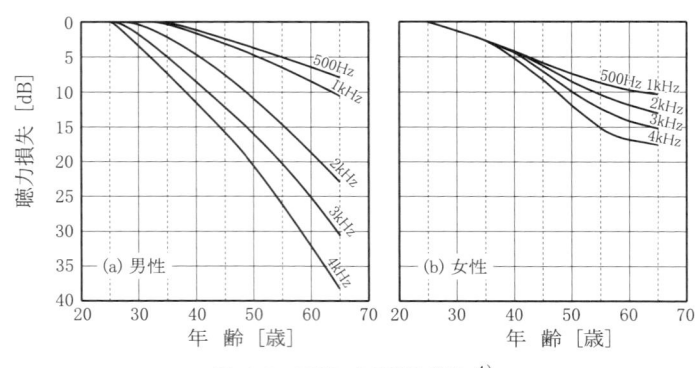

図 **4.3** 年齢による聴力損失 [4]

ら始まる。また，低音より高音の方が聞こえにくく，女性より男性に大きな損失がみられる。

4.2.3　弁別限

刺激 I が $I + \Delta I$ に増加したとき，違い（$= \Delta I$）は，ΔI が小さければほとんどの人は気づかない。逆に ΔI が十分大きければ，ほとんどの人が違いに気づく。ΔI が増加するにつれて違いがわかる人の割合は増加するが，この割合が 50% となるときの ΔI を，刺激 I における検知限と呼ぶ。

Weber の法則　Ernst Weber（1795-1875）は検知限をいろんな I と ΔI について測定した結果，$\Delta I/I$ が一定になっていることを見出した。これを Weber の法則という。

Weber-Fechner の法則[5]　さらに Gustav Fechner（1801-1887）は，2.9 で述べたことであるが，心理量に生じる変化 ΔR は，$\Delta I/I$ に比例するものと考え，これらを定数 k を用いた次式で関連づけた。

$$\Delta R = k \cdot \Delta I / I \tag{4.1}$$

両辺を積分すると，

$$R = k \cdot \log \frac{I}{I_0} \tag{4.2}$$

となって，心理量（ヒトの反応）R は，物理量（刺激量）I/I_0 の対数に比例することが示される。これを Weber-Fechner の法則と呼ぶ。ただし，I_0 は検知可能な刺激の最小値である。

この法則の応用として，音響機器の特性などを表すグラフでは，強さを dB で表示し，周波数を対数軸で表示することが行われる。これは結局，心理的な感覚量に比例する表示を採用していることであり，実用上，たいへん便利である。

図 4.4 音の強さの弁別限[6)]

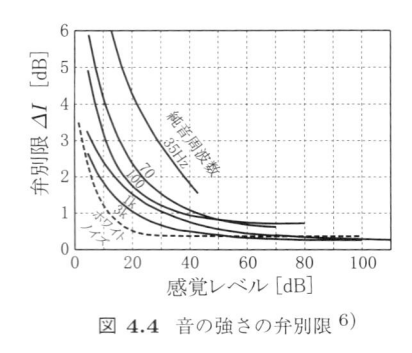

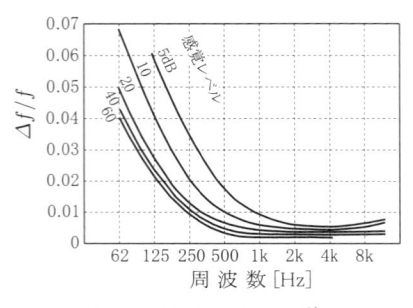

図 4.5 周波数の弁別限[6)]

4.2.4 音の強さの弁別限

いろんな周波数の正弦波,および雑音について音の強さの弁別限を調べた結果を図 4.4 に示す。横軸は最小可聴値を基準にした値である。縦軸は ΔI を dB 表示したものであるが,これを $\Delta I/I$ に選んでもグラフの形状は同じである。これらの曲線は 60dB 以上の範囲でほぼ一定値であることから,Weber の法則が成立していることがわかる。音の強さは約 0.5 dB(振幅で約 6%)変化すれば知覚できる。

4.2.5 周波数の弁別限

人が聞き分けられる周波数の違いを,最小可聴値を基準にした感覚レベルで整理した結果を図 4.5 に示す。周波数が 1kHz 以上では約 0.5% の一定値であり,Weber の法則が成立していることがわかる。この図を,図 4.4 と比較すると,人は音の大きさよりも周波数変化に敏感であることがわかる。

4.2.6 音の大きさ

最小可聴値は周波数によって異なることからわかるように,音圧レベルが同じであっても周波数が異なると両者は同じ大きさに聞こえない。2 つの音が同じ大きさに聞こえることを「ラウドネスが等しい」という。いくつかの音についてラウドネスが等しい音を結んだものを等ラウドネス曲線といい図 4.6 のようになる。

それぞれの曲線はラウドネスが等しい音を表しており，大きさの単位 phon は，1kHz の音圧レベルの数値を用いて表す．

4.2.7 sone

一方，感覚的な音の大きさの単位として sone がある．これは 1kHz，40phon の音を 1sone とし，聴覚が正常な人が 1sone の n 倍の大きさと判断する音を，これを $n[\text{sone}]$ とする．phon と sone は図 4.7 に示すような関係になる．

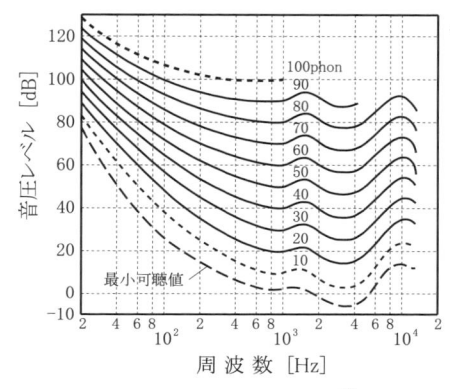

図 4.6 等ラウドネス曲線 [7]

4.2.8 mel

また音の高さの感覚（pitch）も物理的な周波数と比例しない．感覚上の音の高さを表す尺度としての mel は聴覚が正常な人が 1mel の n 倍の高さと判定する音の高さを $n[\text{mel}]$ とするもので，物理的な周波数とは図 4.8 のような関係がある．

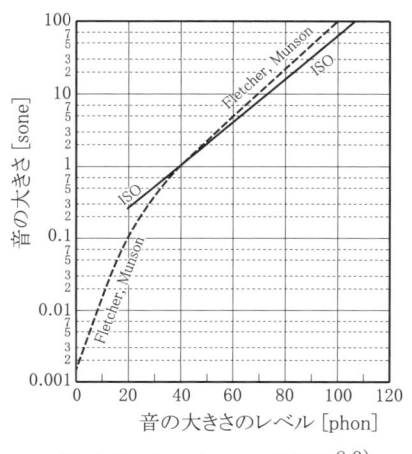

図 4.7 phon と sone の関係 [8,9]

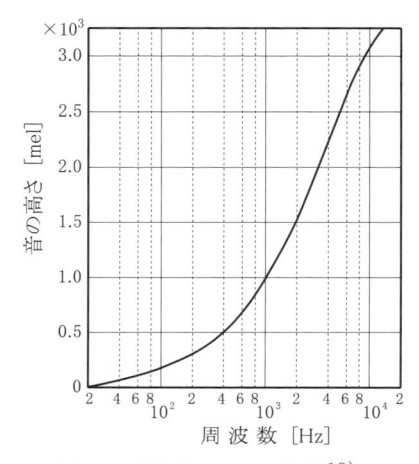

図 4.8 周波数と mel の関係 [10]

4.2.9　マスキング（隠蔽効果）

すでに述べたように蝸牛中の基底膜の定在波振動がかなり広い範囲にわたることから，同時に他の周波数の音が存在する場合，その感度も低下すると推測される。このように複数の音が聴覚に与えられた場合，一方が他方を隠蔽する現象が見られ，これをマスキングとよぶ。

マスキングの一例を図 4.9 に示す。この図においてマスクする音（妨害音，マスカーとよぶ）は 410Hz の正弦波であり，横軸はマスクされる側の音（マスキーとよぶ）の周波数である。縦軸はマスキング量すなわち，マスカー（410Hz の音）がない場合に比べた最小可聴値の上昇分を示しているが，マスキーの周波数が，マスカーの周波数に近いほど隠蔽効果は顕著になることがわかる。しかし，純音の場合，両者の周波数が近いときはうなりや音のにごりを手がかりにして音の存在に気づきやすいので，マスキング量は低下する傾向になる。マスカーが狭帯域雑音（周波数幅 365〜455Hz，80dB）の場合と比べても一般的な傾向はよく似ており，低音によって高音がマスクされやすいといえる。

マスキングにはこの他，大きな音の直後の音がマスクされる時間マスキング（経時マスキングともいう）もある。

このように信号には聴覚で知覚できない部分があり，この性質を利用すれば音声信号の情報量を減らすことができる。マスキングなどの聴覚心理モデルを利用した音声信号の情報圧縮は音声ファイルの mp3 をはじめ，いくつかの国際規格に採用されており，ディジタルファイルのサイズは品質を損なうことなく約 1/10 程度に圧縮できるようになった。

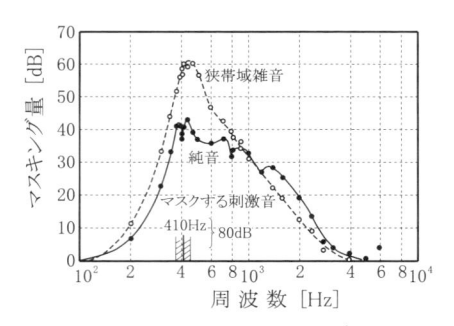

図 4.9　音のマスキング [11]

4.2.10　Haas 効果

これはこの性質を見いだした Helmut Haas にちなんで名付けられており，先行音効果あるいは第 1 波面の法則ともいわれる。同じ音を時間差を伴って複数のスピーカから出した場合，時間差が 1〜30ms では先に到着した方向から音が出て

いるように感じる性質をいう。遅れた信号は，10dB以上持ち上げないと検知されない。時間差が50ms以上の場合は2音が分離して聞こえる。

4.2.11 カクテルパーティ効果

相手の音声がマスクされるような雑踏においても小声で会話を行っていることは，しばしば経験することである。このように2つ以上のメッセージが混在しても，人の耳は一方を選択的に聞くことが可能な能力をカクテルパーティ効果と呼び，Colin Cherry が1953年に見いだした。両耳聴の方が有利であるが両耳固有の現象ではない。

4.2.12 両耳効果

音を両耳で聞く場合，音の方向や音像の定位，信号と雑音の分離などが行える。人が受ける心理的効果の詳細は省くが，両耳受聴に関する用語をまとめておく。

モノラル 片耳のヘッドホンで1系統の信号を受聴することをいう。

モノフォニック 1系統の信号をスピーカで受聴することをいう。

ステレオ ステレオフォニックのこと。立体音響ともいい，2チャンネルの信号を左右別々のスピーカで再生する方式。左のスピーカから出た音は，左耳だけでなく右耳にも伝えられ，これをクロストーク（漏話）という。右のスピーカについても同様であり，ステレオではクロストークを伴う。

バイノーラル ヘッドホンなどによる受聴では，左チャンネルの信号は左耳に，右チャンネルの信号は右耳にのみ与えられる。これをバイノーラルという。特に録音時に図4.10のようなダミーヘッド[12])を用い，人間の耳に近い状態で録音すれば，音源の方向や距離感がリアルに再現できる。

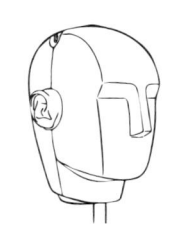

図 **4.10** ダミーヘッド

ダイオティック 2チャンネルのスピーカあるいはイヤホンなどで左右同一の信号を再生する場合を指す。

ダイコティック　左右の耳に異なる信号を与える受聴方式の総称。

4.3　人体の振動感覚

　家の中では，振動を感ずると「地震？」と思いびっくりするものである。振動は音と違い，通常の生活ではないのが普通である。感じれば，不快と感じる傾向がある。乗り物ではどうであろうか？この場合は，振動があまり大きくなければ不快に感じないことが多い。

　以下では，我々のこのような振動感覚について概説しよう。

　図 4.11 に全身振動の等感度曲線[13]を示す。これは，三輪が音響心理的手法を用いて行った実験結果である。図の横軸は周波数（振動数），縦軸は振動加速度レベル L_{Va} である。図に示す VGL 曲線は 20Hz の振動レベルを基準とした等感度曲線であり，例えば，VGL=80 上の振動は全て 20Hz, 80dB の振動と同じ大きさに感じる。

　鉛直方向と水平方向の振動に着目すると，7Hz 以下の周波数域で間隔に差が認められる。この VGL 曲線は，立位と座位に対するものである。（臥位の状態では，

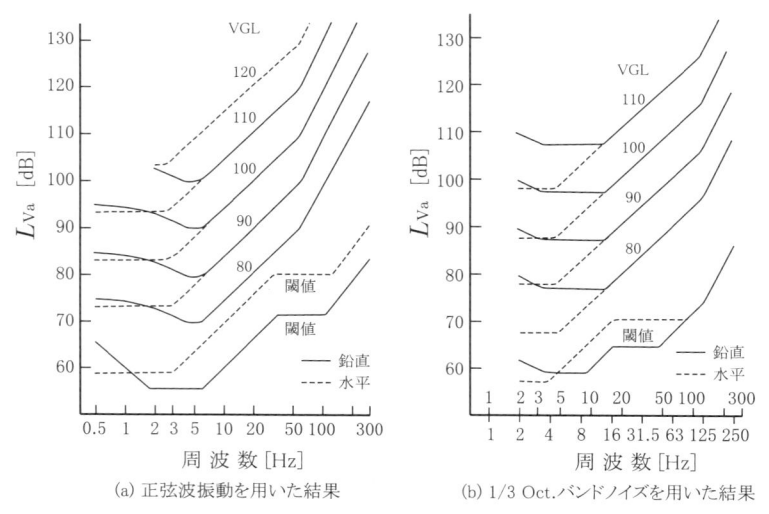

(a) 正弦波振動を用いた結果　　(b) 1/3 Oct.バンドノイズを用いた結果

図 4.11　全身振動等感度曲線

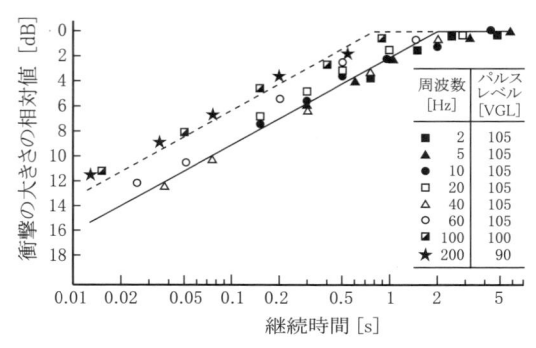

図 **4.12** 振動の継続時間と振動感覚

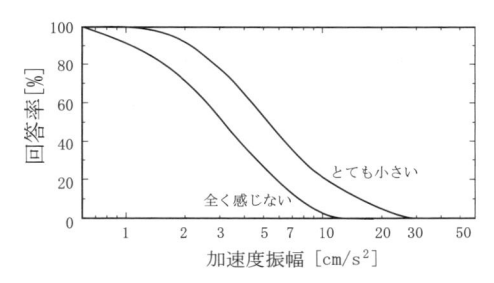

図 **4.13** 鉛直振動を暴露した際の知覚回答率（12Hz の場合）

立位，座位と比較して振動を感じやすくなる。）

振動の継続時間と，振動の大きさの関係を図 4.12[14)] に示す。同じ振幅の振動であっても，継続時間が 1 秒未満になると時間が短くなるに伴い振動を小さく感じる。これを，騒音の場合と同じく時間重み付け（指数平均）で近似すれば 0.63 秒の時定数となり，JIS C 1510（振動レベル計）に採用されている。

実際の生活環境を想定し，鉛直振動に対する反応を求めた結果[15)] の一例を図 4.13 に示す。これによれば，12Hz では振幅 $2cm/s^2$（振動加速度レベルで 63dB）の振動が加わった場合，約 70% の人が振動を全く感じなく，とても小さいと回答する人を含めると約 95% になる。

課題・演習問題

1. 周波数が 1kHz の音の波長はいくらか。

2. ピアノの鍵盤で半音上の音は，周波数でおよそ何%高くなるか。
3. 1Pa は何 dB か。
4. 最大可聴値 120dB は何 Pa か。またこの値は標準大気圧（約 1013hPa）のおよそ何分の 1 か。
5. 最小可聴値付近でヒトが聞きうる小さな正弦波音の音圧と周波数を図 4.6 から選び，その振動変位を求めよ。また，この振動変位を水素原子の直径（約 10^{-10}m）と比較せよ。ここで平面波の音圧と振動速度の比，つまり音響インピーダンスは式 (3.101) で示されている。
6. 鉛直振動と水平振動の感じ方を比較し，考察せよ。

参考図書等

1) 西山静男他, 音響振動工学（コロナ社, 1979），p.18.
2) G.M.Ballou 編, Handbook for Sound Engineers（Focal Press, 1991），p.28.
3) 文献 1) p.19.
4) 西巻正郎, 電気音響振動学（コロナ社, 1978），p.9.
5) 文献 1) p.21.
6) 文献 1) p.22.
7) 国立天文台編纂, 理科年表（丸善, 2006）．
8) 文献 1) p.24.
9) 三浦種敏監修, 電子通信学会編, 新版 聴覚と音声（電子通信学会, 1980），p.130.
10) 文献 9) p.105.
11) 文献 1) p.25.
12) 中島平太郎編, 応用電気音響（コロナ社, 1979），p.200.
13) 三輪俊輔, 米沢善晴, "正弦波振動の評価方法 ── 振動の評価方法 1 ──," 日本音響学会誌 **27**(1), pp.11-20 (1971).
14) 三輪俊輔, 米沢善晴, "衝撃振動の評価方法 ──振動の評価方法 3──," 日本音響学会誌 **27**(1), pp.33-39 (1971).
15) 日本建築学会, 建築物の振動に関する居住性能評価指針同解説（日本建築学会, 2004）pp.100-105.

第5章　音と電気

　音響機器は電気信号を取り出し，あるいは電気信号によって駆動されるが，これらを誤りなく適切に使用するには，機器の特性を正しく理解しておく必要がある。本章ではマイクロホン，イヤホン，スピーカ等，多くの音響機器の中から特に身近なものに絞り，構造と動作を概説する。

5.1　電気音響変換器 [1]

5.1.1　変換器の分類

　マイクロホンやスピーカは電気信号と音響信号間の変換器である。この変換器は，変換の方向が一方向に限定されるものと，双方向の変換が可能なものに分類される。さらに電気信号と振動板の機械的変位を結びつけるには，どのような物理法則を用いるかによっていくつかの方法に分けられ，表 5.1 のように整理される。

　マイクロホンとして本書が主に取り上げたものは，動電変換器，静電変換器，抵抗変化変換器であり，特に動電変換器はスピーカとしても幅広く利用されている。

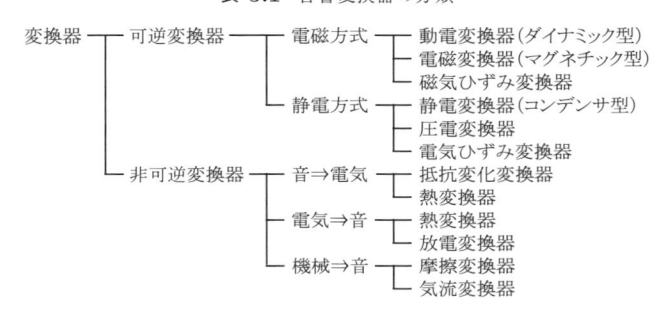

表 5.1　音響変換器の分類

変換器			
可逆変換器	電磁方式	動電変換器（ダイナミック型）
		電磁変換器（マグネチック型）
		磁気ひずみ変換器
	静電方式	静電変換器（コンデンサ型）
		圧電変換器
		電気ひずみ変換器
非可逆変換器	音⇒電気	抵抗変化変換器
		熱変換器
	電気⇒音	熱変換器
		放電変換器
	機械⇒音	摩擦変換器
		気流変換器

5.1.2 電気・機械・音響系の信号表現

最初に電気系と機械系についてそれぞれの関係式を掲げておく。信号が正弦波のとき，電圧，電流，力，速度をそれぞれ E, I, F, V とし，電気のインピーダンスを Z, 機械インピーダンスを Z_m とすれば，電気系，機械系の関係は次のようになる。

$$\begin{aligned} \text{電気系：} \quad & E = Z \cdot I \\ \text{機械系：} \quad & F = Z_\mathrm{m} V \end{aligned} \tag{5.1}$$

ただし，Z および Z_m の表現には次式のように角周波数 ω との関わり方が異なる3種類すべてを考慮にいれた式を用意しておく。ここで j は虚数単位である。

$$\begin{aligned} \text{電気系：} \quad & Z = r + j\omega L + \frac{1}{j\omega C} \\ \text{機械系：} \quad & Z_\mathrm{m} = r_\mathrm{m} + j\omega m + \frac{s}{j\omega} \end{aligned} \tag{5.2}$$

ここで用いた，r, L, C はそれぞれ電気抵抗，誘導インダクタンス，静電容量であり，また，r_m, m, s はそれぞれ機械抵抗，質量，スチフネス（あるいは かたさ，またはばね定数）を表している。

次に音響系の関係式を考える。音響系において，p:音圧，V:粒子速度（=媒質粒子の振動速度），S:面積，U:体積速度（=単位時間に面積 S を通過する媒質の体積）とすれば，機械系の F, V とは次の関係によって結びつけることができる。

$$\begin{aligned} F &= S \cdot p \\ V &= \frac{U}{S} \end{aligned} \tag{5.3}$$

これらの関係を用いて電気・音響・機械系の議論を進める。

一般的な電気音響変換器の主な部分は振動板と変換器であり，両者は通常，一体となって動く。マイクロホンでは，空気の音圧 p によって振動板に力 F が加わり，この力がそのまま変換器に伝わって速度 V で動かし，電圧 E が発生する。

一方，スピーカではこの逆で，電気信号 E が変換器に加わると振動板を速度 V で動かし，これが音圧 p を発生させる。

5.1.3 電気出力

マイクロホンなどの性能評価は音圧 p に対する発生電圧 E の比，E/p を用いて行えるが，音圧が電圧を発生させるまでの動作は図 5.1 に示すように 2 段階に分解できる。

(1) 音圧 p が振動板に力 F を生じ，その F が振動板に加わり，一体運動をする変換器が速度 V で動く。
(2) 変換器に速度 V が加えられると，電圧 E を発生する。

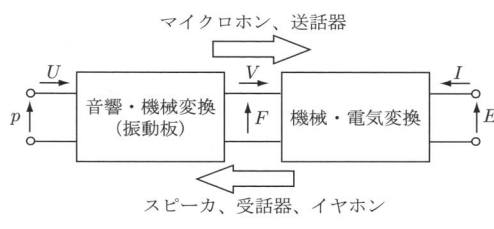

図 5.1 電気・機械・音響変換

したがって E/p は次のように分解できる。

$$\frac{E}{p} = \frac{F}{p} \cdot \frac{V}{F} \cdot \frac{E}{V} \tag{5.4}$$

全体の特性である左辺は，右辺の 3 項に分解でき，各項の関係を把握すれば総合特性が議論できる。

一方，スピーカでは逆になって，

$$\frac{p}{E} = \frac{V}{E} \cdot \frac{F}{V} \cdot \frac{p}{F} \tag{5.5}$$

となるから，同様に個々の特性を議論すればよい。

ここで F/V は式 (5.1) で見たように振動板の機械インピーダンスであり，これが式 (5.4)，式 (5.5) において音響機器の性能に大きく関与していることがわかる。

5.1.4 一般的特性

(1) 感度 これは E/p または p/E で表現される数値である。周波数によって変化するので，可聴範囲全部を受け持つ機器では，そのほぼ中央の 1kHz における値を用いることが多い。使用する周波数範囲が限られる低音用のスピーカなどは，その中心周波数における数値で示される。

(2) 指向特性 正面の感度に対して側面がどの程度になるかを示すもので，図 5.2 のように 360°のパターンで示される．指向性を特に鋭く設計した機器では正面近傍の角度に限定して表示する場合もある．

1) **無指向性** 全方向が正面感度と同じ感度になるから指向性パターンは円になる．全指向性ともいう．
2) **指向性** 正面から外れると感度が落ちる特性をいう．代表的なものは図 5.2(b) に示した双指向性で，これは両指向性あるいはその形状から 8 の字特性とも呼ばれる．これらの他，重要な指向性に図 5.2(c) に示した単一指向性がある．指向性は用途によって使い分けるので，一概にどれがよいという判断はできない．

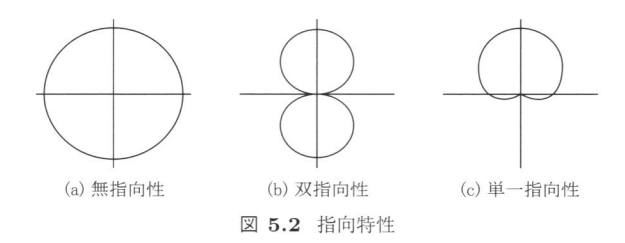

(a) 無指向性　　(b) 双指向性　　(c) 単一指向性

図 **5.2** 指向特性

(3) 周波数特性 可聴周波数の全て，あるいは一部にわたって平坦であることが望まれる．測定値がグラフで表現される場合と，平坦とみなせる範囲の周波数で表現する場合がある．

5.1.5　制御方式

音響機器で最も重要な役割を演じる振動板は，式 (5.2) で述べたように次式の機械インピーダンスによって表現できる．

$$Z_\mathrm{m} = r_\mathrm{m} + j\omega m + \frac{s}{j\omega} \tag{5.6}$$

ただし，r_m は機械抵抗，m は質量，s はスチフネスである．

また，次式で定義される f_0 は共振周波数といい，振動板の特徴を示す値として用いられる．

$$f_0 = \frac{1}{2\pi}\sqrt{\frac{s}{m}} \tag{5.7}$$

本章ではこの f_0 の代わりに共振角周波数 $\omega_0 = 2\pi f_0$ を用いることもある．

さて，音響機器に用いられる振動板は，一般に数オクターブにわたる広い周波数を受け持たねばならない．そのため，振動板の動きを定めている機械インピーダンス Z_m は広い周波数にわたって一定の性質を示す必要がある．この Z_m は式 (5.6) からわかるように r_m ，m ，s の3種類が絡み合うが，広い周波数にわたって同じ性質をとらせるには，どれか一つだけをメインにする手法が有効である．これを音響変換器の制御方式という．制御方式にはメインにするものの選び方によって表 5.2 に示す3種類があり，式 (5.7) で定められる共振周波数もそれにつれて変化する．

質量制御は慣性制御と，またスチフネス制御は弾性制御と呼ばれることもあるが，制御方式の議論はマイクロホンやスピーカなど音響変換器の振動板設計に際して大変重要な役割を演じる．

表 5.2 制御方式

制御方式	概要
質量制御	$Z_\mathrm{m} \simeq j\omega m$ に選ぶ方法．$m \gg s$ だから f_0 は低いところにある．
スチフネス制御	$Z_\mathrm{m} \simeq s/j\omega$ に選ぶ方法．$m \ll s$ だから f_0 は高いところにある．
抵抗制御	$Z_\mathrm{m} \simeq r_\mathrm{m}$ に選ぶ方法．f_0 は使用帯域の中央にくる．

5.2 マイクロホン

5.2.1 構造

マイクロホンは振動板と変換器から構成され，振動板表裏に及ぼす音圧によって2種類に分けられる．

(1) 圧力型マイクロホン 一般的な構造を図 5.3 に示す。音圧が振動板の前面のみに作用するマイクロホンを指す。裏側は音圧の影響が及ばないように閉じられているが，完全な密閉でなく，大気圧の変動で振動板が偏らないよう細管が通じている。振動板に加わる力が音圧に比例することから，圧力型マイクロホン，あるいは単に圧力マイクロホンと呼ばれ，指向特性は無指向性である。

図 5.3 圧力マイクロホンの構造

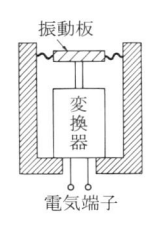

(2) 音圧傾度型マイクロホン 速度型ともいう。振動板の両面が音圧を受ける構造であり，指向特性は双指向性を示す。この双指向性マイクロホンと無指向性マイクロホンのそれぞれの出力を合成すると単一指向性が実現できる。

5.2.2 振動板に加わる力

(1) 圧力型マイクロホン 圧力型では振動板前面の音圧だけが作用するため，加わる力は式 (5.3) に示したように次式で表される。

$$F = S \cdot p \tag{5.8}$$

ここで，S:振動板の有効面積，p:音圧である。

(2) 音圧傾度型マイクロホン 振動板正面に対し，角度 θ ($\neq \pm 90°$) 方向の音源から到達した球面波が，振動板表裏に及ぼす力の差によって振動板が動く。この差の力を F とすると，

$$F = \omega \times S \cdot p \cdot \cos\theta \tag{5.9}$$

特定方向の音源に対しては θ を固定できるから，

$$F \propto \omega \times S \cdot p \tag{5.10}$$

となる。

5.2.3 変換器

振動板で得た力を電気信号に変換する部分で，性能は5.1.3で述べたE/VあるいはV/Eで表される。音圧による振動板の変位が微小である場合，次の関係が成立している。

(1) ダイナミック型（動電変換） この変換器は，電気磁気学で学んだフレミングの法則を満たすような構造で使用される。導体が振動板と同じ動きをすれば，この導体に生じる起電力はレンツの法則によって磁界中で導体が動く速度Vに比例することから，次式で表せる。

$$E \propto V \tag{5.11}$$

(2) コンデンサ型（静電変換） 1対の極板が平行に置かれたコンデンサに蓄えられる電荷Qは電磁気学で学んだとおり，$Q = C \cdot E$の関係がある。ここで，Eは極板間の電圧であり，極板間の距離（変位）をdとすれば静電容量Cは，$C \propto 1/d$である。したがって電圧と振動板の変位の関係は次式に帰着される。

$$E \propto d \tag{5.12}$$

(3) カーボン型（抵抗変化変換） これは非可逆変換器として代表的な変換器である。容器に充填した炭素粒に振動板の力を加え，炭素粒間の接触抵抗変化を電流または電圧として取り出す方式で，オームの法則$E = R \cdot I$で支配される。振動板の変位dとの関係は$R \propto d$の関係があり，例えば電流Iを一定に保つように工夫すれば電圧の変化分は，

$$E \propto d \tag{5.13}$$

となって，コンデンサ型と同じふるまいとみなせる。

また，定電圧駆動であってもdが微小である限り，この変換器は同様にふるまう。

5.2.4 ダイナミックマイクロホン

磁界中の導体（例えばコイル）が動くと，フレミングの法則により導体に起電力を生じる。ダイナミックマイクロホンはこの性質を利用したマイクロホンであ

る。音圧による力を受けた振動板は，これと一体構造となっているコイルを動かす。コイルが動くことによって生じた電気信号を取り出す方式であるため，動電型マイクロホンとも呼ばれる。

(1) 構造 図 5.4 に側面からながめたダイナミックマイクロホンの構造を示す。正面から見た振動板は円形で，円筒形に巻いたコイルが振動板と中心を共通にして接着されている。

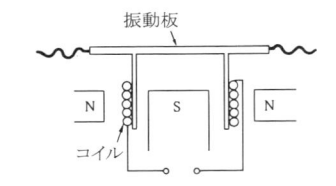

図 5.4 ダイナミックマイクロホンの構造

(2) 出力電圧 ダイナミックマイクロホンを圧力型として用いれば，その出力電圧 E には式 (5.11) に示したように次の比例関係がある。

$$E \propto V = \frac{F}{Z_\mathrm{m}} = S\frac{p}{Z_\mathrm{m}} \tag{5.14}$$

ところで，マイクロホンに求められる特性は，出力電圧 E が音圧 p のみに比例すればよい。しかし振動板の機械インピーダンス Z_m は式 (5.6) のように角周波数 ω の関数である。出力電圧 E に ω が影響しないようにするには Z_m が ω を含まない形，つまり機械抵抗 r_m となればよい。これは表 5.2 で説明した抵抗制御である。

このようにダイナミックマイクロホンの振動板は抵抗制御にするため，振動板は主に抵抗成分を有し，軽量であり，またスチフネス成分を小さく，つまり柔らかく動くように設計すればよい。

(3) 特徴 ダイナミックマイクロホンの振動板は比較的大振幅の動きにも追従できるため，大音量の音でも収音できる。しかし，永久磁石や，磁路形成に磁性材料を用いるため，高価で大型になり，重くなる。また，振動板にはコイルなどを接合させるため，均一な製品を作ることが難しい。

5.2.5 コンデンサマイクロホン

振動板に金属膜を用い，これに対向する固定電極を置いたもので，振動板との静電容量は振動板の動きにともなって変化する。これを電気信号として取り出す

方式をコンデンサマイクロホンあるいは静電マイクロホンといい，構造を図5.5に示す。式 (5.12) では静電容量に関して $E \propto d$ となることを述べた。一方，速度を積分すれば距離，すなわち変位が得られる。正弦波運動の場合，積分は $j\omega$ で割るだけでよいから，

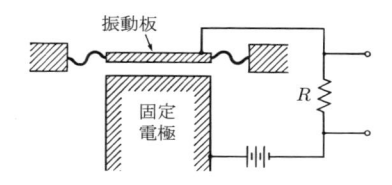

図 5.5 コンデンサマイクロホンの構造

$$E \propto d = \frac{V}{j\omega} = \frac{F}{Z_\mathrm{m}}\frac{1}{j\omega} = \frac{S \cdot p}{Z_\mathrm{m}}\frac{1}{j\omega} \tag{5.15}$$

$$\propto \frac{p}{j\omega Z_\mathrm{m}} \tag{5.16}$$

となる。ここで E が ω に無関係となるには，$Z_\mathrm{m} \simeq s/j\omega$ つまり，スチフネス制御を採用すればよいことがわかる。したがってコンデンサマイクロホンの振動板は，機械抵抗である摩擦が小さく，しかも軽量で，強いばねの性質を示すように設計される。

(1) 回路 コンデンサマイクロホンは成極に必要な電荷 Q を与えるため，直流の高電圧（200〜300V）を電極に加える必要がある。またこの電荷は一定に保つ必要があるため出力は真空管や FET などを用いた高入力インピーダンス増幅器に接続する。

(2) 特徴 コンデンサマイクロホンには次の特徴がある。

1) 構造が簡単で，精密な機械工作技術があれば作れ，製品間のバラツキを小さく押さえることができる。
2) ダイナミック型にくらべ，永久磁石や磁性材料による磁気回路が不要なため，軽量小型になる。

(3) 注意点 コンデンサマイクロホンの使用に際しては，以下の項目に注意しなければならない。

1) 真空管や FET を使用した高インピーダンス増幅器に接続しなけらばならない。

2) バイアスのため直流電源が必要。
3) 湿度の高い場所では電気絶縁が悪くなって電気的な高インピーダンスを保てなくなるため，使用には注意が必要。

(4) 主な用途　コンデンサマイクロホンは以下の用途に多く用いられている。

1) 標準マイクロホン
2) 精密測定用
3) スタジオ録音用

(5) エレクトレットコンデンサマイクロホン[2]　コンデンサマイクロホンは成極用の直流電圧を必要とするため，取り扱いは不便であるが，電荷を永久帯電させた膜を，振動板として，あるいは固定電極に貼り付けて使用すると成極を実現できる。例えばポリプロピレンやテフロン系，ポリエチレン系等の高分子材料を加熱後高電圧を印加して冷却，あるいはコロナ放電や電子ビーム照射等の方法により膜の表裏に正負の電荷を定着させたエレクトレット材料がこの目的に使用される。このようなマイクロホンをエレクトレットマイクロホンと呼び，小型軽量で雑音も少ないので身近なマイクロホンとして携帯電話をはじめいろんな場所で使用されている。

5.2.6　音圧傾度型マイクロホン[3]

これは，リボンマイクロホン，速度型マイクロホン，ベロシティマイクロホン (商品名) とも呼ばれる。図5.6のようにジュラルミンなど軽い金属でできた一枚の振動板を磁界内にゆるく吊り下げたもの。振動板自身が変換器として動作するため表裏に音響的な制約がなく，両面から音圧を受けることができる。音圧の差で振動板が動作し，指向特性は双指向性を示す。

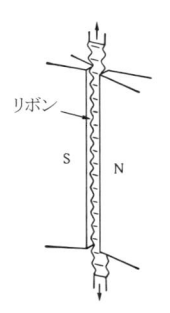

図 **5.6**　音圧傾度マイクロホンの構造[3]

(1) 特徴　音圧傾度型マイクロホンには次に述べる特徴がある。

1) 強力な磁石が必要なため，大型になり，重い。
2) 発生電圧が低いため昇圧用のトランスが必要。
3) 風や呼気が当たると振動板が簡単に変形し，マイクロホンが壊れるため，屋外での使用には注意が必要。
4) 双指向性なのでこれを生かして，対面するディスクジョッキーの中央に設置して用いられた。

(2) 近接効果　無指向性マイクロホンは音源にかなり接近して使用しても，周波数特性はほとんど変わらない。しかし，単一指向性や双指向性のマイクロホンは音源に近づくと振動板に加わる力が変わるため低音が強調される特性になる。これを近接効果という。単一指向性であるボーカル用マイクロホンは唇に接近して使用されるのでこの近接効果を伴うが，近づけたときに平坦特性になるよう，あらかじめ低音を抑えて設計してある。

5.2.7　カーボンマイクロホン

これは抵抗変化変換を利用したマイクロホンで，図 5.7 に構造を示す。多数の炭素粒が 2 枚の電極で軽く挟まれており，片方の電極が振動板で動かされると炭素粒間の接触抵抗が変化し，電極間の電気抵抗が変わるので，これを電気信号として取り出す。

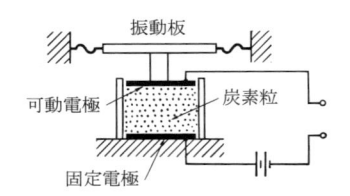

図 5.7　カーボンマイクロホンの構造

このマイクロホンはエジソンが発明したもので，この原理のマイクロホンは今も公衆電話機などに使用されている。感度は極めて高いが，周波数特性を平坦にすることが難しいことや，雑音があることなどから音楽などの収音には向かない。

5.2.8　特殊なマイクロホン

特殊な用途に用いられるマイクロホンについて解説する。これらのマイクロホンにはすでに述べたダイナミックマイクロホンやコンデンサマイクロホンが組み

86 第5章 音と電気

込まれている。

(1) BLM（バウンダリーレイヤーマイクロホン Boundary Layer Microphone）[4]　バウンダリーマイクロホン，あるいは境界層マイクロホンとも呼ばれる。目立たぬよう机上に置くタイプのマイクロホンで，テレビのトーク番組などで用いられている。マイクロホンには直接音と机上面での反射音の和が振動板に入るが，両者の時間差を小さくすることにより音声帯域内に周波数特性の山谷を生じさせない効果をねらったもの。PZM(Pressure Zone Microphone) ともいうが，これは商品名である。

(2) ラインマイクロホン[5,6]　これは図5.8に示すように，一本のパイプの側面にいくつかのスリット（穴）をあけ，斜め方向から入射する音波は行路差が異なることにより相殺させ，結果として正面方向に強い指向性を実現させるもの。演者の台詞を観客席から収音する場合などに用いられ，その形からショットガンマイクロホンとも呼ばれる。長さの異なる多数のパイプで同じ効果をねらう多管式のラインマイクロホンもある。

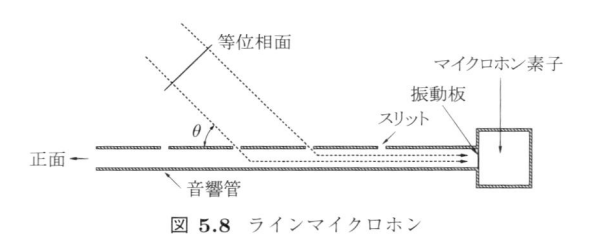

図 5.8　ラインマイクロホン

(3) 集音マイクロホン[7]　より指向性を高めるために図5.9のように放物面（パラボラ）の反射板を用いて焦点のところに音を集める方法がある。集音マイクロホンは焦点の位置にマイクロホンを配置したもので，遠くの音を捕らえることができるため，屋外で野鳥のさえずりなどを収音する場合に用いられる。

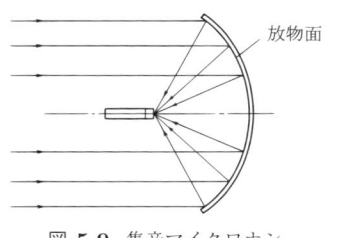

図 5.9　集音マイクロホン

パラボラの直径により集めることができる周波数には限界があり，音の波長に比べ，直径が小さくなると集音性能が悪くなる。

> ♪コラム♪ ベル（Alexander Graham Bell）
>
> ベル（1847-1922）は，ボストン大学の音声生理学教授でしたが，1876年，電話の原理で特許を取得しました．同じ研究をしていたイライシャ グレイ (1835-1901) も出願しましたが，ベルに数時間遅れたため認められませんでした．
>
> ベルが考案した当初のマイクロホンは振動板で電気接点を断続させて得られるON-OFF信号を伝送する方式であったため，音質は劣悪でした．そこで，液体の抵抗を利用するマイクロホンを用いて実用化の道を拓きましたが，これも電解液の取り扱いが不便で，電気的な効率も低く，振動板は構造上水平に置かれるため，下を向いて話しかける必要がありました．
>
> その後，トーマス アルバ エジソン（1847-1931）が考案したカーボンマイクロホン（炭素マイクロホンともいう）は，電気信号への変換効率が高く，良好な音質での通話を可能にしました．これが契機となって電話が急速に広まり，商用通信が始まりました．
>
> ベルはベル電話会社を創設しましたが早い時期に経営から手を引いています．エジソンも電灯会社のほかに蓄音機や電話関係の事業を広げていましたが，電話部門はベル電話会社に譲渡しています．ベルの名前を冠したベル電話会社は，やがて多くのノーベル賞を輩出するベル研究所に成長し，巨大通信会社AT&Tとなりました．また，1880年エジソンによって創刊されたScience誌を，ベルは引き継いでいます．通信の分野で用いられる単位としてのベル（デシベル）は彼の名にちなむものです．
>
> ベルが電話機を発明したころ，日本から留学していた伊沢修二（後の東京師範学校や東京音楽学校の校長）はベルの元で発明直後の電話機を試した最初の外国人といわれています．

5.3 イヤホン

5.3.1 分類

受話器とも呼ばれ，使用形態から次の3種類に分けられる．

1) **挿入型** 外耳道に直接挿入，あるいはイヤモールドを介して挿入するもの．
2) **耳載せ型** 外耳の外側に装着するもの．
3) **耳覆い型** 耳介およびその周辺を十分覆う空洞を備えたイヤホン．

また，1個または2個のイヤホンをヘッドバンドで結合した装置はヘッドホンと呼ばれる．変換方式で分類するとダイナミック型（動電型）とマグネチック型（電磁型）に分けられる．

5.3.2 ダイナミック型イヤホン

イヤホンは図 5.10 に示すように振動板から鼓膜までの容積の媒質を駆動すればよく，大型のものでこの容積は $6 \sim 10\mathrm{cm}^3$，小型では $3\mathrm{cm}^3$ 程度である。このような閉じた媒質は ばねのような反応を示すから，イヤホンの負荷はスチフネス s_0 で表される。したがってイヤホンの負荷を含めた振動板の機械インピーダンスは式 (5.2) を用いて，

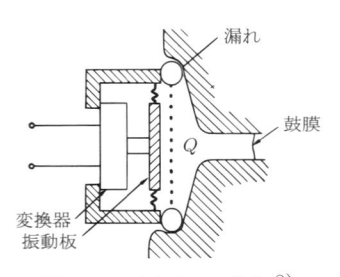

図 5.10 イヤホンの動作 [8]

$$Z_\mathrm{m} = r_\mathrm{m} + j\omega m + \frac{1}{j\omega}(s + s_0) \tag{5.17}$$

となる。

式 (5.1) で述べた機械インピーダンスの定義より振動板の速度 V は，$V = F/Z_\mathrm{m}$ であるから，これを用いると有効面積 S の振動板が外耳道内に生じる音圧は次のように表される。

$$\begin{aligned} p &= S \times 振動板変位 \\ &= S \cdot V/j\omega \\ &\propto V/j\omega \\ &= F/j\omega Z_\mathrm{m} \end{aligned}$$

このようなダイナミック型で電流感度を平坦にするには，Z_m をスチフネスにすればよい。つまりイヤホンの振動板をスチフネス制御にすれば，平坦な周波数特性が得られる。しかし，周波数が高くなって共振周波数に近づくとやがてスチフネス制御が保てなくなり，可聴範囲にこの共振がある場合，周波数特性に山谷を生ずる。

またイヤホンと外耳道との漏れは負荷に想定したスチフネス性が成立せず，低音の低下を招く。漏れを少なくし機密性を高めたイヤホンも市販されているが，外界の音，例えば警報音なども遮断するので，屋外での使用は大変危険である。

小型のイヤホンは大変手軽なため利用される場面が多い。周囲への音の漏れに配慮すべきことではもちろんであるが，大音量での使用は危険を知らせる外部の警報音もマスクされるので事故を招きかねない。さらに長時間大きな音量で使用すると繊細な聴覚機能を損ねるので，注意が必要である。

図 5.11 にダイナミック型イヤホンの構造の例を示す。

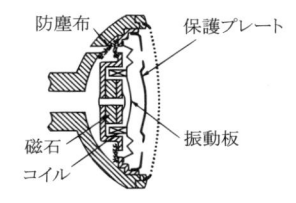

図 5.11 ダイナミック型イヤホン

5.3.3　マグネチック型イヤホン

図 5.12 のように磁性材料でできた振動板を永久磁石とコイルによる磁界中に置き，振動させる方式をマグネチック型あるいは電磁型イヤホンと呼ぶ。スチフネス制御なので振動板はなるべく軽量にしないといけないが，振動板に磁性材料を用いるため，むやみに軽くできない。電流感度は平坦である。しかしコイルの巻き数が多いので電気インピーダンスがリアクタンス性になり，そのため電力感度は周波数とともに下がる特性になる。外耳道に挿入して使用するタイプが多い。

マグネチック型イヤホンの構造上の特徴は次のようになる。

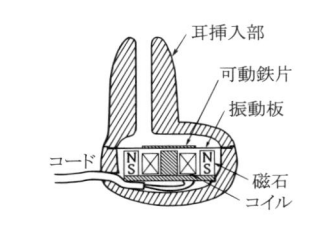

図 5.12　マグネチックイヤホンの構造[9]

1) 振動板が永久磁石に引かれるため，かなりの弾性で支えないといけない。
2) 振動板の大振幅動作は難しい。
3) 原理的にひずみを有する。
4) コイルのインダクタンスが大きいので，増幅器とのマッチングに配慮する必要がある。
5) 振動部分に電流を流す必要がないため，構造が簡単。
6) 頑丈に作れる。

♪コラム♪ イヤホンから漏れるシャカシャカ音

　バスや電車の中で携帯音楽プレーヤのイヤホンから漏れてくる音は，随分気になるものです。音楽などを楽しんでいる当人には高音から低音まで楽しんでいるはずですが，漏れてくる音は「シャカシャカ」音で，どうも高音ばかりのような気がします。

　どうしてこうなるのでしょうか？
　理由は2つあります。

　一つ目の理由は振動板の制御方式です。イヤホンの振動板は鼓膜までの限られた容積に音圧を生じさせればよく，振動板と鼓膜の間が密閉された状態で周波数特性が平坦になるよう設計されています。ダイナミック型で駆動される高性能イヤホンでは振動板をスチフネス制御に設計してあります。しかし，イヤホンから漏れる音はスピーカのように無限に広がっている空間が対象となるため，放射インピーダンスを考慮しないといけません。結局，スピーカであれば振動板を質量制御にして低音ほど大振幅で動かすことによって平坦な周波数特性を実現しています。ところがイヤホンはスチフネス制御なので，低音まで一定振幅で動作します。このため，イヤホンから無限空間に漏れた音は低音の少ない音になってしまいます。

　もう一つの理由は振動板の面積です。広い空間に向かって音響信号を注ぎ込むには，広い面積の振動板が必要です。超小型スピーカを組み込んだ携帯電話，携帯ゲーム機，ノートパソコンなどではそもそも十分な低音まで再生できません。したがって無限に広がる空間にむかってイヤホンのような小面積の振動板では低音が再生できず，かろうじて高音部分のみが漏れてくることになります。

　これらの理由のため，イヤホンから漏れてくる音は高音のシャカシャカ音になってしまいます。

　公共の場でイヤホンを使用するときは，漏れるシャカシャカ音が周囲の人に迷惑を及ぼさないよう，十分注意する必要があります。

5.4　スピーカ[10]

5.4.1　スピーカの分類

電気信号を空気の粗密波に変換放射するものをスピーカという。

(1)　変換方式による分類

　1)　電磁型変換器
　　　　- ダイナミック型（動電型）

- マグネチック型（電磁型）
2) **静電型変換器**
   - コンデンサ型（静電型）
   - 圧電型

高性能なものは電磁変換を用いたダイナミック型（動電型）であり，5.6 で述べるホーンスピーカを含め，ほとんどが動電変換の機構を用いている．

(2) 音響放射方式による分類
1) **直接放射型スピーカ** 寸法が波長と同程度の比較的大きな振動板を用い，空間に直接，音を放射する方式．
2) **ホーン型スピーカ** 小面積の振動板からホーン型の導波管を通じて空間に音を放射する方式で，低音特性と効率が改善される．

5.4.2 一般的性質

(1) 音響出力 一定の電気信号に対して，すべての方向に放射される出力の総和で示すが，通常，正面軸上の一定距離における音圧で代表させることが多い．

(2) 指向特性 一般に周波数に依存し，振動板面積が同じときは周波数が高くなるほど指向性が鋭くなる．目的によって無指向性，あるいは指向性のものを使用する．

(3) ひずみ特性 ある周波数の正弦波を規定出力時，周波数が2倍の成分，3倍の成分等がどれくらい発生するかをグラフあるいは数値で示す．小さいほうが好ましいが，大出力では大きく，小出力になるにつれてひずみも小さくなる．

(4) 過渡特性 一般的なスピーカは振動板の機械振動を利用しているため，共振周波数付近では電気信号の停止後も振動は減衰せずに持続し，過渡特性がよくない．電気信号の出力回路と連携してこれを抑える工夫をしている．

(5) その他　スピーカの特性を定量的に表す項目は，上記の他に次のものがある。

1) **インピーダンス特性**　電気インピーダンスは一定の抵抗性であることが望ましく，通常は 4～40Ω 程度である。周波数によってどの程度変化するかをグラフで示す場合もある。
2) **最大無ひずみ出力**　規定以上のひずみを生じない最大出力。
3) **定格入力**　信号を長時間連続に加えても破壊せず異常な音も生じない最大の入力。
4) **最大入力**　スピーカに機械的異常を生じない最大の瞬時入力。

5.4.3　スピーカの構造

音波を媒質に直接放射するスピーカの構造の例を図 5.13 に示し，主要な部分について説明する。

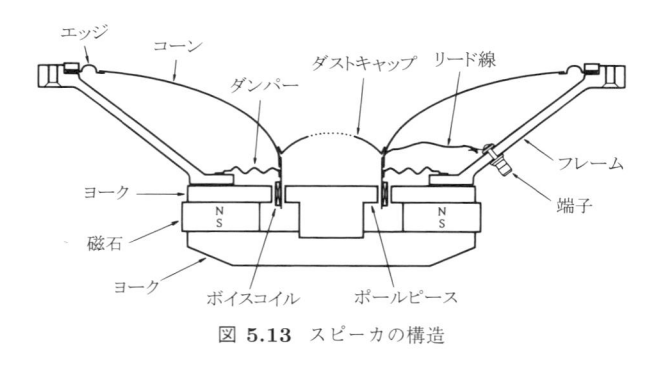

図 5.13　スピーカの構造

(1) ボイスコイル　駆動コイルともいう。銅またはアルミ導線を巻き枠（ボビン）に数十回巻きつけ，ずれないように接着剤で固定したもの。断面が平角形の導体を用いてエッジワイズ巻きが採用されることもある。

(2) 磁石　ヨークとともに磁路を形成し，磁束密度が均一のギャップを作る。保持力の高い磁性材料を用いた永久磁石を使用する。

(3) **コーン** 振動板ともいう。正面から見たコーンの形状は円形で，断面は図5.14のように円錐形のフラットコーンと曲面を用いたカーブドコーンがある。断面は円錐状あるいはドーム状が多い。振動板の直径は携帯電話などでは1.5cm程度，全音域や中音用では10～20cm，低音用では大きくなって20～38cmのものがある。一般に振動板の直径が大きいものほど振動板質量が大きくなり，最低共振周波数が低くなる。

(a) フラットコーン　　(b) カーブドコーン

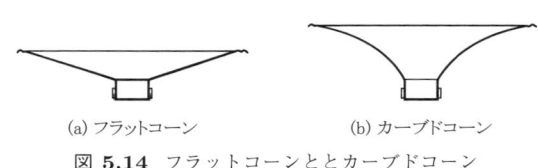

図 5.14　フラットコーンととカーブドコーン

(4) **エッジ** スピーカの振動板を周辺で支え，コーンの振動を妨害せずに半径方向にずれないように支える役割をする。図5.15のように，エッジの共振がコーンの振動と同位相や逆位相になると，特性に山谷を生ずる。

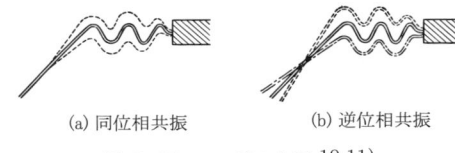

(a) 同位相共振　　(b) 逆位相共振

図 5.15　エッジの共振 [10,11]

(5) **ダンパー** 中心支持部ともいう。ギャップ内のボイスコイルが磁極に触れないよう，また適当な復元力をもたせる。同心円状のコルゲーション（ひだ）を有する。布に合成樹脂を含浸したものがほとんどである。

5.4.4　スピーカの動作解析 [10,12]

スピーカの振動モデルとして円形板（円形ピストン）の振動を考える。裏面からの音響放射が前面に回り込むと干渉するので，片面だけを考えることにする。それには無限大の剛壁を想定し，それに埋め込まれた半径 a の円形板が，速度 V の正弦波振動をするとき，媒質から受ける反作用を放射インピーダンスとして取り扱う。

円形板が正弦波運動をするとき，媒質から受ける反作用すなわち放射インピーダンス $Z_R = r_R + jx_R$ は特殊関数であるベッセル関数とシュトルーペ（あるいはストルーペ，ストラウエとも表現される）関数から導かれる値に，$\pi a^2 \rho c$ を乗

じて計算でき，その結果は図 5.16 のようになる．ここで，a, ω, ρ, c はそれぞれ振動板の半径，正弦波の角周波数，媒質 (空気) の密度，および音速である．また，

$$k = \omega/c \quad (5.18)$$

は波数 (wave number) と呼ばれる．以後の説明ではパラメータ ka を用いて議論するが，これは次式が示すように振動板の円周を波長 λ で除したものである．

$$ka = \frac{2\pi f}{c}a = \frac{2\pi a}{\lambda} \quad (5.19)$$

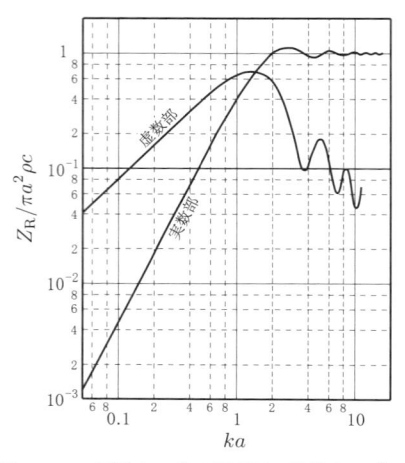

図 5.16　剛壁上にある円形板の放射インピーダンス [13]

さて，図 5.16 に見られるように Z_R は複雑な動きをするが，左右の特性を $ka = 1$ で 2 分して実虚部を次のように ω の簡単な式で近似しておこう．

(1) $ka < 1$ のとき

$$r_R = \frac{\pi \rho}{2c} a^4 \cdot \omega^2 \quad (5.20)$$

$$x_R = 2.67 \rho a^3 \cdot \omega \quad (5.21)$$

(2) $ka > 1$ のとき

$$r_R = \pi a^2 \rho c \quad (5.22)$$

$$x_R = 0 \quad (5.23)$$

次にスピーカ振動板の機械インピーダンスは，次のように置く．

$$Z_m = r_m + j\omega m + \frac{s}{j\omega} \quad (5.24)$$

振動板の機械抵抗 r_m は，放射抵抗 r_R に比べて小さいものとし，振動板の機械インピーダンス Z_m は放射インピーダンス Z_R にまとめておく．このとき，F を基

準に選べば，媒質の空気が受け継ぐ音響出力 W_a は放射インピーダンスの実部 r_R を用いて次のように計算される．

$$W_a = r_R \cdot |V|^2 = r_R \frac{F^2}{|Z_m|^2} \tag{5.25}$$

以上の準備のもと，ka の大小による音響出力 W_a を考えてみよう．

(3) $ka < 1$ のとき（中域〜低域） r_R に式 (5.20) を用いると，

$$W_a = \omega^2 \frac{\pi\rho}{2c} a^4 \frac{F^2}{|Z_m|^2} \tag{5.26}$$

となり，式 (5.26) が平坦特性つまり ω に無関係となるには $Z_m \simeq j\omega m$，すなわち振動板を質量制御にすればよいことがわかる．質量制御のとき，音響出力は，次式で得られる．

$$W_a = \frac{\pi\rho}{2cm^2} a^4 \cdot F^2 \tag{5.27}$$

上式は ω を含まないから，$ka < 1$ では一定の音響出力が放射されることがわかる．

しかし，周波数が下がり，共振作用が顕著になると音響出力も変化する．

1) 共振周波数では式 (5.24) より $Z_m = r$ となるから，

$$W_a = \omega^2 \frac{\pi\rho a^4}{2cr^2} F^2 \tag{5.28}$$

2) 共振周波数以下ではわずかに残るスチフネスのため $Z_m \approx s/j\omega$ となるから

$$W_a = \omega^4 \frac{\pi\rho a^4}{2cs^2} F^2 \tag{5.29}$$

このように式 (5.29) から，共振周波数以下では音響出力が ω の 4 乗で急激に小さくなることがわかる．

(4) $ka > 2$ のとき（中域〜高域） この範囲では，$r_R = \pi a^2 \rho c$ であり，また 3) で質量制御を採用したので $Z_m \simeq j\omega m$ である．これらより音響出力は

$$W_a = \frac{1}{\omega^2} \frac{\rho c \pi a^2}{m^2} F^2 \tag{5.30}$$

となる。この式より，高域では ω が大きくなるにつれて音響出力が周波数の 2 乗で減衰することがわかる。

以上をまとめて周波数特性として表すと図 5.17 のようになる。これが一般的なスピーカの特性である。

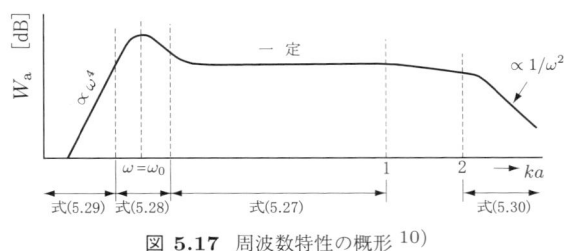

図 5.17 周波数特性の概形 [10]

5.4.5 スピーカの特徴

ダイナミックスピーカが広く用いられる理由をまとめると次のようになる。

1) 低音での大振幅に耐えられる。
2) 周波数特性の良いものが得られる。
3) 電気インピーダンスが純抵抗に近い。
4) コーンの製作技術が進歩した。
5) 磁性材料の進歩により，大きな磁気エネルギーが得られるようになった。

コーンスピーカは変換効率が小さく，加えた電気エネルギーの 1～数% が音響エネルギーに置き換えられるだけである。これは振動板と媒質のインピーダンスがうまく整合していないミスマッチングによる損失である。

ダイナミックスピーカの動電型メカニズムは微小変位の調節が可能であるため，CD プレーヤのレーザフォーカス調節機構やトラッキングサーボ機構，ハードディスクのヘッド位置決め機構などに応用されている。

5.5 エンクロージャ[14]

　振動板が振動すると前面と背面にそれぞれ粗密波を生じるが，背面の音波が前面に回りこんで干渉し，周波数特性に山谷を生じる。これを避けるため，スピーカは一般に背面から出る音を前面にこないように設けた隔壁をバッフルといい，立方体をエンクロージャあるいはキャビネットという。

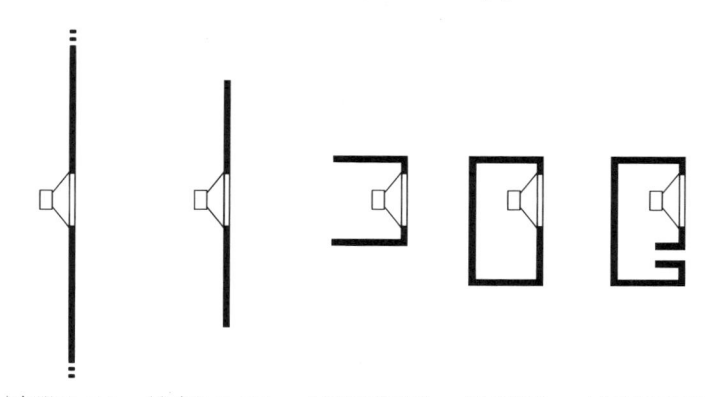

(a) 無限バッフル　(b) 有限バッフル　(c) 後面開放型　(d) 密閉型　(e) 位相反転型

図 **5.18**　バッフルとエンクロージャ

(1)　無限バッフル　図 5.18(a) のように無限の広さを持つ隔壁をいう。背面の音はまったく前面に影響しないので理想的であるが，実現が困難である。

(2)　有限バッフル　図 5.18(b) で示されるように無限バッフルを有限寸法に切り取ったもの。背面からの音は前面の逆相であり，行路差が $\lambda/2$ で両者は同相で強めあう。例えば 50Hz まで再生するには 1 辺が 3m 以上になってかなりの大きさになる。しかも横方向には効果がない。

(3)　後面開放型　背面からの行路長を大きくするため，図 5.18(c) のように有限バッフルを折り曲げて箱状にしたもの。上下および左右の内寸が波長の $\lambda/2$ となる周波数で定在波を生じる。さらに前後方向については片方が開放だから空気柱の深さが $\lambda/4$ となる周波数で定在波を生じるため，特性が劣る。

(4) 密閉型 図 5.18(d) のように後面も閉じたもの。スピーカの振動板が動くと，背面の容積が空気ばね，つまりスチフネスの働きをするが，これはダンパーやエッジのスチフネス増加と等価であって最低共振周波数の上昇となる。密閉型エンクロージャの容積が小さいときはスピーカの性能を十分発揮できない。

内部には吸音材を充填し，抵抗によって上下左右前後方向の定在波を小さくし，スチフネスの影響を少なくすることが行われる。また最低共振周波数が高いスピーカを大きな容積の密閉型エンクロージャに入れても性能は良くならない。

(5) 位相反転型 図 5.18(e) のように密閉型エンクロージャに振動板面積と同等の開口部を有するダクトを設けたもの。振動板背面からの位相がダクト開口部で反転して同相にし，最低共振周波数を下げるようにする。後方に向かう低音を前方に反転させているので Bass-Reflex あるいは Vented-Enclosure などと呼ばれる。低音の範囲はうまく設計するとスピーカ最低共振周波数の約 80%，あるいは密閉型の 58% まで下げることができる。

位相反転型は密閉型に比べて次の問題がある。

1) 設計が難しく，使用するスピーカの詳しい数値が必要。
2) 低域共振周波数付近の過渡特性が 1.5 倍の長さ持続する。
3) 低域共振周波数以下の減衰が大きい。

5.6　ホーンスピーカ

ホーンスピーカは，振動板から断面積が徐々に大きくなる音響管を介して無限の媒質に結合する。これによってインピーダンスマッチングがよくなり，変換効率を大きくすることができる。

ホーンスピーカの構造を図 5.19 に示す。ホーンはダイナミック型（動電型）のドライバで駆動される。ホーンの形状は図 5.20 のように，エクスポネンシャルホーン，ハイパボリックホーン，カテノイダルホーン，円錐状のコニカルホーン，放物面のパラボリックホーンなどがある。ホーンの長さが無限長のとき，これらの放射抵抗は図 5.21 のようになり，遮断周波数以上で一定となることからエクスポネンシャルホーンやハイパボリックホーンが多く用いられる。

5.6. ホーンスピーカ

実際のホーンは有限長で用いるが，あまり短かくすると反射のため放射インピーダンスは乱れる。

ホーンスピーカは媒質とのインピーダンスマッチングがよいので，効率はコーンスピーカを大きく上回り，数十％になる。また大出力のとき，のど部の音圧が大きくなり，空気の非直線性のため第2高調波をともなう。しかし，第2高調波は聴感上，あまり影響しないので拡声用に多く用いられる。

指向性を広げるため，中・高音用ではホーンを小区画に分割したものが使われる。これをマルチセルラホーン[10]という。

折り返しホーンスピーカは図5.22のような構造をしており，屋外や車載で用いられる。

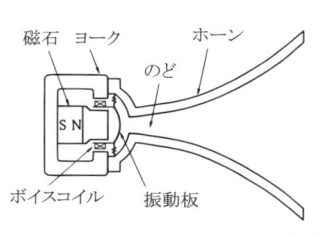

図 5.19 ホーンスピーカの構造[15]

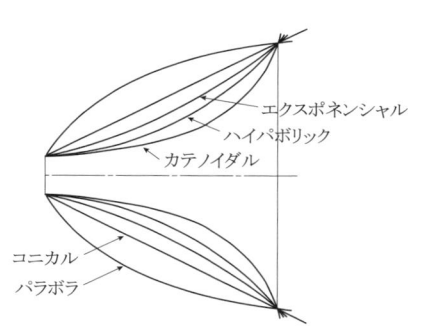

図 5.20 各種ホーンの形状[10]

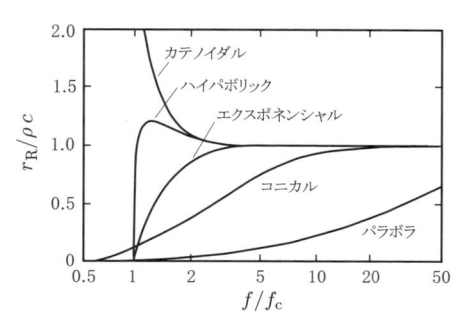

図 5.21 各種ホーンの放射抵抗[10]

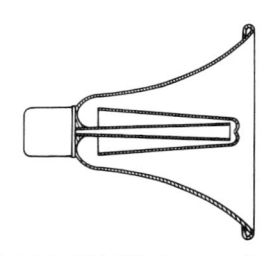

図 5.22 折り返しホーンスピーカ

課題・演習問題

1. 図 5.16 から式 (5.20), (5.21) を導け。
2. 同様に図 5.16 から式 (5.22), (5.23) を導け。
3. 式 (5.21) で ω の係数は質量に相当する（付加質量）。この質量を底面が円形振動板に等しい空気円柱で代表させた場合，円柱の高さは振動板半径の何倍になるか。
4. スピーカが質量制御のとき，周波数と振動板の振動変位の関係を求め，低音では大振幅になることを示せ。
5. 携帯電話やノートパソコンに付属している小型スピーカで聞く音楽は，低音が少なく感じるのはなぜか。

参考図書等

1) 西山静男他, 音響振動工学（コロナ社, 1979), pp.105-129.
2) 文献 1) pp.136-139.
3) 文献 1) pp.143-144.
4) John EAGLE, *The Microphone Book*（Focal Press, 2001), p.268.
5) 牧田康雄編, 現代音響学（オーム社, 1986), p.160.
6) 文献 4) p.110.
7) 文献 1) p.145.
8) 文献 1) pp.150-152.
9) 西巻正郎, 改版電気音響振動学（コロナ社, 1978), p.184.
10) 文献 1) pp.154-171.
11) John M. Eagle, *Loudspeaker Handbook*（Chapman & Hall, 1997), p.31.
12) 早坂寿雄他, 音響工学概論（改訂版）（日刊工業新聞社, 1972), p.167.
13) 文献 1) p.67.
14) 中島平太郎, スピーカ（日本放送出版協会, 1980), p.141.
15) 三井田惇郎, 音響工学（昭晃堂, 1987), p.101.

第6章　音声とコミュニケーション

　人間は音声を用いることによってお互いにコミュニケーションを行うことができる。音声のエネルギーはずいぶん小さく，声が届く範囲での音声通信は大変効率がよいといえよう。本章では音声の発生と，物理・心理特性，さらに身近なコミュニケーションとして音声や音楽等の伝送・記録方式について述べる。

6.1　音声の基礎

6.1.1　発声器官

　図 6.1 に人の発声器官を示す。人は肺から送り出される呼気によって音声を作り出すが，その生成過程を順番に眺めてみると次のようになる。

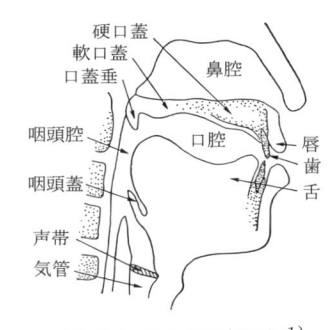

図 6.1　ヒトの発声器官[1]

(1)　肺と気管　肺から押し出した空気圧力が，気管を通じて声帯に与えられる。

(2)　声帯　肺からの空気圧力を周期的に断続させる。声帯は左右 2 枚の弁からなっており，肺からの圧力を受けると自励振動を起こし，図 6.2 のように開閉して呼気を断続させる。ここで作られる波形を声門波形といい，これは音韻によらず，ほぼ一定の三角状を示している。声門波形である三角波の周波数を基本周波数（ピッチ）といい，女性や子供は成人男性に比しておおむね高い特徴がある。

(3) 声道 咽頭，口腔，唇などからなる部分を声道と呼び，発声する音韻の種類に応じて声道の形が変化する。この動作を調音という。調音によって声門波形には咽頭・口腔内で空気摩擦や乱流音が付加され，あるいは声道の断面積が音韻特有の形状に変化することで共振作用を受ける。声門波形である三角波はフーリエ級数を考えてみればわかるように高調波成分が多く，声道の共振周波数付近の高調波が強調されて唇から放射される。調音動作は，むやみに早くできないため発話速度には限界がある。

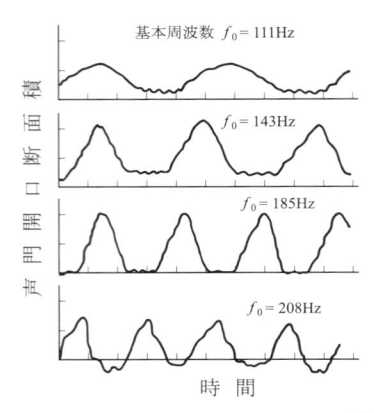

図 6.2 声帯の開口断面積の時間変化 [2]

6.1.2 母音と子音

言語の最小単位は母音と子音である。母音は定常的に持続して発音でき，これは声帯の振動を伴うので有声音といい，波形の特徴はおおむね周期波形であり，エネルギーが大きい。日本語の母音は /a/, /i/, /u/, /e/, /o/ の 5 種類である。

一方，子音は母音に比して持続時間が短く，エネルギーも小さいので雑音や周囲の騒音などによって妨害されやすい。子音も発声時に声帯振動を伴うかどうかによって，有声音と無声音に分けられる。また，唇や舌などで止めた呼気を急に解放する閉鎖音（破裂音）や，唇，舌，歯などで狭隘部を呼気が通過するときの乱流雑音を利用する摩擦音などがある。

6.1.3 基本周波数

有声音の持続部分では声門波形の繰り返し周波数に対応する基本周波数（ピッチ）があり，平均の値は男性で約 120Hz，女性では約 240Hz である。一般の会話音声ではアクセントで基本周波数が変化し，また文頭では高く，末尾では低くなる。音声を人工的に発声させる合成音声では，自然な抑揚をつけるためさまざ

6.1. 音声の基礎　**103**

まな工夫がなされている。一方，歌や声楽など歌唱に使用する音声では，男声の85Hz 程度から女声の 1100Hz 程度までに広がる。図 6.3 は男声の会話音声の時間波形を表す。内容は「水中を歩く」で，1.2 秒の長さを表示している。

図 **6.3**　会話音声の一例（男声 "水中をあるく" 1.2 秒）

6.1.4　ホルマント

　声道の形状によって共振を受けると，その周波数スペクトルは図 6.4 の実線で示されるように基本周波数毎の小さな山谷が見られ，全体に緩やかな変化を示している。図の破線は包絡線つまりスペクトルの概形を表しており，声道による共振周波数はこの図から推定できる。この共振の山に相当する周波数をホルマント（formant）といい，低いものから順番に第 1 ホルマント，第 2 ホルマントと呼ぶ。母音の種類によって特徴的な配置になり，音声認識の手がかりとして利用される。

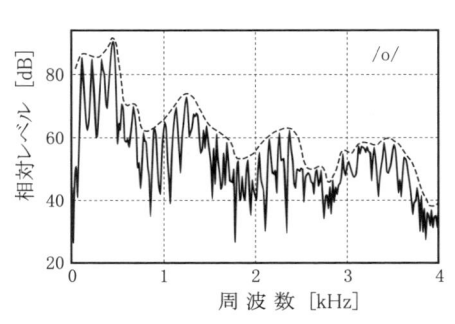

図 **6.4**　母音のスペクトル例（/o/ 男声）

6.1.5　音声勢力

　発声時に唇前方 1m で測定した音圧の平均は男性 66.2dB，女性 63.4dB であり，強く，あるいは弱く発声するとそれぞれ 20dB 程度上下する。会話音声の重要な成分はほぼ 4kHz までの周波数範囲に含まれており，電話における通信伝送ではこの周波数帯域が伝送されるが，音楽などではさらに広い帯域が必要となる。

6.1.6 ピークファクタ

測定によると音声信号ではその実効値より 13dB（約 4.5 倍）を超える確率は 1% とみてよい[3]。これを音声のピークファクタ（peak factor）といい，音声信号の伝送や録音に際して適切なレベル設定の目安として使える。

6.2 音声コミュニケーション

6.2.1 音声の伝達

周囲の暗騒音によっても左右されるが，音声のみによるコミュニケーションが可能な距離はせいぜい数十 m であろう。しかし，この制限は電話の発明によって緩和された。電話は，人間の唇から放射される音声信号を送話器によって電気信号に変換する。この信号は，有線あるいは無線によって遠距離まで伝達することができ，再び音響振動に戻せば通話が行える。初期の電話は有線のみで，送話器には変換効率の高いマイクロホンが必要とされ，カーボンマイクロホンの発明によって良質の音声通話が可能になった。しかし，エレクトロニクスの増幅器が実用化されるにつれてカーボンマイクロホンは姿を消しつつある。

(1) アナログ通信時代 音声の主要なホルマントが伝送できれば，通話内容は正確に伝えることができる。そのため，電話音声の周波数帯域は 0.3〜3.4kHz を基本とした。

(2) 初期のディジタル時代 伝達する音声信号の上限を 4kHz とすればナイキストのサンプリング定理から 8kHz でサンプリングを行う必要がある。また音声波形を 256 段階の符号で表す 8 ビット量子化を採用すれば，伝送速度は 64kbps である。これが一応の基準とされるが，かなり大きな通信速度なので，音声品質を保ったままいかに効率よく圧縮するかが問題になっている。

音声の品質を高めるため，大振幅の量子化幅を粗く，小振幅を細かくする非直線量子化（対数圧縮）を採用することも行われる。非直線量子化には 2 種類が規定されており，北米・日本の μ-law と，欧州向けの A-law がある。

6.2.2 音声の録音・記録

エジソンが蓄音機を考案した当初は，音声のエネルギーによって振動波形を直接機械的に記録する方式であったため，開発者は音声振動からなるべく大きな機械エネルギーを取り出して記録し，効率よく音響エネルギーに戻す方法の研究に力を注いだ．その一つは音響ホーンの利用である．このような機械的な記録方式では，録音時の収音が大変不便であった．一人の音声は送話器である音響ホーンに向かって大声を発することで機械的な録音ができたが，音源が分散する音楽演奏の録音は難しかった．

やがて蓄音機に電話の技術を導入し，電気信号を利用することが始まり，電気による振動変換装置を用いて機械的な記録を行い，これをホーンスピーカで再生する方式が用いられると，音楽への利用が広まった．さらに直接放射型スピーカの発明でホーンが不要になって小型化が実現され，その後，真空管の発明で信号の増幅が行えるようになると，大音量で再生できるようになった．

一方，記録方式では初期の円筒式から円盤式に変化したが，連続記録時間を長くすることが困難で，ごみ等の付着に起因するスクラッチ雑音にも悩まされた．磁性粉末を塗布したテープによる磁気記録方式は，機械式記録に比べ雑音が軽減でき，オープンリール方式やカセットテープによる録音再生方式が確立された．

しかし，現在はほとんどがディジタル的な記録方式になっている．

6.2.3 アナログ伝送・記録方式の問題点

(1) ダイナミックレンジ 伝送記録に際し，信号をひずませることなく直線関係を維持する範囲を dB で表したものをダイナミックレンジと呼ぶ．アナログ系では雑音混入や使用範囲が異なることなどのため，総合的に直線部分が狭くなる問題，すなわちダイナミックレンジが小さくなる問題を抱えることになる．

(2) ワウ・フラッタ テープレコーダなどの機械的な回転を利用する音響機器で生ずる回転ムラをワウまたはフラッタという．4～6Hz 以下の長い周期のものはワウ，短い周期のものはフラッタと区別される．録音・再生時，機械的な回転を一定の速度に保つことが難しく，質量を増して回転モーメントを増加し，回転ムラを吸収させたが，速度変動を解消することは大変困難であった．

(3) ひずみ 個別素子の非直線部分はすべてひずみとなって現れる。これをいかに少なくするかに音響メーカーは力を注いだ。

(4) ダビングによる品質劣化 複製をくりかえすと，上記の諸問題がすべて加算され，品質劣化が増大する。

(5) 周波数特性 音の周波数範囲は10オクターブの広さにわたる。この広い周波数に対して機械振動を利用するマイクロホンやスピーカの特性を一定に保つことが難しい。

　これらのうちディジタル化によっていくつかの問題は解消されたが，マイクロホン，増幅器，スピーカは本質的にアナログ系のままであり，依然として製品の違いが総合特性に反映している。

6.2.4　放送

　通信内容が音声から音楽に広がった要因の一つにラジオ放送がある。真空管の発明により効率的な無線通信が可能になり，やがてラジオ放送が始まり，放送事業の発展にともない，スピーカをはじめとする電気通信音響機器の開発が進んだ。
　通信方式も振幅変調（AM）から周波数変調（FM）になり，良質の音響機器が求められるようになった。回路素子も真空管から半導体，さらに集積回路ICの時代を迎えた。一方，ディジタルICの高速化と信号処理用のIC（DSPプロセッサ）の普及に支えられ，ディジタル放送やインターネットを利用する放送ではディジタル伝送方式が採用されている。

6.2.5　拡声装置（PA：Public Address）

　平坦な周波数特性が望まれるスピーカと大出力増幅器が比較的簡単に利用できるようになると，音響機器は音声から音楽の利用へと徐々に広がりはじめた。
　大人数の聴衆を収容するホールやアリーナ，野外ステージでは，拡声装置が用いられており，なるべく距離減衰を小さくする目的で，線音源となるようスピーカを垂直に積み重ねたクラスタースピーカを舞台袖につり下げて用いる。また多

数のスピーカを平面にスタックし面音源に近づけてさらに減衰を少なくさせることも行われる。しかし遠距離では音速による音の遅れが目立つので，利用できる広さには限界があるが，小区画に分割し，それぞれにスピーカを配置する方式にすれば時間遅れはある程度解消される。

6.2.6 緊急放送

　光ではさえぎられて到達しない陰の場所へも，音は回り込んで警報音は到達し，火災等を知らせることができる。これは音の回折現象に基づく物理的性質である。可聴周波数の音の波長は可視光の波長に比べてはるかに長いため，このような回折現象が顕著に現れ，遮られた場所にも音は回り込める。音が全く到達しないシャドーゾーンが小さいため，緊急放送には音による一斉伝達方式が欠かせない。

6.3　ディジタル音声通信

6.3.1　信号処理

　音声信号はディジタル化することにより，音声品質の向上，多重化，通信路の節減，受聴やコピーの制限など，いろいろな機能を盛り込むことができる。ここではアナログ信号をディジタル化する際に必要となる基礎事項を述べておく。

(1)　AD 変換器　アナログ信号をディジタル化する際，サンプリングと量子化の処理を行う素子が AD 変換器である。会話音声では 8 ビットの解像度を基本とするが，音楽などでは 16 ビットが用いられる。

(2)　ナイキストのサンプリング定理　元の信号を完全に復元するためには，信号に含まれる最高周波数の 2 倍以上の速さでサンプリングをしなければならない。つまり帯域制限された信号では，その最高周波数の成分が 1 周期あたり 2 回のサンプリングで復元できるという定理である。例えば音声の場合，音声周波数の上限である 3.4kHz を余裕を見て 4kHz とすれば，その 2 倍の 8kHz の速さでサンプリングを行う必要がある。

音楽など20kHz近くまでの成分を含む場合，CDなどでは44.1kHzでサンプリングを行っている。

(3)　周波数分析　人間の聴覚特性は周波数に依存する特性を有しているため，マスキングなどを考慮した音声信号の圧縮を行うには，あらかじめ信号の周波数分析を行う必要がある。これは数学におけるフーリエ変換を実行することであり，対象がサンプル値の場合，DFT（Discrete Fourier Transform，離散フーリエ変換）を実行することである。これは高速演算法が示されており，FFT（Fast Fourier Transform，高速フーリエ変換）と呼ばれる。実際にはCPUの高速化および，複素演算を回避したMDCT（Modified Discrete Cosine Transform，変形離散コサイン変換）の採用により音声信号はリアルタイムで処理されている。

6.3.2　分析・合成・認識 [4]

(1)　分析　音声信号の調査を行うこと，すなわち，複雑な音声信号をなるべく少数の特徴量（パラメータ）で表すことをいう。携帯電話などでは分析結果である少数のパラメータを伝送して通信を実現しており，通信に要する帯域幅の負担を軽減している。音声信号の分析には多くの方法が提案されている。

(2)　合成　分析の逆の処理，つまり少数のパラメータから複雑な音声を再現することを指し，音声をしゃべる様々な装置に組み込まれている。また音声信号を直接伝送するよりも，分析後，少数パラメータを伝送し，受信後，合成すれば音声通信の情報量を減らせるため，携帯電話などはこの原理で通話を実現している。

(3)　認識　音声信号から，その内容を直接文字に置き換える処理を指す。

以上述べた分析・合成・認識はいずれもディジタル信号処理の技術を応用して実現されており，パーソナルコンピュータ向けにも各種のソフトウェアが簡単に利用できる。

6.3.3 ディジタル音声の品質

AD 変換におけるビット数とサンプリング周波数は，伝送速度や記録サイズに影響し，音声品質を定める重要なパラメータである．一般に用いられるビット数とサンプリング周波数に対する品質の目安は表 6.1 のようになる．

ディジタル音声の利用は，機械的な回転部分がなく，音声や音楽の連続再生が可能なので，道路状況の放送や，アミューズメント施設の案内，BGM など，長時間の繰り返し動作が必要な現場で用いられている．

表 **6.1** ディジタル音声の品質の目安

品質の例	ビット数	サンプリング周波数 (kHz)	チャンネル数
固定電話，自動販売機	8	11	1ch
AM ラジオ，場内放送	8	22	1ch
CD	16	44.1	2ch
レコーディングスタジオ等	24〜32	44.1, 48, 88.2, 96, 192	48ch など

6.3.4 低ビットレート伝送方式 [11]

携帯電話などに用いられている伝送方式は，通話内容を損ねない程度に伝送レートを低くしてある．わが国の携帯電話に採用されている CELP (Code-Excited Linear Prediction) は，米国 AT&T が開発した音声符号化方式である．すでに述べたように人間の音声は声帯の振動を音源とし，声道（声帯から唇の間）で共振させて作られるので，CELP はこれに基づいて音声信号を，1) 声門，および 2) 声道での共振，の 2 部分に分け，それぞれをいくつかのパターンで代表させて，そのパターン番号を伝送する．受信側では受け取った番号から復号化を行い，入力音声を近似的に合成する方式である．

CELP は音声を高効率に圧縮できることが特徴で，このため低ビットレートでの伝送が可能になった．現用の携帯電話では音声符号化方式は CELP をベースとした方式が使われており，3.45〜6.7kbps の伝送速度を実現している．IP 電話に採用される一つの方式，CS-CELP は 10ms 幅の音声を処理し，8kbps の通信路で送信される．

6.4 音楽プレーヤ

6.4.1 記録方式

　音声や音楽信号の記録方式には，AD 変換器がサンプリングしたデータをそのまま記録する非圧縮方式と，データ圧縮を行って記録サイズを小さくする圧縮方式がある。データ圧縮は聴覚の隠蔽作用を巧みに利用したもので，いくつかの国際規格が定められている。復号に必要なソフトウェアが組み込まれていることが多いので，簡便に用いることができ，インターネットを利用したデータ転送などでは盛んに利用されている。

　CD がその代表例である非圧縮方式は，音声・音楽データがそのまま記録されるのでデータ量が膨大になるが，高品質を追求する場合にはもっぱらこの方式に頼ることになる。

6.4.2 非圧縮方式

　まず音声・音楽データの非圧縮記録方式について，そのいくつかを概説する。

(1) CD　コンパクトディスクともいわれ，1977 年に Sony とオランダ Phillips 社が提案した規格で，16 ビット，2ch，サンプリング周波数は 44.1kHz で PCM 方式を採用している。記録密度を高めるためレーザ記録を用いており，CD 上ではピットと呼ばれる溝が記録される。記録時間は 74 分（直径 12cm）または 20 分（直径 8cm）である。

　記録には誤り訂正方式 CIRC（Cross-interleave Reed-Solomon code）を採用している。

　クロスインターリーブは，記録面の損傷や引っかき傷などによるバーストエラーを回避する方式であり，またリードソロモン符号は，ごみ付着などによるランダムエラーの訂正が可能な符号である。

(2) DVD-Audio[5]　記録容量は 4.7GB で，192kHz でサンプリングを行い周波数レンジは DC 〜96kHz となっている。チャンネル数は標準で 2ch で，最大 6ch まで記録可能である。記録方式は PCM 方式で，標準で 24 ビットである

が，12，20 ビットも選択できる．ちなみに 24 ビットでのダイナミックレンジは 144dB である．記録時間は 74 分，伝送速度は 9.6Mbps である．オプションで Dolby Digital, dts, MPEG 等が選択でき，再生には DVD-Audio 対応の DVD プレーヤを必要とする．

(3) **スーパーオーディオ SACD (Super-Audio CD)** 1999 年に Sony とオランダ Phillips 社によって提案された規格で，12cm の CD に 2ch を記録するが，オプションで 5.1ch も可能である．記録方式は PCM 方式ではなく，ダイレクトストリームデジタル (Direct Stream Digital, DSD) 方式による $\Delta\Sigma$ 変調である．サンプリング周波数は 2822.4kHz だが，1 ビット量子化方式を用いているため他方式との単純な比較はできない．厳重な著作権保護機能を備えており，再生にはスーパーオーディオが再生可能な CD プレーヤが必要である．

(4) **DAT** ディジタルオーディオテープともいわれ，2ch で 16 ビットの PCM 記録が可能で，サンプリング周波数は 32kHz，44.1kHz，48kHz，録音時間は最大 2 時間である．磁気テープによるシーケンシャル記録方式なので，曲の頭出しに少し時間がかかる．後述の SCMS(シリアルコピーマネージメントシステム) に準拠した DAT 機器では，アナログ信号から録音してもディジタル的なコピー回数は制限される．例えば CD からディジタル回線を経由して録音したものは，以後のディジタルコピーは行えない．

一般に音楽 CD を作成するとき，DAT に記録して受け渡すことが行われる．DAT では音楽などアナログ録音でのサンプリング周波数は 48kHz になるので，CD 作成時にはこれが 44.1kHz に変換される．

6.4.3 圧縮方式 [6]

次に記録ファイルサイズを小さくする音声・音楽圧縮方式について，主なものについて述べる．

(1) **mp3 (Mpeg1 Layer III)** [7,8] Mpeg は Moving Picture Expert Group の略称で，mp3 は動画に関する規格の中の音声部分の規格だけを用いた音声・音

楽圧縮方式である。インターネット上での音楽伝送など，音楽をパソコンで取り扱う場合や，半導体メモリの音楽プレーヤなどに利用されている。著作権保護機能がないため無制限に複製できることから，インターネット上で広まっている。サンプリング周波数は 8～48kHz に対応しており，解像度は 16 ビットである。チャンネル数は 2ch，伝送速度は 32～320kbps で，ストリーミングには未対応である。圧縮率は約 1/10 である。

(2) AAC（Mpeg2 Advanced Audio Coding） FhG（Fraunhofer-Gesellschaft）などが 1987 年に提案した方式で，サンプリング周波数は 96kHz まで対応でき，データは 16 ビットである。チャンネル数は 2ch，伝送速度は 32～320kbps，圧縮率は約 1/10 でストリーミングに対応している。AAC は著作権保護機能を有しており，iTunes，iPod，携帯電話の「着うた」，BS ディジタル放送，地上ディジタル放送の ISDB 規格，欧州の DVD，ゲーム機（PSP）等に採用されている。iTunes Store は著作権保護機能 FairPlay を採用しているので，コピーには制限がつく。

(3) ATRAC（Adaptive Transform Audio Coder）[7] MD（Mini Disc）に記録する圧縮方式で Sony が提唱した。元のデータの 1/5 程度に圧縮できる。標準記録時間は 74 分でサンプリング周波数は 44.1kHz である。さらに圧縮率を高めた ATRAC3 もある。可変長符号を用い，誤り訂正方式は ACIRC（Advanced CIRC）を採用している。ATRAC には著作権保護機能 OMG（Open Magic Gate）が組み込まれている。

(4) MIDI（Musical Instrument Digital Interface） これは音楽演奏ファイルで，鍵盤楽器を含む複数の電子楽器・音響機器間の演奏情報を伝達するために定められた国際規格である。音声・音楽ファイルではないが，ファイルサイズが非常に小さく，通信カラオケや Web 上での音楽演奏，携帯電話の着信メロディなどに採用され，コンピュータによるシンセサイザの自動演奏や音楽に同期した照明コントロールなどができる。

(5) 著作権保護 ディジタル化により高品質の音楽が利用可能であるが，コンテンツの完全な複製が容易に行えるため，これを防止するいくつかの技術が音声・

音楽ファイルに採用されている。

その一つは，SCMS（Serial Copy Management System）と呼ばれるもので，これによってファイル自身がコピーであることを示し，ディジタル的な複製を不可能にしている。

実用されている著作権保護方式は，すでに述べた ATRAC の OMG や iTunes Store の FairPlay 以外に，マイクロソフトが提唱する WMDRM（Windows Media Digital Rights Management），および一部の音楽 CD が採用した CCCD（Copy Control CD）等がある。

(6) 音楽ファイルの種類 音楽ファイルは 200 種類を上回るとされているが，中でも特に身近に用いられるものの拡張子一覧を表 6.2 に示す。

表 6.2 音楽ファイルに用いられるファイルフォーマットと拡張子 [9]

拡張子	説　明
wav	PCM 形式。他に ADPCM,A-law,μ-law,LPC,CELP なども可
mpa/mp2/mp3	mpeg 形式の音声データ部分のファイル
mp4	AAC ファイル　他に m4a/m4b/m4p/3g2/aac 等がある
wma	Windows Media Audio
ra/ram/rm	RealAudio で作成されたストリーミング形式の音声ファイル
omg	ATRAC による圧縮。　他に oma/at3 等がある
ogg	Ogg Vorbis 話速変換を可能にした
mid	MIDI 対応の音源を演奏するための標準規格ファイル
au	Next/Sun が採用した 8bit，μ-law による圧縮形式
snd	Apple Macintosh

6.5　その他の方式

6.5.1　サラウンドシステム

映画館や DVD で臨場感や特殊効果を演出する目的で使用されるが，その主なものを解説する。

(1) AC3 Audio Code number 3 の略で，ドルビー サラウンド ディジタル（Dolby Surround Digital）ともいう。米国ドルビー社が提唱したサラウンド方式で，左右中央の 3ch に加え，サラウンド 2ch，サブウーファ（低音部分だけなので 0.1ch）の，合計 5.1ch で再生する方式である。音の動きが後方にも生み出さ

れ，低音チャンネルによる特殊効果音が迫力とドラマ性を演出する。家庭用ゲーム機 (Xbox，Xbox 360，プレイステーション[4]) や PC ゲームにも採用されている。映画フィルムではコマ送りの穴と穴の間に白黒のディジタル模様で記録されている。

(2) dts 米国 Digital Theater Systems 社が提唱する音声のディジタル圧縮方式で，映画館や DVD-Video の音声記録に用いられる。映画館用は dts デコーダーを装置した映写機を使用し，CD-ROM で提供される音声は，フィルムと同期して再生される。DVD-Video の音声記録は AC3 が標準であるが，オプションで dts トラックを付属させた製品もある。音声は 48kHz サンプリング，24 ビットで，約 1/4 に圧縮されており，6 チャンネルの再生が可能だが，DVD プレーヤが dts デコード機能を備えていることが必要である。

6.5.2 ディジタル放送

わが国の主なディジタル放送の音声伝送方式をまとめて表 6.3 に示す。

これらの他，IP プロトコルを利用したラジオ，テレビ，電話が実用化されている。IP ラジオにはオンデマンド方式とストリーミング方式があるが，どちらも Windows Media Player，RealPlayer，Winamp，iTunes などのソフトウェアで聴取できる。

表 **6.3** ディジタルテレビの音声伝送方式 [10]

放　送	音声伝送方式
ハイビジョン (A モード)	準瞬時圧伸 DPCM，4ch，12 ビット，32kHz サンプリング
ハイビジョン (B モード)	準瞬時圧伸 DPCM，2ch，16 ビット，48kHz サンプリング
BS ディジタル	AAC
CS ディジタル	AAC，Mpeg2 Audio BC
110°CS	AAC
地上ディジタル	AAC
地上ディジタル音声放送	AAC
CS-PCM 音声放送	48KHz または，32KHz

DPCM;Differential PCM の略。差分値を伝送する方式。

6.5.3 音声通信に関するその他の補助的装置

ディジタル信号処理（DSP: Digital Signal Processing）などを応用すれば，いくつかの問題が解消できる．表 6.4 にその主なものをまとめた．

表 **6.4** 音声通信の補助的装置

通信における問題	具体例	処理内容
難聴	補聴器	DSP による周波数特性の設定
高騒音場所	骨伝導音	携帯電話などに応用
迷惑をかけない	イヤホン，手元スピーカ	邪魔にならぬようワイヤレス通信
早口で聞き取りにくい	速度変換	周波数（ピッチ，ホルマント）を変えず速度のみ変化させる DSP 処理

♪コラム♪ 振動によるコミュニケーション

　振動による通信は，例えば携帯電話のバイブレーションに見られるように周囲に迷惑をかけずに行える特徴があります．

　携帯電話では偏心した重錘を小型モーターで回転させ，このとき生じる 200Hz 程度の振動によって通話やメールの着信など，単純な情報を伝えています．さらに，再生中の音楽に合わせて振動を断続させ，携帯電話を持つ手に伝えることも行われます．またアミューズメント施設の一つである同時体験型の映像アトラクション装置には，振動や触覚を利用するいろんな仕掛けが座席に組み込まれており，映像の効果を高めるのに役立っています．

　一方，押しボタンスイッチなどでは，指で押したときにクリック感触を生じさせ，これを触覚を利用して指先へ伝えています．これは，タクタイルフィードバック（触覚フィードバック）と呼ばれますが，これも振動を利用した一種の通信と言えます．

　このように皮膚の触覚を介して振動を検知する通信方法はいくつかありますが，一般に多くの情報を伝えることは難しいようです．

　ところで，もう一つ，骨導音（骨伝導音）による通信があります．これは，電話帯域の音声振動を，耳介後方の比較的皮膚の薄い部分を介して頭骨に伝える方法で，頭骨に伝わった振動は聴覚の内耳でキャッチされ，音声信号として認識されます．これは，内耳の高等な聴覚機能を利用しているため比較的明瞭な通話が行え，しかも高騒音下でも使用できる特徴があり，また受話器を耳に当てる必要がないので秘かな通信も可能です．さらに，この骨導音は外耳・中耳を介さなくてもよいので，伝音系の障害があっても利用できます．

♪コラム♪ 音声の速度変換

　早口の言葉を理解できない場合に，言葉の速度を遅くして聞くことができれば理解しやすくなります．しかし，テープレコーダで録音したものを，テープ速度を下げて再生するだけでは音はゆっくりとなりますが，同時に周波数も下がり，かえって理解しにくくなることがあります．最近はこの欠点を克服した音声の速度変換法が開発されています．音声速度変換の方法としては，初期は時間領域で波形を間引く，あるいは波形をコピーして引き延ばす方法でありましたが，信号処理技術の進展とともに近年では周波数領域での処理が可能になりました．

　会話速度の変更は，音声分析による音源情報の速度を伸縮して行われます．声質に関係する音声の基本周波数やスペクトルの概形はそのまま使用して信号を再構築すれば，ホルマント構造などの声質はそのままで音声速度だけ変化させることができ，教育学習や高齢者向けの補助として，あるいは速読を目的とした小説朗読等の分野で利用されています．Windows では Media Player 9 シリーズから可変速再生機能が付属しました．この変換の原理を図に示します．

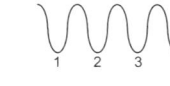

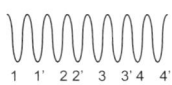

(a) 原音声
(b) 時間を2倍にした音 — 周波数が半分になり聞きにくい
(c) 速度変換後の音 — 同じ波形を挿入

課題・演習問題

1. 音楽または音声のパワーに対する雑音のパワーが1%の場合，S/N つまり信号対雑音比は何デシベルか．
2. 上の場合，信号と雑音の振幅比は何%か．
3. 信号を AD 変換する際，量子化雑音の混入は避けることができない．n ビットの AD 変換器では許容される最大振幅の正弦波に対してその S/N は，$6.02n + 1.76[\mathrm{dB}]$ で与えられる．8ビットの AD 変換の S/N はどれくらいか．また CD の S/N はどれくらいか．

参考図書等

1) 西山静男他, 音響振動工学（コロナ社, 1979）, p.27.
2) 文献 1) p.28.
3) 電子通信学会編, 聴覚と音声（電子通信学会, 1966）, p.245.
4) 板橋秀一編, 音声工学（森北出版, 2005）, p.150.
5) Jan Maes & Marc Vercammen, *Digital Audio Technology*（Focal Press, 2001）, p.300.
6) 文献 5) p.304.
7) 北脇信彦編, ディジタル音声・オーディオ技術（電気通信協会, 1999）, p.138.
8) Russ HAINES, *Digital Audio*（CORIOLIS, 2001）, p.132.
9) 文献 8) p.123.
10) 加銅鉄平, 基礎オーディオ技術（オーム社, 1989）, p.130.
11) 守谷健弘, 音声符号化（電子情報通信学会, 1998）, p.133.

第 7 章　音と建物

　建物は，いくつかの室（閉鎖空間）からなり，それぞれの室が固有の響きを持っている。これを調整することが室内音場制御であり，室の大きさや形状にも関係するが，室内表面や人や物の吸音（反射）性能が大きく関わっている。また，室は他の室（屋外）から音を受け入れるとともに，他の室（屋外）に音を与えている。これを調整することが騒音（振動）制御であり，室を形成するいろいろな部分の透過（放射）性能，即ち遮音性能が主に関わっている。

　防音とは，音源の音響出力を小さくすること，音源からの距離を離すことともに，遮音と吸音を併せて考えることをいうが，遮音と吸音は全く異なることである。遮音とは，透過音を少なくすることであり，吸音とは，反射音を少なくすることである。従って，吸音材では遮音効果があまり期待できないこと，遮音材では吸音効果を期待できないことを理解したうえで，遮音と吸音の違いをしっかりと確認してほしい。

7.1　吸音と遮音

7.1.1　吸音材料と吸音機構

　吸音材料の主な用途は，室の響き（残響）の調整，外部からの騒音や室内の騒音を低減する，有害な問題となる反射音を生じる面の影響を少なくするなどである。騒音防止設計および室内音響設計に際しては，吸音力とその周波数特性を考慮して，数種の吸音材料を組み合わせて用いることが必要である。

　吸音率は，材料に入射した音のエネルギー I_i に対する吸音されたエネルギー I_a の比として次式で表される。（吸音されたエネルギーとは，入射音のエネルギーから反射音のエネルギーを引いたものである）。材料の吸音率は，周波数により異な

7.1. 吸音と遮音　119

> ♪コラム♪ **吸音と遮音**
>
> 下図に示すように，吸音材は，反射音を少なくするために使用され，透過音を少なくするのには使用されない。遮音材は，透過音を少なくするために使用され，反射音を少なくするためのものではない。

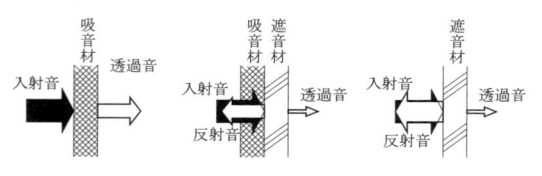

ることから，周波数毎（オクターブ毎）に示される。

$$\alpha = 1 - \frac{I_{\mathrm{i}} - I_{\mathrm{a}}}{I_{\mathrm{i}}} \tag{7.1}$$

吸音率は，材料に対する入射角によっても異なるが，垂直入射吸音率は管内法（JIS A 1405）によって測定され，あらゆる方向から入射する吸音率は残響室法（JIS A 1406）によって測定される。一般に，残響室法吸音率が使用される。

吸音材料には，次の4つの吸音機構がある。それらの断面モデルと代表的な吸音の周波数特性を表 7.1 に，また吸音材料の実例を表 7.2 に掲げる。

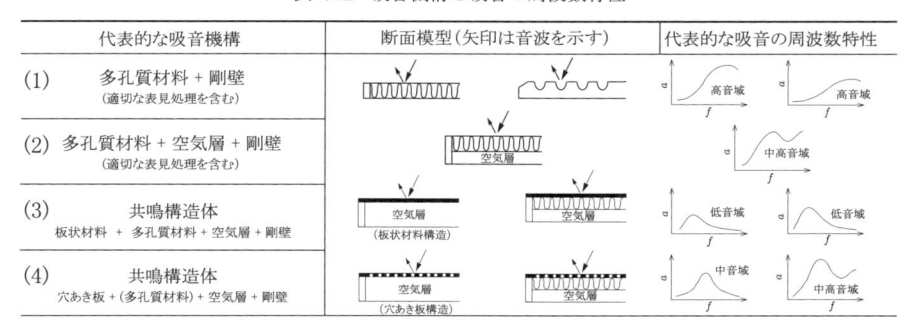

表 7.1 吸音機構と吸音の周波数特性

代表的な吸音機構	断面モデル(矢印は音波を示す)	代表的な吸音の周波数特性
(1) 多孔質材料 + 剛壁 （適切な表見処理を含む）		高音域
(2) 多孔質材料 + 空気層 + 剛壁 （適切な表見処理を含む）		中高音域
(3) 共鳴構造体 板状材料 + 多孔質材料 + 空気層 + 剛壁		低音域
(4) 共鳴構造体 穴あき板 + (多孔質材料) + 空気層 + 剛壁		中音域　中高音域

表 7.2 主な吸音材料の実例

吸音材料	材料名・材質
多孔質材料	グラスウール，ロックウール，フェルト，木毛・木片セメント板など
表面処理材料	メタルラス，銅網，サランクロス，グラスクロス，厚さ $10\mu m$ 以下の薄い膜
共鳴吸音材料	穴あき板・スリット板（間隔をあけたパイプの配列）
膜（板）状材料	板材料，ビニルフィルム，レザー，カンバス，金属はくなどの薄い板材料

(1) 多孔質材料（繊維質材料）＋剛壁の吸音機構　グラスウールやフェルトのような多孔質材料は，繊維と繊維の間に通気性のある多くの細孔があり，音波が細孔に入射すると，繊維自体の振動の発生や，細孔を構成する繊維と繊維相互の摩擦，細孔中を通過するときの粘性抵抗などにより，音のエネルギーの一部が熱エネルギーに変換され吸音される。この摩擦抵抗は，空気粒子の振動速度の大きい高音域ほど良く働き，多孔質材料は高音域で吸音率が大きくなる。多孔質材料内の摩擦抵抗は「流れ抵抗」で表され，通常密度が高いほど流れ抵抗も大きくなる。

多孔質材料の吸音特性は，その厚さにも依存する。厚さによる吸音特性の変化の一例を図 7.1 に示す。厚さが増せば，材料内を音波が進行する距離が長くなり，材料を透過し剛壁で反射した音波は，再び厚い多孔質材料内を逆進し，外部に出ることから吸音率が増加する。一方，多孔質吸音材料の表面が塗装されたり，細孔が詰まると吸音性能が低下するので注意を要する。

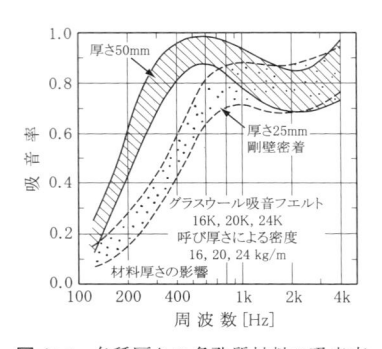

図 7.1　各種厚さの多孔質材料の吸音率

(2) 多孔質材料（繊維質材料）＋空気層＋剛壁の吸音機構　多孔質材料と剛壁との間に空気層を置くと，剛壁面上では，粒子速度は 0 となり，剛壁からの距離が波長 λ の $1/4, 3/4, \cdots, (2n+1)/4$ の位置で粒子速度が最大となることから，空気層の無い場合に比し低音域の吸音が増加する。

膜状材料として布地（カンバス）を用い，背後に空気層（90mm）を設けたときの吸音特性を図 7.2 に示す。90mm が $\lambda/4$ の奇数倍となる周波数（940Hz, 2820Hz, $\cdots$）付近で吸音率が極大を示し，偶数倍の周波数付近で極小を示していることが分かる。

多孔質材料の背後に空気層を設けると，同様な理由から，多孔質材料＋剛壁の多孔質材料の厚さを増した場合と似たような吸音力の増加を示す。

グラスウールの背後に空気層を設けたときの吸音力の増加の一例を図 7.3 に示す。

7.1. 吸音と遮音　**121**

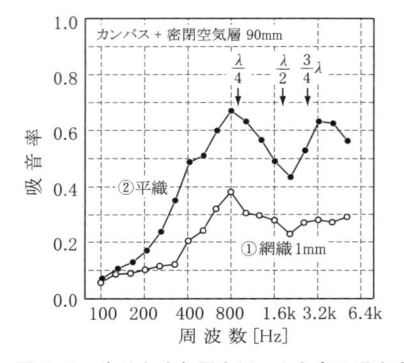

図 7.2 布地と空気層を用いたときの吸音率
（東京大学生産技術研究所）

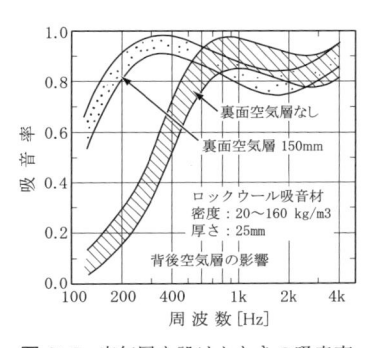

図 7.3 空気層を設けたときの吸音率

(3) 板状材料（膜状材料）＋空気層＋剛壁の吸音機構　板状材料と膜状材料は，剛壁から離して設置すると，同様な吸音特性を示す。板状材料の場合について以下に述べる。

板状材料を剛壁に直接貼り付けた場合には，板振動による吸音と板状材料の表面での吸音が行われる。

剛壁との間に空気層を設けた場合には，板状材料の板振動による共鳴吸音特性が現れる。（板状材料の表面での吸音特性は，凹凸など板の表面の形状によって変化するが，ここでは省略する。）共鳴による吸音機構の吸音特性は，板の形状（大きさ，厚さなど），材質（面密度，ヤング率など），支持条件（周辺固定，周辺支持など），空気層の厚さなどにより異なる。共鳴周波数 f_0 は，その支持条件により定式化されるものであるが，簡略化すると次式のようになる。

$$f_0 = \frac{1}{2\pi}\sqrt{\frac{\rho c^2}{md}} \quad [\text{Hz}] \tag{7.2}$$

ここに，m は板状材料の面密度（単位面積あたりの質量）[kg/m^2]，d は空気層の厚さ [m]，$\rho c^2/d$ は空気層のばね定数（ρ は空気の密度 [kg/m^3]，c は音速 [m/s]）である。

空気層に多孔質材料を挿入すると，吸音効果が増大する。合板（3mm,12mm）の背後に空気層を設けた場合の吸音特性を，中空と多孔質材ありについて図 7.4 に示す。

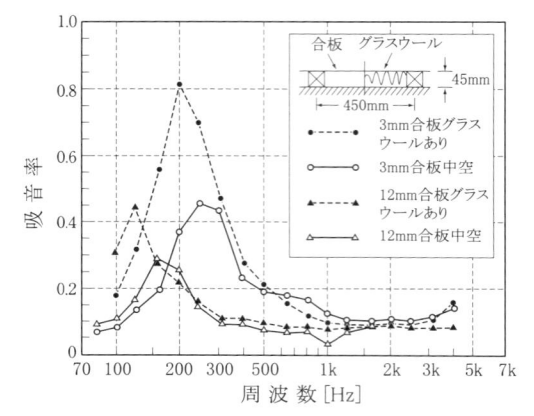

図 7.4 板振動形吸音材の吸音特性（日本大学木村研究室）

(4) 穴あき板＋空気層＋剛壁の吸音機構　図 7.5(a) に示されるようなフラスコ型容器は，特定の周波数で共鳴吸音を示す。これをヘルムホルツの共鳴器の原理という。剛壁から離して穴あき板（スリット板）などを設置すると，図 7.5(b) のように，音響系では，孔の部分の空気が錘（質量）となり，中の空気層がばねとなって振動し，音のエネルギーの一部が熱エネルギーに変換され吸音される。図 7.5(c) は，これを機械系に置換した模式図である。この系の固有周波数は，次式で与えられる。

$$f_0 = \frac{1}{2\pi}\sqrt{\frac{k}{m}} \quad [\text{Hz}] \quad (7.3)$$

ここに，m は錘の質量 [kg]，k はばね定数 [N/m] である。音響系の固有周波数は，次式で表される。

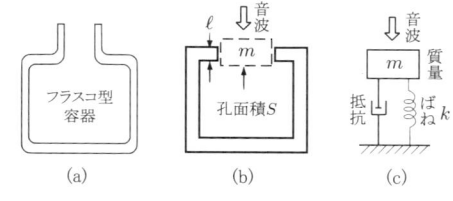

図 7.5 ヘルムホルツの共鳴器

$$f_0 = \frac{c}{2\pi}\sqrt{\frac{S}{V\ell'}} \quad [\text{Hz}] \quad (7.4)$$

ここに，S は孔の断面積 [m^2]，V は空気層（空洞）の容積 [m^3]，$\ell' = \ell + 0.8\phi$ は円孔の場合の開口端補正を首部（板厚）の実長 ℓ に加えたものである。穴あき板（スリット板）＋空気層＋剛壁は，この共鳴器が連続したものと考えられる。図 7.6 に示すように，円孔を等間隔に配置した穴あき板の背後に空気層を設けた場合の

7.1. 吸音と遮音

破線で区切られた部分に注目すると，図7.5の構造に相当していることがわかる。図のような穴あき（円孔）板の場合には，次式により固有周波数が求められる。

$$f_0 = \frac{c}{2\pi}\sqrt{\frac{P}{(\ell + 0.8\phi)L}} \quad [\text{Hz}] \tag{7.5}$$

ここに，P は穴あき板の開口率であり $P = \pi\phi^2/4D^2$ となる。D は穴の間隔 [m]，ℓ は板の厚さ [m]，L は空気層の厚さ [m]，ϕ は円孔の直径 [m] である。

穴あき板（円孔）の背後に空気層を設けた場合の吸音特性の一例を図7.7に示す。

図7.8のようなスリット板の場合には，次式により共鳴周波数が求められる。

$$f_0 = \frac{c}{2\pi}\sqrt{\frac{S}{[\ell + \frac{b}{\pi}(1 + 2\log_e \frac{2a}{b})]V}} \quad [\text{Hz}] \tag{7.6}$$

ここに，ℓ は板の厚さ [m]，a はスリットの長さ [m]，b はスリットの幅 [m]，S はスリットの面積 [m^2]，V は空気（ばね作用をする）の体積 [m^3] である。

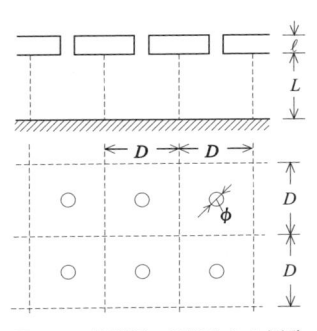

図 **7.6** 等間隔に配置された円孔

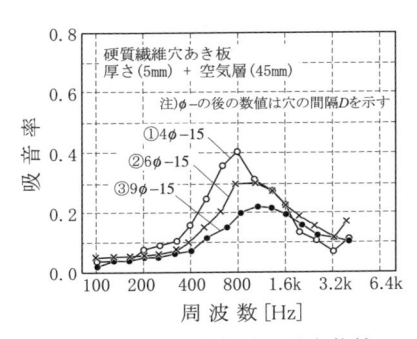

図 **7.7** 穴あき板＋空気層の吸音特性の一例（東京大学生産技術研究所）

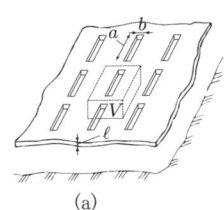

図 **7.8** スリット形共鳴吸音器

穴あき板＋空気層＋剛壁の吸音機構（共鳴器による吸音機構）の場合も多孔質吸音材を板の裏面に貼ることによって吸音性能が向上する。穴あき板の裏面に多孔質吸音材を設置した場合の吸音特性の例を各種組み合わせによる吸音特性として図 7.9 に示す。

　図から，穴あき板の裏面に多孔質吸音材を設置した場合の吸音特性は，孔径が小さいときには，共鳴機構としての中音域の吸音率を高め，孔径が大きくなると，共鳴周波数がやや高音域に移り，共鳴機構としての吸音率が多少小さくなるものの，吸音する周波数帯域が広くなり，裏張り材の多孔質吸音特性も示すようになることが理解される。図からは，穴あき板の裏面に多孔質吸音材料を設置した場合の吸音特性は，空気層を厚くすると，共鳴周波数が低音域に移ることを示している。

　以上のように，吸音処理が必要な場合には，状況を良く理解した上で，適切な対応策を講じることが大切である。複雑な対応策が求められる場合には，これらの材料単体や吸音機構を組み合わせて計画を立てることとなる。

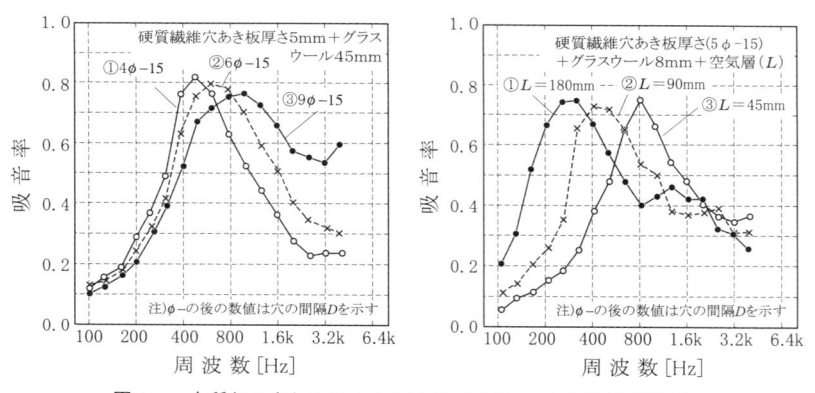

図 7.9　各種組み合わせによる吸音率（東京大学生産技術研究所）

7.1.2　遮音材料と遮音機構

　遮音材料とは，音波の透過が少ない材料のことで，その性能は，一般に透過損失の周波数特性で表される。

　透過損失 $L_{\mathrm{TL}}[\mathrm{dB}]$ は，入射波のエネルギー I_{i} と透過波のエネルギー I_{t} の比の

対数により，次式で定義される。

$$L_{\mathrm{TL}} = 10 \log_{10} \frac{I_{\mathrm{i}}}{I_{\mathrm{t}}} = 10 \log_{10} \frac{1}{\tau} \tag{7.7}$$

ここに，τ は透過率（$= I_{\mathrm{t}}/I_{\mathrm{i}}$）である。

透過損失は，材料に対する入射条件によって異なる。従って，あらゆる方向からの入射音波に対する透過損失で表される。その測定方法は，JIS A 1416（実験室における音響透過損失測定方法）に規定されている。垂直入射透過損失のように特別な入射角の場合の L_{TL} も必要とされることがあるが，騒音防止設計などの実用計算式では，拡散音場（ランダム入射）で求められた L_{TL} の周波数特性が一般に使用されている。

遮音材料の主な用途は，次のようである。

隣室の騒音が聞こえないようにするため，あるいは隣室に騒音を伝えないための間仕切り用材料，外部からの騒音が侵入しないための外壁，屋根，開口部などの材料，騒音を低減するための塀の材料などである。ただし，一般に空気音の遮断に用いられるものであり，遮音材料に直接加えられる機械的な衝撃や振動に対しては，有効ではない。

なお，施工に際しては，材料の一部に隙間などの欠点がないように留意する必要がある。

(1) 遮音機構と透過損失の周波数特性　透過損失の周波数特性は，遮音層を構成する材料の組み合わせ方（遮音機構の種類）によって変化する。代表的な遮音機構と断面模型及び透過損失の周波数特性を表 7.3 に示す。以下に，これらの遮音機構について概説する。

1) 密実な一重構造の遮音機構　密実な一重構造の透過損失の周波数特性は，質量則とコインシデンスによって説明される。

質量則は，遮音機構において，材料の慣性が重要な働きをすることを意味し，入射する音波の加振力に対して，質量の大きい材料ほど，また周波数が高いほど動きにくいことを示すものである。すなわち，遮音材料の質量を増すことによって

表 7.3 遮音機構と遮音の周波数特性

代表的な遮音機構		断面模型 (矢印は音波を示す。)	代表的な透過損失の 周波数特性
1) 密実な一重構造 (単層平板のほか波板類及び弾性的性質の似た材料の積層材を含む。)			L_{TL}, ML, f_c vs f
2) 密実材料 + 空気層 + 密実材料		空気層	L_{TL}, f_r, f_c, ML vs f
3) サンドイッチ形	a 剛性材サンドイッチ		L_{TL}, f_c, ML vs f
	b 弾性材サンドイッチ		L_{TL}, f_r, f_c, ML vs f
	c 抵抗材サンドイッチ		L_{TL}, f_r, f_c, ML vs f

透過損失が大きくなり，理論的には

$$L_{\mathrm{TL}} = L_{\mathrm{TL0}} - 10\log_{10}(0.23 L_{\mathrm{TL0}}) \tag{7.8}$$

$$L_{\mathrm{TL0}} = 20\log_{10}(mf) - 42.5 \tag{7.9}$$

と表される。また，経験的には次式が知られている。

$$L_{\mathrm{TL}} = 18\log_{10}(mf) - 44 \tag{7.10}$$

ここに，L_{TL}：乱入射（ランダム入射）に対する透過損失 [dB]，f：入射音の周波数 [Hz]，L_{TL0}：垂直入射に対する透過損失 [dB]，m：密実材料の面密度 [kg/m^2] である。

上記の関係は，材料の面密度を2倍に，または周波数を2倍にするごとに L_{TL} が約 5dB ずつ増加することを示しており，質量則（Mass Low）と呼ばれる。表 7.3 の周波数特性の ML と記した破線は，質量則に対応し，f_{r} は低周波域共鳴周波数，f_{c} はコインシデンスの臨界周波数を示している。

低周波数での透過損失 L_{TL} は，質量則（ML）と良く合うが，周波数が高くなると，コインシデンス効果により，L_{TL} は質量則（ML）より低くなる。これは，

7.1. 吸音と遮音　**127**

> **♪コラム♪ コイシデンス効果**
>
> 図のように，材料面に入射角 θ で入射する平面音波が，板面上を右方向に伝わる曲げ波を発生させ，材料の同じ場所を押したり引いたりしているとき，入射音波の波長 λ の $1/\sin\theta$ 倍と材料面上を伝わる曲げ波の波長 λ_b が一致すると，裏面からの音波の放射が促進され，結果として，高音域での遮音性能の低下が生じる。これをコインシデンス効果という。ちなみに *coincidence* とは"偶然の一致（共振）"を意味する。

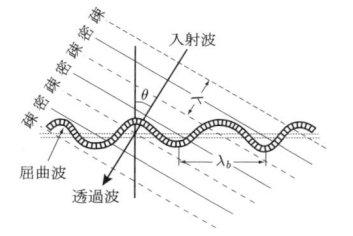

材料面上を伝わる曲げ波と入射音による共振により，音が透過し易くなるからである。

2) 中空構造の遮音機構　中空構造の透過損失の場合にも，質量則とコインシデンスの影響を考慮する必要がある。中空構造の両面の下地材の厚さを増すと，一重構造に近づき，質量則とコインシデンスの影響を無視できないからである。中空構造の遮音性能は，中空部の空気層による共鳴透過現象の影響を受け，遮音性能を低下させ大きな欠点となることがある。逆に比較的軽量な材料を適切に組み合わせることによって，遮音性能の大きい遮音構造が得られる利点がある。

3) サンドイッチ構造の遮音機構　サンドイッチ構造とは，中空構造の空気層の代わりに物理的性質の異なる別種の材料（心材と呼ぶ）を用いたものである。遮音性状からは，心材を剛性材料，弾性材料，抵抗材料に分類すると考えやすい。

剛性材料サンドイッチパネル　心材のヤング率が $E > 10^9[\text{N/m}^2]$ と大きい場合は，心材が両面の表面材と一体化し，全体が同位相の振動をするので，密実な一重構造と同様な遮音機構を有する。心材によって重量が増すので，TL が増加しやすい反面，全体の曲げかたさが増すので，コインシデンス周波数 f_c が心材によって低音域に移動するが，その欠点は目立たない傾向がある。

弾性材料サンドイッチパネル　心材のヤング率が $E < 10^6[\text{N/m}^2]$ と小さい場合は，心材が表面材をばねでつなぐので，中空構造と同様な遮音機構である

と考えられる．ただし，一般の発泡剤などを心材として用いると低音域での遮音性能が低下することが多い．

抵抗材料サンドイッチパネル 心材がヤング率の十分小さい多孔質吸音材料であるときは，心材部分を伝搬する音波が距離によって減衰する効果と，共鳴透過時の共鳴振動に多孔質材料が抵抗として働く効果が加わり，中空構造の透過損失の周波数特性が全域にわたって改良される．多孔質材料は，断熱材としても働くので，中空構造では，熱と音の遮断効果の改良のため，多孔質材料を挿入することが多い．

高度の遮音性を必要とする場合には，すき間の影響に注意すべきである．

波長より十分大きな開口部では，入射波のエネルギーが全て通過し，$\tau = I_t/I_i = 1$ となる．仮に，TL を 30dB 以上にするには，すき間の面積率を 1/1000 以下にすることが必要である．

従って，$TL > 30$dB の防音扉では，四周が圧密に閉じられるように戸あたりの形とパッキングに注意し，締金物に特殊な工夫が施されている．

7.2 室内音場

室の用途によって，室内の"響き"を調整することは，室内音響において最も大切なことである．それには，室内音場の基礎理論と実際の現象とを結びつけ，コントロールすることが必要となる．室内閉鎖空間の音場は，多くの反射音が重なり合い互に干渉し，非常に複雑な様相を呈することに留意すべきである．

7.2.1 室の形状と固有振動

室内では，様々な方向に進む音波が互に干渉し，定在波を生ずるが，境界条件を満たす特別な定在波のグループ（固有振動モードの集合）のみが許される．各モードはそれぞれ固有の共鳴周波数（固有振動数）を持ち，外力の周波数と一致するとき大きく振動する．図 7.10 のように，各辺の長さが ℓ_x, ℓ_y, ℓ_z の剛壁で囲まれた直方体の室の場合には，3.2.4(2) で述べたごとく，その固有振動数は次式で与えられる．

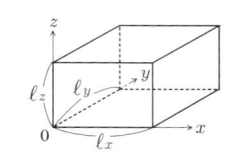

図 **7.10** 直方体室

$$f_\mathrm{n} = \frac{c}{2}\sqrt{\left(\frac{n_\mathrm{x}}{\ell_\mathrm{x}}\right)^2 + \left(\frac{n_\mathrm{y}}{\ell_\mathrm{y}}\right)^2 + \left(\frac{n_\mathrm{z}}{\ell_\mathrm{z}}\right)^2} \quad (7.11)$$

($n_\mathrm{x}, n_\mathrm{y}, n_\mathrm{z} = 0, 1, 2, 3, \cdots$ ただし同時に 0 とはならない。) また対応する音圧振幅の定在波（固有振動モード）は

$$\cos\left(\frac{n_\mathrm{x}\pi x}{\ell_\mathrm{x}}\right)\cos\left(\frac{n_\mathrm{y}\pi y}{\ell_\mathrm{y}}\right)\cos\left(\frac{n_\mathrm{z}\pi z}{\ell_\mathrm{z}}\right) \quad (7.12)$$

と表される。音圧分布の一例を図 7.11 に示す。

異なる整数値 $n_\mathrm{x}, n_\mathrm{y}, n_\mathrm{z}$ の組み合わせに対し f_n が同一となることがあり，これを縮退という。縮退を生じると，固有振動数の分布にむらが生じ，室がある特定の周波数でのみ異常に励振されることになる。これは好ましくない現象であり，室の寸法比が簡単な整数比ほど縮退を生じやすい。図 7.12 は寸法比が異なる室の固有振動数の分布状況を比較した一例である。縮退は低周波域で明瞭に現れるが，高周波域では固有振動の分布はほぼ一様となり縮退は生じない。これは，伝送特性の測定により確かめることができる。図 7.13 に直方体室の伝送特性の一例を示す。

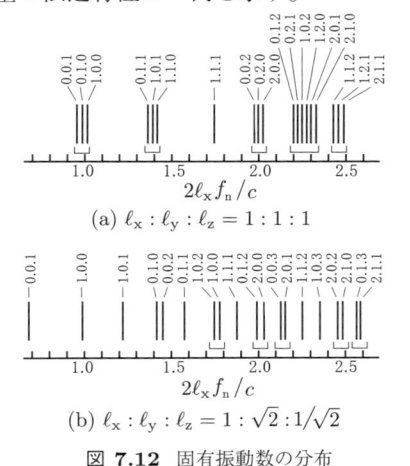

図 **7.11** ノーマルモード

図 **7.12** 固有振動数の分布

図 **7.13** 直方体室（$7.7 \times 4.8 \times 2.8$m）の伝送特性と固有振動モード

♪コラム♪ 干渉と定在波

2つ以上の音波が同時にある点に達すると，互いに強め合ったり弱めたりする。これを干渉という。干渉は反射によっても生じる。例えば下図のように，固い大きな壁（剛壁）に直角にの平面波が入射する場合，入射波の音圧を $p_\mathrm{i} = A\sin(\omega t + kx)$ とすれば，反射波の音圧は $p_\mathrm{r} = A\sin(\omega t - kx)$ で与えられる。（ω は角振動数，k は波数である。）両者を加算すれば，図の実線で示される干渉パターン（定在波）が得られる。このような定在波は 3 次元の閉鎖空間（室内）では無数に生じる。

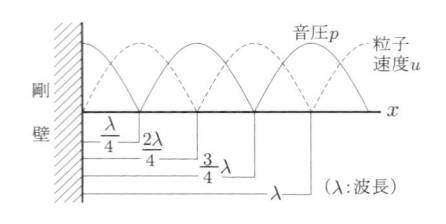

なお，室形を不整形にしたり，壁面を傾けたり，さらには縮退の生じる周波数での有効な吸音にも計画の段階で留意することが望ましい。

(1) 残響時間 室内の音源から放射された音が，音源停止後も室内に余韻として残ることがある。これが残響であり，その継続時間を残響時間という。W.C.Sabine は，ハーバード大学の Fogg 美術館講堂の音響改善に長年従事し，残響が室内音響を評価する最も基本的な要素であることを見出した（1895 年）。また，幾何音響学的考察により，残響時間の基礎理論を展開した。Sabine の理論は，主要な 2 つの仮定，拡散音場と，室内音の変化の時間的な連続性に基づいている。拡散音場とは，室内の音響エネルギー密度が均一に分布し，かつどの点においても，音のエネルギーの流れ（音の強さ）があらゆる方向について等しいとする理想的な音場をいう。拡散音場では室表面の単位面素 dS に 1 秒間に入射するエネルギー I_N は図 7.14 を参照すれば以下のように求められる。

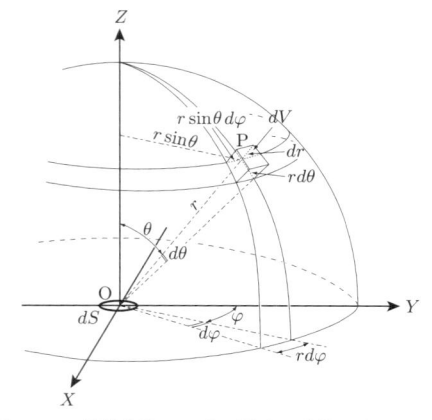

図 **7.14** 拡散音場における周壁の単位面素への入射

7.2. 室内音場

$$I_\mathrm{N} = \int dI_\mathrm{N} = \int \frac{E\cos\theta}{4\pi r^2} dV$$
$$= \frac{E}{4\pi} \int_0^{\frac{\pi}{2}} \cos\theta \sin\theta d\theta \int_0^{2\pi} d\varphi \int_0^c dr$$
$$= \frac{E \cdot c}{4} \tag{7.13}$$

ここに，E は音響エネルギー密度，c は音速である。

残響時間は，定常状態にある室内音の平均音響エネルギー密度が音源停止後100万分の1に減少するまでの時間をいう。すなわち，室内の平均音圧レベルが60dB減衰するのに要する時間 [s] であり，室の音響特性を表す基本的なパラメータとされている。

1) Sabine の残響式 容積 V の室内に音響出力 W の音源があって，一定の音を発生しているものとする。拡散音場を仮定して，まず定常状態における音響エネルギー密度 E_s を求める。室の全周壁に入射するエネルギーは $cE_sS/4$，吸音されるエネルギーは $cE_sS\bar{\alpha}/4$ であり，室に音源から単位時間に供給されるエネルギー W とバランスしていることから

$$E_s = \frac{4W}{cS\bar{\alpha}} = \frac{4W}{cA} \tag{7.14}$$

が得られる。ただし，S は室表面積，$\bar{\alpha}$ はその平均吸音率であり，$A = S\bar{\alpha}$ は室の吸音力である。

次に，音源を停止し，減衰過程について考える。t 秒後のエネルギー密度を $E(t)$ とすれば，室内のエネルギー変化（単位時間あたりの減少量）は $-(dE(t)/dt)\,V$ と表され，周壁（室表面）から吸収されるエネルギー $E(t)cA/4$ と等しいことから次式が成り立つ。

$$\frac{1}{E(t)} dE(t) = -\frac{cA}{4V} dt \tag{7.15}$$

両辺を積分し，$E(0) = E_0 = 4W/cA$ とおけば，いわゆる Sabine の減衰式

$$E(t) = \frac{4W}{cA} e^{-(cA/4V)t} \qquad (t \leq 0) \tag{7.16}$$

が得られる。これより $E(T)/E(0) = 10^{-6}$ なる定義に従い残響時間 T[s]

$$T = \frac{24V}{cA}\log_e 10 = K\frac{V}{A} \tag{7.17}$$

$$(K = \frac{24}{c}\log_e 10 = \frac{55.26}{c} \simeq 0.162)$$

が求められる。

♪コラム♪ セービン（W. C. Sabine）の考え方

ウォーレス セービン（1868-1919）は，ボストンシンフォニーホールの音響設計に際し，ウィーンのムジークフェラインザールの客席数（1680 名）と比べ，1.6 倍の客席数（2625 名）のこのホールの室容積を 1.3 倍とすることを提唱し，実施設計がなされている。いずれもシューボックス形のコンサート専用ホールであるが，残響時間を短めにすることで，このホールがクラシック音楽の演奏により対応した"響き"のホールとなることを計画したのである。

---

2)Eyring の残響式 Sabine の残響時間は，吸音力 A の小さい室では実測値とよく合うが，吸音力 A が大きくなるにつれ実測値より大きく算出される。そこで C.F.Eyring は，Sabine が連続的にとらえた音の減衰過程を，まず直接音が消え，次に第 1 回反射音，第 2 回反射音 $\cdots$ と順次不連続に消えていくと考え，残響式を導いた。

さて，定常状態における室内の音響エネルギー密度は，直接音及び第 1 回反射音，第 2 回反射音，$\cdots$ など全ての寄与の和で与えられる。室空間での音の平均自由行程 d（室表面での反射と反射の間に進む平均の距離）は室容積 V[m^3] と室表面積 S[m^2] により

$$d = 4\frac{V}{S}[\text{m}] \tag{7.18}$$

と表され，音は室表面と τ 秒

$$\tau = \frac{d}{c} = 4\frac{V}{cS} \quad [\text{s}] \tag{7.19}$$

ごとに反射をくり返す。従って直接音，第 1 回反射音，第 2 回反射音，$\cdots$ のエネルギー密度は，$W\tau/V, W\tau(1-\bar{\alpha})/V, W\tau(1-\bar{\alpha})^2/V, \cdots$ で表され，定常状

態における室のエネルギー密度は，これらの総和として

$$\frac{W\tau}{V} + \frac{W\tau(1-\bar{\alpha})}{V} + \frac{W\tau(1-\bar{\alpha})^2}{V} + \cdots = \frac{W\tau}{V\bar{\alpha}} = \frac{4W}{cA}(=E_s) \quad (7.20)$$

となり，式 (7.14) と一致する。

音源停止後の減衰過程では，直接音，第 1 回反射音，第 2 回反射音，$\cdots$ と τ 秒間隔で順次消滅していく。t 秒後には，反射回数 $n(=t/c)$ 以上の反射音が残ることになり，室のエネルギー密度は

$$E(t) = \frac{W\tau(1-\bar{\alpha})^n}{V} + \frac{W\tau(1-\bar{\alpha})^{n+1}}{V} + \frac{W\tau(1-\bar{\alpha})^{n+2}}{V} + \cdots \quad (7.21)$$

$$= E_s(1-\bar{\alpha})^n \quad (7.22)$$

と表される。

t 秒間に壁で反射する回数は，$n = ct/d = (cS/4V)t$ であるから

$$E(t) = E_s(1-\bar{\alpha})^{c(S/4V)t} \quad (7.23)$$

$$= E_s e^{c(St/4V)\log_e(1-\bar{\alpha})}$$

となる。これが Eyring の減衰式であり，E_s が 60dB 降下するまでの残響時間 T[s]は，次式で与えられる。

$$T = \frac{KV}{-S\log_e(1-\bar{\alpha})} \simeq \frac{KV}{-2.3S\log_{10}(1-\bar{\alpha})} \quad (K \simeq 0.162) \quad (7.24)$$

なお，Eyring の減衰式は，$\bar{\alpha} \ll 1$ の場合には，$-\log_e(1-\bar{\alpha}) \simeq \bar{\alpha}$ となり，前述の Sabine の残響式と一致する。

3) Eyring-Knudsen の残響式　Knudsen は，音波の媒質である空気による吸音が無視できない場合に対して，次式を提案している。

$$T = \frac{KV}{-S\log_e(1-\bar{\alpha}) + 4mV} \quad (7.25)$$

ここで，m は空気吸音による減衰率 [m^{-1}] である。図 8.4 に温度 20°C における相対湿度と減衰率との関係を示す。空気吸音による減衰率は 2kHz 以上で考慮する必要がある。1kHz 以下では m は非常に小さく無視できる。

4) 室内音場分布　表面積 S，平均吸音率 $\bar{\alpha}$ の室内に，音響出力 W の無指向性音源があるとき，室内の定常状態の音場分布を，音源からの直接音のエネルギー密度 E_d と拡散音のエネルギー密度 E_r の和として考える。直接音のエネルギー密度 E_d は，音源からの距離を r とすると

$$E_\mathrm{d} = \frac{I_\mathrm{d}}{c} = \frac{W}{4\pi r^2 c} \tag{7.26}$$

ただし，I_d は直接音の強さ $[\mathrm{W/m^2}]$ である。

拡散音のエネルギー密度を E_r とすれば，毎秒壁面で吸収されるエネルギーは $E_r c S \bar{\alpha}/4$ であり，毎秒反射音に供給されるエネルギー $W(1-\bar{\alpha})$ とバランスしていることから

$$E_\mathrm{r} = \frac{4W(1-\bar{\alpha})}{cS\bar{\alpha}} \tag{7.27}$$

が得られる。

従って，音源から $r[\mathrm{m}]$ 離れた点でのエネルギー密度 E は

$$E = E_\mathrm{d} + E_\mathrm{r} = \frac{W}{4\pi r^2 c} + \frac{4W(1-\bar{\alpha})}{cS\bar{\alpha}} = \frac{W}{c}\left\{\frac{1}{4\pi r^2} + \frac{4(1-\bar{\alpha})}{S\bar{\alpha}}\right\} \tag{7.28}$$

で求められ，エネルギー密度のレベル L_E は，基準エネルギー密度を E_0 とおき

$$L_\mathrm{E} = 10\log_{10}\frac{E}{E_0} = L_\mathrm{W} + 10\log_{10}\left\{\frac{1}{4\pi r^2} + \frac{4(1-\bar{\alpha})}{S\bar{\alpha}}\right\} \tag{7.29}$$

と表される。ここに，$L_\mathrm{W} = 10\log_{10}(W/10^{-12})$ は音源のパワーレベルである。

音源が指向性を持つ場合には，その指向係数を $Q_{\theta\varphi}$ とすれば上式は

$$L_\mathrm{E} = L_\mathrm{W} + 10\log_{10}\left(\frac{Q_{\theta\varphi}}{4\pi r^2} + \frac{4}{R}\right) \tag{7.30}$$

となる。なお，$R = S\bar{\alpha}/(1-\bar{\alpha})$ は，音源に無関係で室の計画に関係する値であることから，室定数と呼ばれる。吸音性の室では R は大きく，反射性の室では小さい。

$Q_{\theta\varphi} = 1$（無指向性音源）の場合，式の右辺第 2 項を R をパラメータとして図 7.15 に示す。たとえ音源自体は無指向性 ($Q_{\theta\varphi} = 1$) であっても，音源の設置位置により $Q_{\theta\varphi}$ は図 7.16 のようになる。$Q_{\theta\phi}$ が 1 以外の場合には，$r' = r/\sqrt{Q_{\theta\phi}}$ として図 7.15 を用いる。

図 **7.15** 音場分布

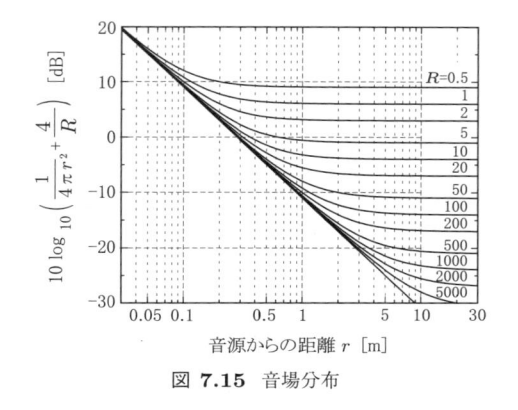

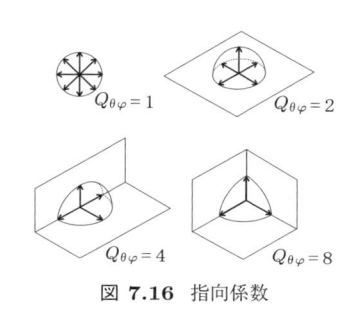

図 **7.16** 指向係数

7.3 室内の音を楽しむために

室内で音を楽しむためには，外部からの音の侵入を防ぐ必要がある。それには，空気伝搬音と固体伝搬音の制御，即ち，遮音が有効である。また，室内で発生する音の制御と室外から侵入する音の制御には，吸音処理が有効である。以下，これらについて概説する。

7.3.1 室外からの騒音の制御

(1) 空気伝搬音の制御（遮音） 図 7.17 のように，間仕切壁が透過損失の異なった N 個の部分からできており，各々の面積を S_i，透過率を τ_i とする $(i=1,2,\cdots,N)$。音源室と受音室のエネルギー密度をそれぞれ E_1, E_2，受音室の吸音力を A とすれば，間仕切壁を透過するエネルギーは $(c/4)E_1\sum_i S_i\tau_i$ と表される。定常状態ではこのエネルギーが受音室で吸収されるエネルギー $(c/4)E_2A$ に等しいことから

$$\frac{c}{4}E_1\sum_{i=1}^{N}S_i\tau_i = \frac{c}{4}E_2A \quad (7.31)$$

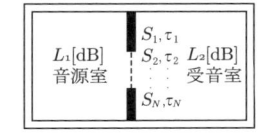

図 **7.17** 隣室からの音の透過

となる。この式の両辺を $S=\sum_i S_i$ で割り，対数で表せば，いわゆる総合透過損失 $L_{\mathrm{TL-T}}$

が得られる。また、遮音度 N.I.F.（Noise Insuration Factor）は音源室と受音室との平均レベル差により、次式で求められる。

$$L_{\mathrm{TL-T}} = 10\log_{10}\left(S/\sum_{i=1}^{N} S_i\tau_i\right) = 10\log_{10}\frac{E_1}{E_2} + 10\log_{10}\frac{S}{A} \quad [\mathrm{dB}] \quad (7.32)$$

$$N.I.F. = L_1 - L_2 = L_{\mathrm{TL-T}} + 10\log_{10}\frac{A}{S} \quad [\mathrm{dB}] \quad (7.33)$$

このほかの音波の入射条件（例えば、戸外から室内、室内から戸外など）については、式 (7.31) を各場合について適宜修正すればよい。例えば、戸外から室内の場合には、垂直入射を想定し、次式を得る。

$$cE_1\sum_{i=1}^{N} S_i\tau_i = \frac{c}{4}E_2 A \quad (7.34)$$

$$\begin{aligned}L_{\mathrm{TL-T}} &= 10\log_{10}\frac{E_1}{E_2} + 10\log_{10}\frac{S}{A} + 6 \\ &= L_1 - L_2 + 10\log_{10}\frac{S}{A} + 6 \\ & \qquad\qquad [\mathrm{dB}] \quad (7.35)\end{aligned}$$

なお、開口部・隙間からの音の漏えいは非常に大きく、小さな隙間も遮音上問題となることが多く、注意を要する（7.1.2 参照）。音源室の平均音圧レベルと受音室の平均音圧レベルとの差を 1/1 オクターブごとに測定し、測定結果を図 7.18 にプロットし、全てが上回る D 値により隔壁の遮音等級が求められる。

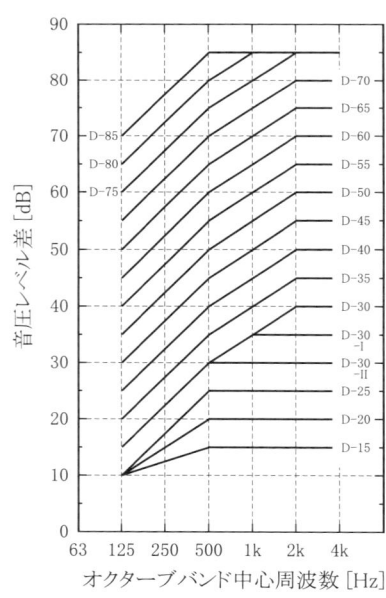

図 7.18 音圧レベル差に関する遮音等級

(2) 固体伝搬音の制御（床衝撃音） 振動や衝撃が構造体を縦波、せん断波（曲げ波）、表面波などの形で伝搬し、建物の各所において室内外表面から放射される

音をいう。固体音の減衰は図 7.19 に示すように極めて小さい。また，いったん構造体に伝わった固体音の遮断方法は，いずれも構造上の欠点となりやすく，その対策の実施は困難である。中でも，集合住宅，マンションなどで苦情が多い床衝撃音の制御は重要な課題である。床衝撃音には，足音（靴音）のような軽量床衝撃音と，飛び跳ね音（落下音）のような重量床衝撃音とがある。それぞれの衝撃源として，軽量床衝撃音についてはタッピングマシーン，重量床衝撃音についてはバングマシーンやインパクトボールが採用されている。上階室の床に衝撃を与えたときの下階室での 1/1 オクターブ毎の音圧レベルを測定し，その結果を図 7.20 にプロットし，全てのレベルが下回る L 値により遮音等級が求められる。

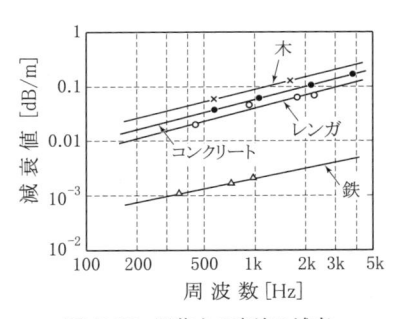

図 7.19 固体中の音波の減衰

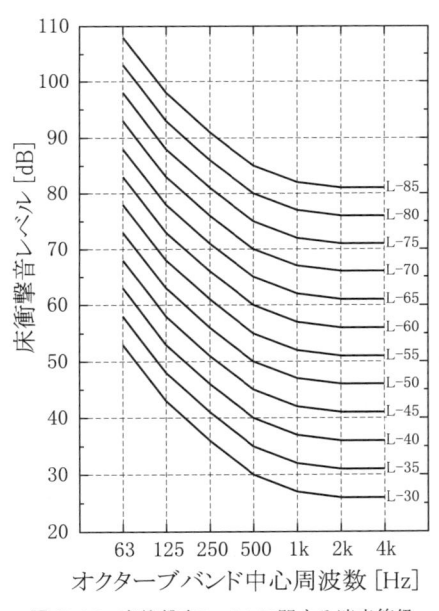

図 7.20 床衝撃音レベルに関する遮音等級

7.3.2 室内の音の制御

(1) 吸音処理と効果　室内の音や室内に侵入した音は，室内表面で反射を繰り返すことにより，初めは増幅されるが，ついには，減衰して消えてゆく。従って，吸音処理の多少が室内音の制御の鍵を握る。音楽を楽しむためには，吸音処理があまり過多となると，響きが不足し，音楽が乾いたものとなるので，吸音処理は控える方がよい。逆に，静穏な生活を送るためには，吸音処理が必要である。い

ずれにせよ吸音処理を適切に行うことが大切である。

吸音処理の効果は，室内表面積を S，室容積を V，室定数 R（吸音力を A）とすると，次のように表すことができる。

$$\Delta L = 10 \log_{10} \left\{ \left(\frac{Q_{\theta\phi}}{4\pi r^2} + \frac{4}{R_1} \right) / \left(\frac{Q_{\theta\phi}}{4\pi r^2} + \frac{4}{R_2} \right) \right\} \quad [\text{dB}] \quad (7.36)$$

ここに，吸音処理前の室定数 $R_1 = A_1/(1-\alpha_1)$，吸音処理後の室定数 $R_2 = A_2/(1-\alpha_2)$ である。

従って，吸音力 A_1, A_2 から室定数 R_1, R_2 を求め，上式に代入すれば吸音力の効果 ΔL（dB 差）を求めることができる。同様に，室内音場分布の図 7.15 の音源からの距離を決めて，室定数を与えることにより，室定数の差異から，その距離での ΔL（吸音力の効果）を求めることができる。音源からの距離 r によって，ΔL は異なることに留意すべきである。

7.3.3 室内における騒音の評価指標

居間や寝室，教室や図書館，スタジオやホール，事務室やレストラン等々，室（建物）には，その使用目的に応じた「静けさ」が要求される。室内の騒音を計測し，その是非を評価する方法が過去の調査や経験を踏まえ提案されている。ここでは，代表的な方法である NC 曲線と NR 曲線による室の騒音評価について述べる。

(1) NC 曲線 NC 曲線は騒音の会話妨害レベル（SIL:Speech Interference Level）をもとに Beranek が提案したもので，定常騒音をオクターブ分析した値を図 7.21 にプロットし，その NC 値の最大値によって評価する。

(2) NR 曲線 図 7.22 の NR 曲線は，国際標準化機構（ISO）が NC 曲線を基に一般化したものであり，定常騒音の評価や騒音対策の指針によく使用される。表 7.4 は純音や衝撃音，時間帯や季節などに対する補正値である。補正後の NR 数に対する諸室の許容値を表 7.5 に示す。なお，NR 数の求め方は上記 NC 値の求め方と同様である。

7.3. 室内の音を楽しむために

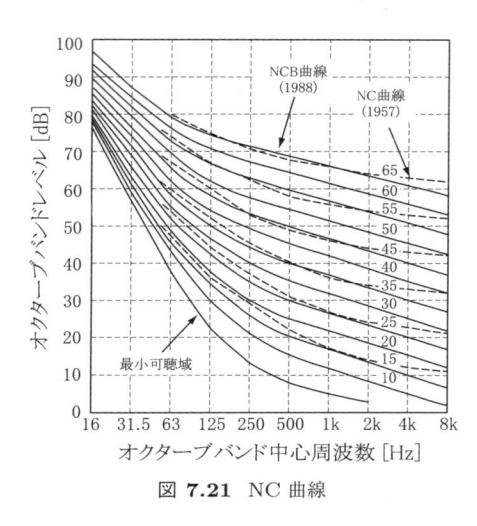

図 7.21 NC 曲線

図 7.22 NR 曲線

表 7.4 うるささを評価するための NR 数の補正値

要因	条件	補正 NR 数
スペクトル	純音	+5
	広帯域音	0
ピークファクター	衝撃音	−5
	非衝撃音	0
繰り返し性	連続	0
	10 - 60 回/時	−5
	1 - 10 回/時	−10
	4 - 20 回/日	−15
	1 - 4 回/日	−20
	1 回/日	−25
慣れ	慣れていない	0
	多少の慣れがある	−10
時刻	夜間のみ	+5
	昼間のみ	−5
季節	夏	0
	冬	−5
暗騒音	静かな郊外	−5
	郊外	0
	住宅地	−5
	工場の近くの市街地	−10
	重工業地帯	−15

表 7.5 NR 数に対するうるささの許容値

補正後の NR 数	適合する室の例
20 - 30	寝室・病室・居間・会議室・小事務室・教室・劇場・教会・映画館・コンサートホール・テレビスタジオ・
30 - 40	大会議室・商店・デパート・静かなレストラン
40	思慮を要する作業に対する平均的限界
40 - 50	大きなレストラン・事務機器のある事務室・体育館
50 - 60	広いタイプの室
60	通常の事務室での平均的限界
60 - 70	作業場

7.4 ホールの室内音響計画

7.4.1 ホールの室内音響評価指標

建物や室は，その用途により，それぞれ異なった音響的機能が要求される。建物や室の配置や形状，材料や内装などを音響的見地から検討し，用途に適合した音響空間をデザインする必要がある。なかでも音楽専用ホールは，その目的，規模や内容から音響設計の目玉である。その設計指針としては，通常

1. 音量感が十分に得られること
2. 適度な残響があること
3. 音の分離の良さ，音に包まれた感じ，主観的好ましさ（拡がり感）があること
4. 音響的欠陥（音の焦点，エコーなど）がないこと
5. 遮音性能が十分高いこと（外部からの騒音や振動の影響を受けないこと）

が挙げられる。

以下では，まずコンサートホールなどの室内の音響を評価するのに用いられる諸量について概説する。

(1) 明瞭度 講堂や教室など音声の聴き取り易さを評価するための明瞭度は，無意味な音節，たとえばミュ，ピャ，デュ，… のような音節リストを標準テープによって室内の聴取者に聴かせ，正しく聴取された音節の割合（PA：Percentage Articulation）を％で表示するものであり，音節明瞭度と呼ばれる。その室の音声に対する性能を評価する最も直接的な試験である。

明瞭度（PA）は，主に音声の平均レベル，残響時間，騒音，室形に依存するものであり，それぞれの係数を k_i, k_r, k_n, k_s とすると次式のようになることが実験で求められている。

$$PA = 96 k_i k_r k_n k_s \quad [\%] \tag{7.37}$$

また，意味のある単語や文章に対しては文章了解度（Intelligibility）があり，最近では，明瞭度の評価量として STI（Speech Transmission Index）や $RASTI$（Rapid STI）を用いることが多くなっている。

7.4. ホールの室内音響計画

(2) 音量（Strength）G　音量はコンサートを聴く場合に最も基本的な条件であり，音量の大きいホールは一般に良い評価を与えられる。音源の出力を一定とすると，客席での音量，即ち，室内の定常状態の音響エネルギー密度は，残響時間に比例し，室容積に反比例する。従って，我が国の多目的ホールのように大空間で客席数が多い会場がコンサートホールとして使用される場合には，音量感の不足が問題となることが多い。J.Meyer がウィーンのムジークフェラインザールの平均エネルギー密度を基準としてホールの評価をしている[8]が，同じ方法で永田が国内外の代表的なホールの平均エネルギー密度の比較を行った結果を図 7.23 に示す[9]。また，音楽の種類と経験的に適切とされる音量との関係を図 7.24 に示す。

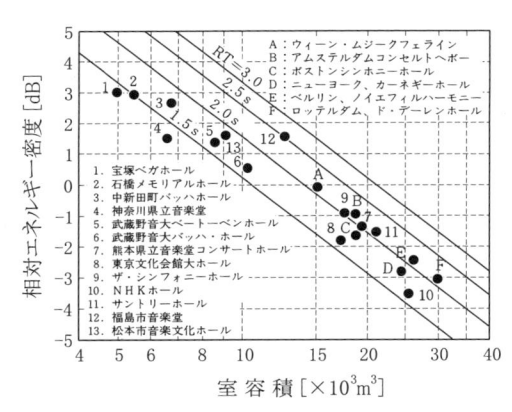

図 7.23 平均エネルギー密度と室容積

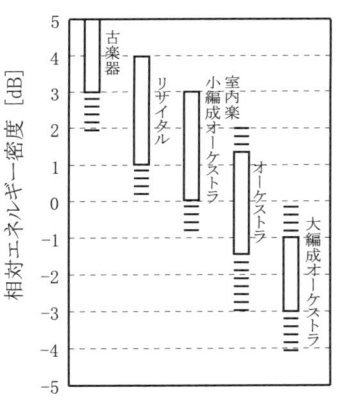

図 7.24 音量からみて好ましい演奏種目

(3) 残響時間（Reverberation Time）T　室内で発せられた音は，音源が停止した後も室内に余韻として残る。これを残響という。W.C.Sabine は定常状態における音のエネルギーが音源停止後百万分の 1 になるまでの時間 [s] と定義した。式 (7.17) の残響時間は室容積に比例し，室内の吸音力に反比例する。室内の吸音力は周波数により変化するが，500Hz における最適残響時間が室容積との関係で種々提案されている（図 7.25）。

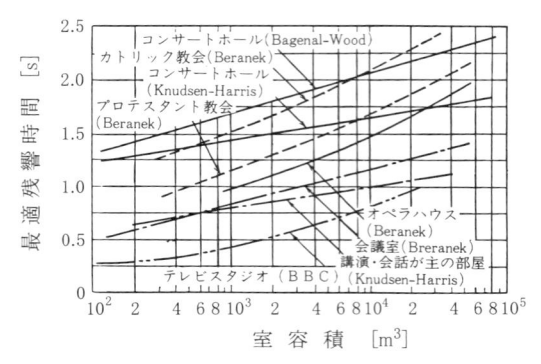

図 **7.25** 最適残響時間と室容積（500Hz）

(4) 初期反射音（Initial Reflection） L.L.Beranek は世界各国の主要なホールを調査し，直接音に対する遅れが 50ms 以内（特に，35ms 以内）の反射音は直接音を補強し，親密さ（Intimacy）を増す効果があることに注目し，ホールの音響設計上，最も重要な要素であると結論している[10]。他方，50ms 以上遅れて到達する明瞭な反射音は，エコーとして検知され，その発生はさけるようにすべきである。この初期反射音に関連して D 値，RR 値，C 値 など種々の評価量が提案されている。

D 値（**Definition**） 放射インパルスに対する初期反射音（0～50ms）のエネルギーと残響音を含む全エネルギーとの比であり，スピーチの明瞭度に関連する尺度であり，Thiele により次式のように定義されている[11]。

$$D = \int_0^{50\text{ms}} p^2(t)dt \Big/ \int_0^{\infty} p^2(t)dt \tag{7.38}$$

$p^2(t)$: 音のエネルギー（全方向）

$R.R$ 値（**Room Response**） 側方反射音の寄与の程度を示し，音に包まれた感じを表す尺度であり，Jordan により次式のように定義されている。

$$R.R = 10\log_{10}\left(\int_{25\text{ms}}^{80\text{ms}} p_s^2(t)dt \Big/ \int_{80\text{ms}}^{160\text{ms}} p^2(t)dt\right) \tag{7.39}$$

$p_s^2(t)$: 側方音のエネルギー

C 値（**Clarity**）　音の透明感・楽器の音の分離の良さを表す尺度であり，$R.R$ 値と同じく Jordan により次のように定義されている。

$$C = 10\log_{10}\left(\int_0^{80\text{ms}} p^2(t)dt \Big/ \int_{80\text{ms}}^{\infty} p^2(t)dt\right) \tag{7.40}$$

(5) 指向拡散度　観測点に入射する音のエネルギーの大きさと方向を"はりねずみ"の形で表したものであり，パルス音源に対するはりねずみの時間変化を見れば，エコーに関する情報をも得ることができる。

(6) 両耳間相互相関係数（$IACC$）　左右の耳に到達する音圧波形の間の相関の制度を表し，音場の「拡がり感」や「室空間の印象（Spatial impression）」に関する尺度とされる。主観的好ましさ（Preference）との関連性についても明らかにされている。両者の関係の一例（実測結果）[13] を図 7.26 に示す。$IACC < 0.5$ であることが望ましいとされている。従って，最も有効な反射音の方向は，聴取者の正中面から ±55° 付近であることが知られる。

以上の評価量の他にも，側方反射音のレベル L_s などが提案されている。また，評価量とはいえないが，近接 4 点法による仮想音源分布や初期反射音（0〜50ms）の指向性パターンなどの空間情報の把握が行われている [14]。

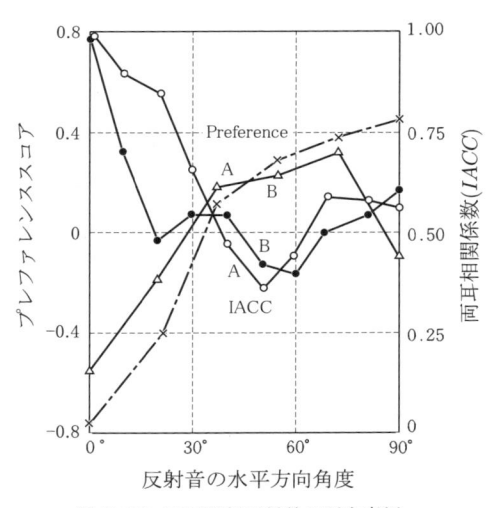

図 **7.26**　両耳間相関係数の測定事例

7.4.2　ホールの形状・規模

古今東西のホールにはいろいろな形状・規模のものがある。形状的には，シューボックスと呼ばれる直方形ホール，扇形・円形などの準扇形ホール及び舞台が中

央にあるアリーナ形ホールに3分類される。

(1) 直方形（シューボックス形）ホール　ウィーンのムジークフェラインザールに代表される長方形の平面で平坦な床と高い天井をもつホールの総称である。我が国では，従来直方形のホールは少なかったが，最近多くなってきている。

このタイプのホールは奥行きに比べ幅（側壁間の距離）が小さく，初期の側方反射音を得るのに適している。ただし，初期側方反射音が客席に吸収されるため，場所により音量感や残響感の差が生じる可能性もあり，注意を要する。特に，ホールの規模が大きくなると，その傾向が顕著となるようである。

(2) 準扇形ホール　客席数の増加に伴うホールの大型化により，我が国の多目的ホールに多く見られる。初期の側方反射音の不足により"親密さ"の欠如を招き易く，聴衆の数に対して室容積の小さいホールでは，聴衆の吸音により残響感，音量感の低下が認められる場合も多い。また，壁面の拡散処理を怠ると，エコーの発生が憂慮され，コンサート専用ホールの形状としては原則的には望ましくない。しかし，綿密に壁面の拡散処理を行い，天井から吊り下げられた反射板などを利用することにより，良好な音響効果をあげることも可能である。

(3) アリーナ形ホール　アリーナ形のホールは，舞台と客席との間を隔てるプロセニアムアーチなどがなく，舞台を取り囲む形で客席が配置されているものをいう。アリーナ形には，バルコニー方式とワインヤード方式があり，1963年に竣工したベルリンのフィルハーモニーホールはワインヤード方式の最初のホールである。ワインヤード（ブドウ畑）方式は，客席を小分割して段々畑のように配置し，小ブロック毎に腰壁（垂れ壁）を設け，そこからの反射音（初期反射音）を下部の客席に与えるために利用するものである。このタイプのホールの音響上の特徴は，舞台から客席までの平均距離が比較的小さくできるので，視覚的な効果も加わって，場所による音量感の差が少ないこと，近接した腰壁（垂れ壁）と舞台上部の反射板からの初期反射音により音響的親密さが保たれると考えられる。ワインヤードの配置とともに，その腰壁と舞台上部の反射板の音響設計が極めて重要である。

♪ コラム ♪ **聴衆 1 人当たりの室容積**

各種オーディトリアムの 1 席当たりの室容積については，下表に示されるような Doelle による推奨値がある．室形計画と客席配置が決定した時点で，天井高を決めるのに使用される．

オーディトリウムの種類	1 席当たりの室容積 [m^3]		
	最 小	最 適	最 大
講 義 用	2.3	3.1	4.3
コンサートホール	6.2	7.8	10.8
オ ペ ラ 劇 場	4.5	5.7	7.4
多目的ホール	5.1	7.1	8.5
映 画 館	2.8	3.5	5.1

7.4.3 ホールの音響性能評価

Kuhl による側壁間の距離と $IACC$ との関係を図 7.27 に示す[15]．側壁間の距離が大きくなると，直方形の長所が失われることがわかる．

側方反射音のレベル L_S については，Wilkens が平面形として特色ある 6 つのホールについて測定しており，その結果を図 7.28 に示す[17]．L_S は直方形のホールで大きく，扇形，円形のホールで小さい．また，アリーナ（ワインヤード）形のベルリンフィルハーモニーでの値が直方形のホールに劣らない値を示していることは，反射面の設計が適切であったことを示すものである．

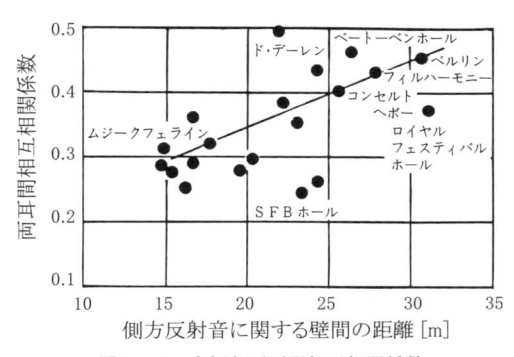

図 7.27 室幅と両耳間相互相関係数

世界の主要なコンサートホールについての調査結果と音楽家や聴衆の評価をもとに，L.L.Beranek は室内音響の物理的・心理的要素を表 7.6 のように選定し，各要素について重み付けを行い，その和（100 点満点）を求めることにより総合評価を与えている[18]。特に 35ms 以内の初期反射音は，聴衆に親密さをもたらすことから非常に重要であるとして，最も高い評価点を与えている。

各要素の重み付けは異なるもののオペラハウスについても同様の評価を行っている。

ヴィパータル市民ホール
$V \doteqdot 25000\text{m}^3$
$L_s = 10.5\text{dB}$

ベルリン・フィルハーモニ
$V \doteqdot 26000\text{m}^3$
$L_s = 7.5\text{dB}$

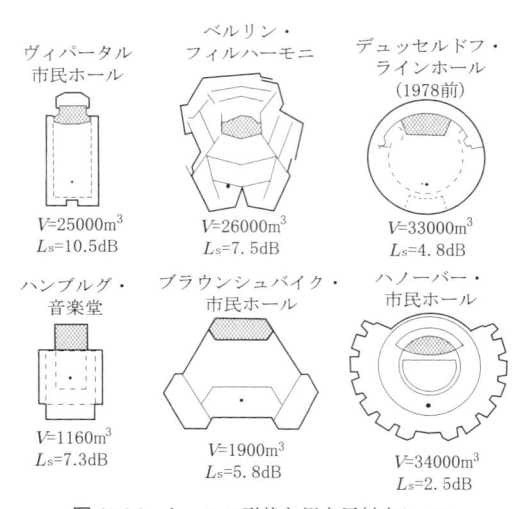

デュッセルドフ・ラインホール（1978前）
$V \doteqdot 33000\text{m}^3$
$L_s = 4.8\text{dB}$

ハンブルグ・音楽堂
$V \doteqdot 1160\text{m}^3$
$L_s = 7.3\text{dB}$

ブラウンシュバイク・市民ホール
$V \doteqdot 1900\text{m}^3$
$L_s = 5.8\text{dB}$

ハノーバー・市民ホール
$V \doteqdot 34000\text{m}^3$
$L_s = 2.5\text{dB}$

図 **7.28** ホールの形状と側方反射音レベル

7.4.4　ホールの音響特性に関する予測（音響シミュレータ）

ホールの音響特性は，最近ではコンピュータによって容易に求められ，音響設計の段階でのホールの形状・規模の決定に際用いられている。さらに，現在では，音場合成装置の開発が進み，実際の音楽信号を対象とする音場の評価に適用できるまでになってきている[19]。

表 7.6 Beranek によるコンサートホールの室内音響総合評価

項目	評価基準
親密感 INTIMACY 初期反射音の時間遅れ	評価点: 0　10　20　30　[40] t_1 ms: 70　60　50　40　30　20　0
残響感 LIVENESS 満席時の中音域の残響時間	評価点: 0　2　4　6　8　10　12　[15] 14　12　10　8　6 ロマン派音楽: 1.4 1.5 1.6 1.7 1.8 1.9 2.0 2.1 2.2 2.3 2.4 2.5 2.6 2.7 標準: 1.1 1.2 1.3 1.4 1.5 1.6 1.7 1.8 1.9 2.0 2.1 2.2 2.3 2.4 古典音楽: 0.8 1.0 1.1 1.2 1.3 1.4 1.5 1.6 1.7 1.8 1.9 2.0 2.1 2.2 バロック音楽: 0.7 0.8 0.9 1.0 1.1 1.2 1.3 1.4 1.5 1.6 1.7 1.8 1.9 2.0 満席時500〜1,000Hzの残響時間
暖かさ WARMTH 125Hzと250Hzの残響時間の平均値に対する中音域の残響時間の比	評価点: 1　3　5　7　9　11　13　[15]　13　11　9 0.85 0.90 0.95 1.00 1.05 1.10 1.15 1.20 1.25 1.30 1.35 1.40 1.45 $(T_{125}+T_{250})/2T_{500-1000}$
直接音の大きさ LOUDNESS OF THE DIRECT SOUND バルコニー席に着いては下の表A参照	評価点: 0　1　2　3　4　5　6　7　8　9　[10]　9　8　7 160 150 140 130 120 110 100 90 80 70 60 50 40 30 コンサートマスターから聴衆までの距離[m]
残響音の大きさ LOUDNESS OF THE REVERBRANT SOUND $T \equiv T_{500-1000Hz}$, $V \equiv$ 室容積[m³]	評価点: 2　3　4　5　[6]　5　4　3　2 0　1.0　2.0　3.0　4.0　5.0　6.0 $L = 35335600 \times (T/V)$
拡散 DIFFUSION 壁面及び天井面の不規則性	評価点: 0　1　2　3　[4] なし　　幾らか　　十分
バランスと融合 BALANCED AND BLEND オーケストラの楽器間のバランス	評価点: 2　3　4　5　[6] POOR　　FAIR　　GOOD
アンサンブル ENSEMBLE 演奏者間の各楽器のきこえの良さ	評価点: 0　1　2　3　[4] 困難　　中間　　楽
その他 OTHER FACTORS エコー, 騒音, ひずみ	エコー, 騒音, ひずみ補正値 欠陥の量　補正量 なし　　　0 若干　　　-5 相当　　　-10 良くない　-15〜-50 表A バルコニーにおける直接音の大きさ 35m秒以下の時間遅れの好ましい反射音に対し 二つのバルコニー面から　　　+2 二つの側壁から　　　　　　+4 天井からの強い反射　　　　+4 最大点　　　　　　　　　　+8 直接音の大きさに対する最大点　10

> ♪コラム♪ **無響室と残響室（不思議な部屋）**
>
> 　音の基礎実験には，反射音のない無響室及び反射音が充満した残響室と呼ばれる特殊な部屋が用いられる。
>
> 　無響室は，遮音性能の高い外壁で仕切られ，かつ，防振構造として浮き床となっており，室内表面が全て完全吸音面に近い，例えば，楔（くさび）形吸音体（吸音楔）のようなもので仕上げられている。したがって，無響室内は自由音場として扱われ，スピーカー，電化製品，設備機械類，自動車など音源となる装置についての音響特性を測定するのに使用される。
>
> 　残響室は，やはり，遮音性能の高い外壁で仕切られた多角形の構造を有し，室内表面が全て完全反射面に近い，例えば，大理石やコンクリート（表面モルタルこて研き）などで仕上げられ，反射音の充満した空間は拡散音場として扱われる。残響室は，建築材料の吸音特性（吸音率）や，2つの残響室の間の開口部に建築材料を挟むことにより，建築材料の透過損失の測定をするのに使用される。

課題・演習問題

1. 入射波と反射波を加算・合成し，コラムに示される定在波（干渉パターン）を求めよ。

2. 奥行き 34m，幅 19m，天井高 11m の室（オーディトリアム）がある。天井，床，両側壁，前壁（舞台反射板），後壁の 500Hz の吸音率が，それぞれ 0.15，0.10，0.20，0.10，0.70 であるとき，Eyring の残響式により，残響時間（500Hz）を求めよ。ただし，収容人員は 500 名（1 人当たりの吸音力を 500Hz で 0.40m^2 とする）とし，80% 収容時について求めること。

3. 問 2 の 19m × 11m の壁の一方が外部の 90dB の騒音（500Hz）にさらされている。室内の許容騒音レベル（500Hz）を 27dB とするとき，この外壁の所要透過損失を求めよ。また，この外壁をコンクリート壁（2400kg/m^3）とすると何 cm 以上の壁厚が必要か計算せよ。

参考図書等

1) 公害防止の技術と法規編集委員会編, 新・公害防止の技術と法規 2008 騒音・振動編 (産業環境管理協会, 2008).
2) 小島武男, 中村 洋編, 現代建築環境計画 新建築学叢書 (オーム社, 2008).
3) 日本音響材料協会編, 騒音・振動対策ハンドブック (技報堂出版, 1966).
4) 子安 勝, 建築用吸音材料 (技術書院, 1972).
5) 久我新一, 建築用遮音材料 (技術書院, 1974).
6) 日本建築学会編, 建築物の遮音性能基準と設計指針 (技報堂出版, 1997).
7) 前川純一, 建築音響 (増訂版) (共立出版, 1978).
8) J.Meyer, *Akustik und Musikalische Auffuerungspraxis* (Verlag Das Musikinstrument Frankfurt am Main, 1980).
9) 永田 穂, "ホールの規模 形状と音響効果," 日本音響学会誌 **43**(2), pp.78-82 (1987).
10) L.L.Beranek, *Music Acoustics and Architecture* (John Wiley, 1962).
11) R.Thiele, "Richtungsverteilung und Zeitfolge der Schallrueckwuerfe in Raumen," Acustica **3** (1953).
12) V.L.Jordan, *Acoustical Design of Concert Halls and Theatres* (Applied Science Publishers, 1980).
13) Y.Ando, K.Kageyama, "Subjective Preference of sound with asingle early reflection," Acustica **37** (1977).
14) 遠藤健二他, "近接4点法による空間情報の把握と展開," 日本音響学会建築音響研究会資料 **AA85-21**(1985).
15) W.Kuhl, "Raeumlichkeit als Komponent des Raumeindrucks," Acustica **40**(1978).
16) L.L.Doelle, 前川純一 訳, 建築と環境の音響設計 (丸善, 1974).
17) H.Wilkens, "Mehrdimensionale Beschreibungen Subjektiver Beurteilungen der Akustik von Konzertsaelen," Acustica **37** (1977).
18) L.L.Beranek, 長友宗重, 寺崎恒正 訳, 音楽と音響と建築 (鹿島出版会, 1972).
19) 川上浩他, "音場シミュレーションに関する研究," 日本音響学会建築音響研究会資料 **AA86-12** (1986).

第8章　騒音と環境振動

　我々は様々な音に囲まれて生活している。日常のコミュニケーションに必要な音声や心を豊かにしてくれる音楽，また，各種の交通機関や設備機器などから発生する不快な騒音も音である。鉄道や道路，工場や建設作業現場の周辺においては騒音ばかりではなく，地盤を伝わる振動の影響を受けることもある。本章では，これらの騒音および地域の環境振動について述べる。

8.1　騒音

　騒音とは，「その時，その場所で，その人が不快に感じる音」の総称であり，日本工業規格協会（JIS）では「好ましくない音」，米国規格協会（ANSI）では「unwanted sound」，英国規格協会（BSI）では「undesired sound」と定義している。どんなにすばらしい音楽でも，また蚊が飛ぶような僅かなエネルギーの音でも，聞く人が好ましくないと感じれば騒音である。耳をつんざくようなジェット機の爆音も飛行機好きな人にとっては快音である。

8.1.1　身の回りの音

　生活空間の音を，騒音レベルで表すとおおむね表 8.1 のようである。就寝時に電気を消すと聞こえてくる時計の秒針の音のような極めて小さい音は 20dB 程度で，列車通過時の鉄橋の下では 100dB 程度，120dB を超えると耳に痛みを感じるといわれている。

表 8.1 種々の環境の騒音レベル

騒音レベル [dB]	生活空間の例
120	ロックコンサート会場，ジェットエンジン近傍
110	自動車の警笛（2m 離れた所）
100	列車通過時のガード下，プレス工場
90	カラオケルーム，印刷工場
80	地下鉄の車内，航空機室内，ピアノの音
70	列車の車内，幹線道路の沿道
60	デパートの売り場，乗用車の車内（100km/h）
50	一般事務所，乗用車の車内（60km/h），普通の会話
40	図書室，美術館，寝室，静かな住宅地
30	深夜の郊外，放送スタジオ，ささやき声
20	無響室，聴力試験室
0	（最小可聴値）

8.1.2 騒音の伝搬

(1) 距離減衰 建物やその内部にある物体の寸法は，音の波長と同程度のものが多く，様々な音の現象を厳密に説明するためには波動理論が必要であるが，波長に比べて十分大きな空間や物体を対象とする場合などには，音の現象を幾何学的に取り扱い，音のエネルギーの流れとして考えると簡便であり，理解が容易である。

音源から放射された音は，幾何学的に拡散し音源から離れるに従って次第に減衰する。これは距離減衰あるいは拡散による減衰と呼ばれており，光源や熱源から放射されるエネルギーの減衰と同様に，音源の形状で減衰の性状が決まる。

1) 点音源 音源の寸法に比べて観測点が十分離れている場合，この音源は近似的に点音源とみなせる。図 8.1 に示すように，すべての方向に音を均等に放射している無指向性の点音源を考えると，音源から距離 r の点の音の強さ I および音響エネルギー密度 E は，半径 r の球面全体（球の表面積 $4\pi r^2$）を通過する音のパワー（単位時間当たりのエネルギー）

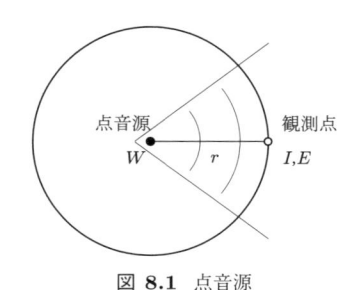

図 8.1 点音源

が音源から放射される音のパワー（音源の音響出力 W）に等しいことから，次式で表される．

$$I = \frac{W}{4\pi r^2} \quad [\text{W/m}^2] \tag{8.1}$$

$$E = \frac{I}{c} = \frac{W}{4\pi r^2 c} \quad [\text{J/m}^3] \tag{8.2}$$

ただし，$c[\text{m/s}]$ は音速である．これをレベル表示すると

$$L = L_\text{W} - 10\log_{10} r^2 - 11 \quad [\text{dB}] \tag{8.3}$$

である．環境騒音の分野で扱う通常の空間では，音圧レベル，音の強さのレベルおよび音響エネルギー密度レベルは等しいとみなせるため，このレベル L は，音の強さから誘導されているが音圧レベルと考えてよい．

ここで音源の音響パワーレベルは

$$L_\text{W} = 10\log_{10}\frac{W}{W_0} \quad [\text{dB}] \tag{8.4}$$

で表される．W は音源の音響出力 [W], W_0 はパワーレベルの基準値 ($10^{-12}[\text{W}]$) である．式 (8.3) は，音源が空間にあり，音が全方向に放射される場合であるが，音源が地面や床面に置かれている場合には，面の上側だけに音が放射され，半球状（表面積 $2\pi r^2$）の拡散になるから

$$L = L_\text{W} - 10\log_{10} r^2 - 8 \quad [\text{dB}] \tag{8.5}$$

である．音源のパワーレベル L_W が未知の場合などには，音源から r_1 離れた点のレベル L_1 から，任意の距離 r_2 のレベル L_2 は，下式で求めることができる．

$$L_2 = L_1 - 10\log_{10}\left(\frac{r_2}{r_1}\right)^2 = L_1 - 20\log_{10}\frac{r_2}{r_1} \quad [\text{dB}] \tag{8.6}$$

この式によれば，レベル L_2 は距離 r_2 が 2 倍（double distance：d.d.）になるごとに 6dB ずつ減衰（-6dB/d.d.）する．これは点音源から放射された音のエネルギーが 3 次元的に拡散し，距離の 2 乗に反比例することによるもので，逆 2 乗則による減衰と呼ばれている．

2) 線音源　線状の音源として，上述の無指向性点音源が一直線状に密に並んだ音源を考えると，図 8.2 に示すように，x 軸上の $x_1 \sim x_2$ にある線音源から距離 d の点における音のエネルギー密度は式 (8.2) を積分することにより，次式で表される。

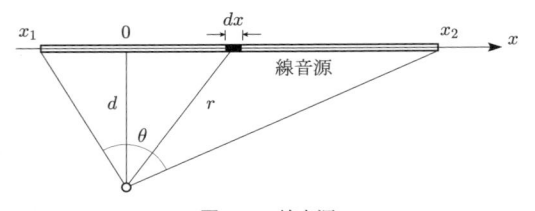

図 **8.2**　線音源

$$E = \int_{x_1}^{x_2} \frac{W_\ell dx}{4\pi r^2 c} = \int_{x_1}^{x_2} \frac{W_\ell dx}{4\pi c(d^2 + x^2)} = \frac{W_\ell}{4\pi c} \cdot \frac{1}{d} \left[\tan^{-1} \frac{x_2}{d} - \tan^{-1} \frac{x_1}{d} \right]$$

$$= \frac{W_\ell}{4\pi c} \cdot \frac{\theta}{d} \quad [\text{J/m}^3] \tag{8.7}$$

ただし W_ℓ は線音源の単位長さあたりの音響出力 [W] である。ここで θ は，観測点から線音源の両端を見込む角度（ラジアン）であり，音響エネルギー密度は，この見込み角 θ に比例し，距離 d に反比例することがわかる。この関係をレベルで表示すると

$$L = L_{W_\ell} - 10 \log_{10} d + 10 \log_{10} \frac{\theta}{4\pi} \quad [\text{dB}] \tag{8.8}$$

ただし，L_{W_ℓ} は線音源の単位長さあたりの音響パワーレベル [dB] である。無限に長い線音源の場合には，$\theta = \pi$ であるから，

$$L = L_{W_\ell} - 10 \log_{10} d - 6 \quad [\text{dB}] \tag{8.9}$$

となる。この場合，音源からの距離 d_1 と d_2 の 2 点のレベル L_1，L_2 は

$$L_2 = L_1 - 10 \log_{10} \frac{d_2}{d_1} \quad [\text{dB}] \tag{8.10}$$

の関係になる。無限に長い線音源では，音源から放射された音は円筒状，すなわち 2 次元的に拡散し，音源からの距離が 2 倍になるごとにレベルが 3 dB ずつ小さくなる (−3 dB/d.d.)。

3) 面音源　建物内の騒音が壁面を透過して外部空間に放射されるような場合，その壁面を面音源として扱う。この場合にも無指向性の点音源が平面状に密に分布

したような音源を想定すれば，面積分により観測点の音圧レベルを求めることができる．

極端な例として無限に広い面音源を考えると，拡散によるエネルギーの減衰は生じない，すなわち 0dB/d.d. であり，音源から離れても音圧レベルは低下せず，一定の値を保つことになる．

4) 音源形状による距離減衰特性の違い　以上の距離減衰の様子は，図 8.3 のようにまとめることができる．すなわち，点音源の場合には -6dB/d.d. で，無限に長い線音源では -3dB/d.d. で減衰するのに対して，無限大の面音源では拡散による減衰はなく 0dB/d.d. である．ただし，実際の音源は有限であり，図中に示すように，音源の寸法に比べて十分離れた領域では，点音源と同じ -6dB/d.d. の減衰となる．

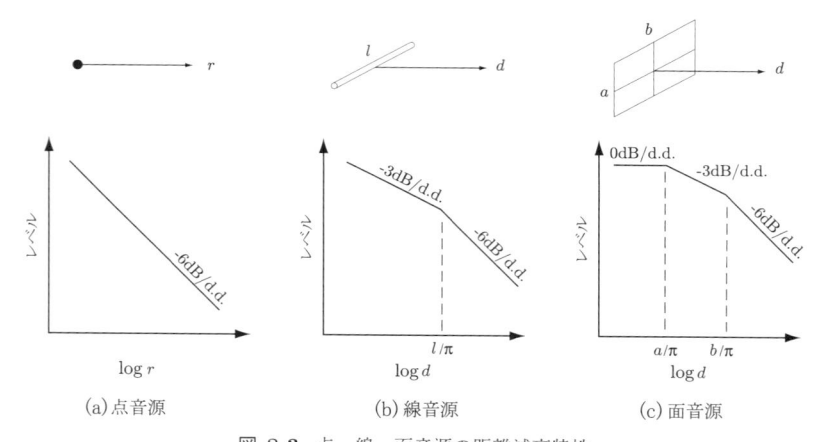

図 8.3　点，線，面音源の距離減衰特性

(2)　空気の音響吸収　空気中を伝搬する音のエネルギーの一部は，空気の粘性や分子運動などによって吸収される．この空気の音響吸収による減衰は，音の強さ I_0 の平面波が $x[\text{m}]$ 進行するとき，次式で表される．

$$I(x) = I_0 e^{-mx} \quad [\text{W/m}^2] \tag{8.11}$$

ここで，m は 1m あたりの音の減衰係数である．この減衰係数をレベルで表示すると，

$$\Delta L = 10 \log_{10} \frac{I}{I_0} = 10 \log_{10} e^{-mx} = -10mx \log_{10} e$$
$$= -4.34mx \quad [\text{dB/m}] \tag{8.12}$$

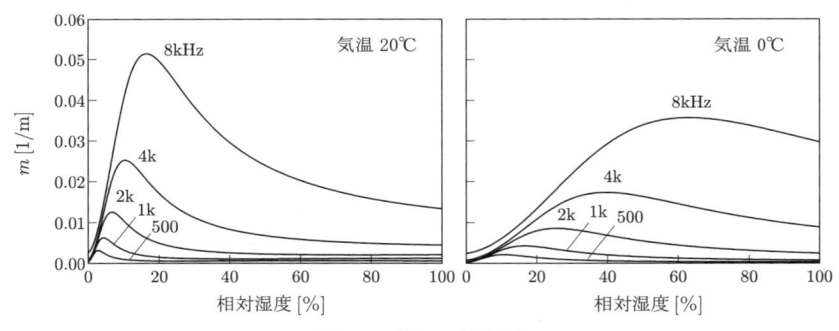

であり，減衰係数 m を 4.34 倍した値は，1 メートルあたりの減衰量 [dB] になる．空気の音響吸収による減衰は，周波数が高いほど大きくなるが，その程度は気温，湿度，気圧によって複雑に変化する．図 8.4 に気温が 20℃と 0℃のときの減衰係数を示す[1]．20℃の場合，各周波数の減衰の最大値は，相対湿度が 20%の未満の領域にあり，それ以上の湿度で，減衰は湿度とともに減少している．すなわち，20℃前後の温度では，晴天のときよりも雨天のほうが空気吸収による減衰が小さく，遠くの音が良く聞こえる．

図 8.4 空気の音響吸収

(3) 障壁による減衰 塀や建物などの音響的な障害物 (sound barrier) があると，音は減衰する．光の場合には障害物によりほぼ完全に光が遮蔽され，背後に影の部分が生じるが，音は光に比べて波長が長いため回折現象により，障害物の背後にも音が浸入する．この障害物による音の減衰量を求める実用的な方法として，図 8.5 に示す計算チャートが広く用いられている[2]．

自由空間に厚みが無視できる半無限障壁があり，その前後に音源 S と観測点 P とがある場合，障壁の減衰効果，すなわち，障壁がある場合とない場合とのレベル差 ΔL_d は，近似的に図 8.5 で，また点音源の場合には式 (8.13) で与えられる．

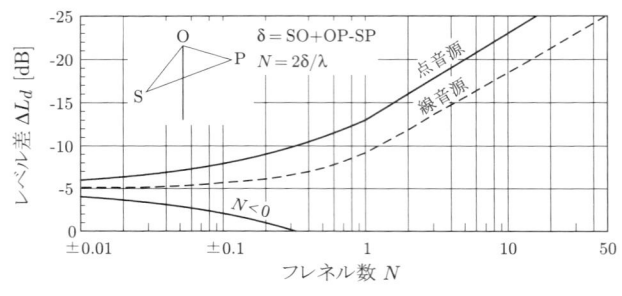

図 8.5 障壁による音の減衰

図の横軸の N はフレネル数（Fresnel number）と呼ばれ，図中に示すように，音源 S，障壁の頂点 O，および観測点 P の位置関係で決まる最短伝搬経路差 δ を，対象とする音の半波長（$\lambda/2$）で割った値（$N = 2\delta/\lambda$）である。ただし N の符号は，音源と観測点が直接見通せる場合は負とする。回折に伴う減衰は周波数が高い音ほど，また伝搬経路差が長いほど大きくなる。図中の実線は点音源，破線は線音源の場合である。

$$\Delta L_d = \begin{cases} -10 \log N - 13 & (N \geq 1) \\ -5 \pm 9.1 \sinh^{-1}(|N|^{0.485}) & (-0.324 \leq N < 1) \\ 0 & (N < -0.324) \end{cases} \quad (8.13)$$

ただし，式中の $\pm$ 符号は，$N < 0$ のとき $+$，$N > 0$ のとき $-$ である。なお，関数 $\sinh^{-1}(x)$ は次のようにも表現できるので，これを用いると簡単に計算できる。

$$\sinh^{-1}(x) = \ln\left(x + \sqrt{x^2 + 1}\right) \quad (\ln：自然対数)$$

(4) 気象の影響　屋外における音の伝搬性状は，温度や風の影響を受けて大きく変化する。よく晴れた冬の早朝に発生する放射冷却で温度分布が逆転している時や風があるときの風下側で，遠くの音が良く聞こえたりする現象は，経験的にも良く知られている。

これは，図 8.6 に示すように，地表近くの風や温度の鉛直分布により音速が地表面からの高さで異なるため，音源から放射された音の進行方向が連続的に折れ曲がる，いわゆる屈折現象によって説明されている。

8.1. 騒音　**157**

昼間（気温勾配が逓減状態の場合）　　　　　夜間（気温勾配が逆転状態の場合）

(a) 温度分布の影響

(b) 風の影響（風上，風下）

図 **8.6**　気象の影響による音の屈折伝搬

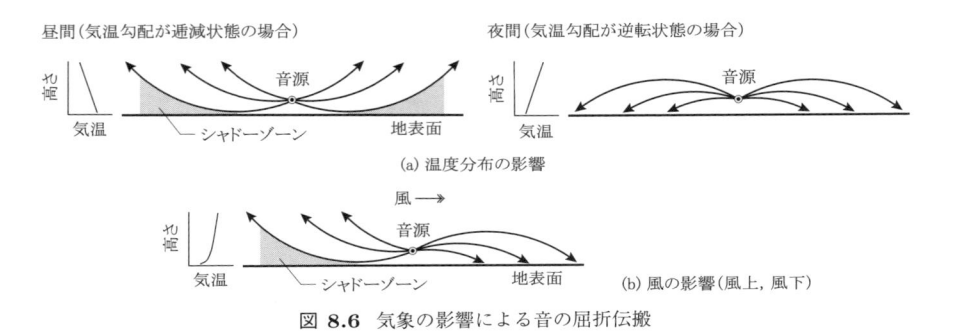

♪コラム♪　**空気吸収による航空機騒音の減衰**

　空気吸収による音の減衰が無かったら，100km 以上離れた航空機からの騒音が聞こえることになる。ジャンボ機という愛称で親しまれているボーイング社 B747-400 の離陸時の音響パワーレベル L_{WA}（A 特性）はおおよそ 160dB であるが，点音源の距離減衰の式 (8.3) を用いると，100m 離れた点の騒音レベルは 109dB，1km では 89dB，10km では 69dB，そして 100km の点では 49dB となる。

　一般の住宅地では，環境騒音のレベルは 40dB〜50dB 程度で，航空機からの騒音とほぼ同じレベルであり，十分聞き取れることになる。

　式 (8.12) で空気の音響吸収による減衰を考慮すると 100m 地点の騒音レベルは 107dB，1km で 81.4dB，10km で 45dB，100km では 5dB である。

　成田国際空港と東京の距離はおよそ 60km，関西空港と大阪は 40km，中部国際空港と名古屋は 35km であり，それぞれの空港を離着陸する航空機の騒音が空気の音響吸収のおかげで聞こえずに済んでいるわけである。空気の音響吸収による減衰が無い，あるいはもっと小さかったら，この世の中は，さぞ騒々しいことであろう。

8.1.3　騒音の計測と評価

(1)　A 特性音圧と騒音レベル　騒音の測定方法としては，日本工業規格「JIS Z 8731：騒音レベルの測定法」が 1957 年に制定されている。その後 1966 年，1983 年に大幅な改正が行われ，さらに 1999 年の改正では，名称も「環境騒音の表示・測定方法」に変更された[3]。この規格には，騒音の測定に関する基本的事項が記載されている。

1) A 特性音圧 p_A　瞬時音圧 $p(t)$ を音の大きさに関する人間の聴覚特性を考慮した周波数重み特性（A 特性）を通して得られる瞬時 A 特性音圧 $p_A(t)$ の実効値である。この A 特性は等ラウドネス曲線の 40phon に対応しており，純音に対するヒトの聴覚感度の周波数による変化を模擬したカーブである。（図 8.7 参照）

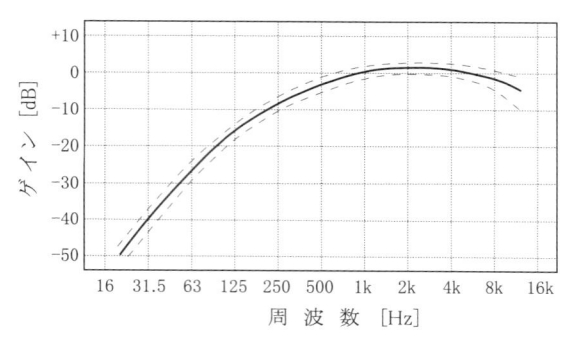

図 8.7　騒音計の A 特性カーブ（破線は許容誤差範囲）

2) 騒音レベル L_{pA}　A 特性音圧 p_A の 2 乗を基準音圧 p_0（$=20\mu$Pa）の 2 乗で除した値の常用対数の 10 倍で次式で与えられる。単位はデシベル [dB]。A 特性音圧レベルとも呼ばれており，L_A と略記されることも多い。

$$L_{pA} = 10 \log_{10} \frac{p_A^2}{p_0^2} \quad [\text{dB}] \tag{8.14}$$

> **♪コラム♪ 音響インテンシティ**
>
> 音の強さ（インテンシティ）は音圧と粒子速度の積からなるベクトル量であり，大きさの他に伝搬の方向がある。特性の揃った複数のマイクロホンを組み合わせた装置（インテンシティプローブ）を使い，音の伝搬方向を知るための測定が行われることがある。無響室内で機械装置の周りのインテンシティを細かく測定すると，音の発生源や伝搬の方向を可視化して捉えることができ，騒音対策に有効である。

(2)　騒音計　騒音の測定には，騒音計（サウンドレベルメータ）が広く用いられている。騒音計の内部構成を図 8.8 に示す。測定対象の音は，まず周波数特性の良い（広帯域に亘って特性がフラットな）コンデンサマイクロホンで電気信号に変換された後アンプで適切に増幅される。その後，実効値検波（瞬時パワに変換）され，変動する指示値を読み取り易くするために時定数回路（動特性回路ともいう）を通り（時間的な平均化処理が行われ），対数変換（dB に変換）されて

レベル表示される。このようにして求められる測定値を音圧レベル L_p（単位はdB）という。これは完全な物理量である。時定数回路の動特性（平均化を行う時間に相当する時定数）には FAST 特性（125ms）と SLOW 特性（1s）の2種類があり，騒音の測定では聴覚の時間応答を近似した FAST 特性を通常使用する。一方，SLOW 特性は変動騒音の平均レベルを指示するために使用する。

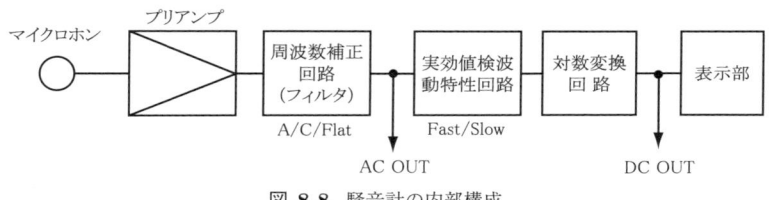

図 8.8 騒音計の内部構成

実効値検波に先立ち前述の A 特性フィルタ（聴感補正回路）を通して求めた測定値が騒音レベルである。単位記号として dB(A) が用いられたこともあるが，現在では A 特性を付加していない音圧レベルと同様，dB を用いるので，いずれの測定値であるか注意を払う必要がある。これらの内部処理は以前は全てアナログで処理されていたが，今では多くの部分がディジタル処理に置き換えられている。

騒音レベルの変動が小さければ直読できるが，変動の様子をペンレコーダでロール紙に記録したり，コンピュータのメモリーに格納することもある。騒音レベルを測定する場所の選び方について，前述の JIS Z 8731 では，次のように記述されている。

- 屋外における測定：反射の影響を避ける必要がある場合，可能な限り，地表面以外の反射物からは 3.5m 以上離れた点で測定する。測定点の高さは 1.2〜1.5m とする。それ以外の高さは目的に応じて定める。
- 建物周囲おける測定：建物に対する騒音の影響を調べる場合，対象としている建物の騒音の影響を受けている外壁面から 1〜2m 離れ，建物の床面から 1.2〜1.5m の高さで測定する。
- 建物内部における測定：壁その他の反射面から 1m 以上離れ，騒音の影響を受けている窓などの開口部から約 1.5m 離れた位置で，床上 1.2〜1.5m の高さで測定する

(3) 騒音の種類 騒音は時間的な変動の特性（パターン）により，定常騒音，変動騒音，間欠騒音，衝撃騒音などに分けられる。

- 定常騒音：レベル変動が小さく，時間的にほぼ一定とみなせる騒音
- 変動騒音：レベルが不規則かつ連続的に変化する騒音
- 間欠騒音：間欠的に発生し，一回の継続時間が数秒以上の騒音
- 衝撃音：継続時間が極めて短い騒音

定常騒音は連続運転している送風機やポンプなどの騒音であるが，変動騒音の代表例は道路交通騒音で，幹線道路端の騒音は道路を通過する自動車により不規則に変動する。間欠騒音は空港の周辺で聞こえる航空機騒音や鉄道沿線で聞こえる列車騒音などである。衝撃音としては，建設工事の発破音や自動車の警笛などが挙げられる。

また，ある場所で聞こえる様々な音を分離して扱う場合に，総合騒音，特定騒音，残留騒音という用語が使われる。

- 総合騒音：ある場所におけるある時刻の総合的な騒音
- 特定騒音：総合騒音の中で音源が明確に識別できる騒音
- 残留騒音：総合騒音からすべての特定騒音を除いた残りの騒音

ある場所で，道路交通騒音と鉄道騒音がはっきりと聞き分けられる状況では，この二つが特定騒音であり，総合騒音には通常これらに加わえて音源が明確でない遠方の道路や工場からの残留騒音が含まれる。暗騒音という用語が広く用いられているが，これは，ある特定の騒音に着目したときに，それ以外の騒音をいう。したがって特定騒音が一つの場合には，暗騒音と残留騒音は一致するが，一般には特定騒音が複数の場合が多く，暗騒音と残留騒音は異なる。

(4) 騒音の評価 我々の生活に及ぼす騒音の影響は，騒音の時間変動特性やスペクトル特性などの騒音そのものの特性に加えて，発生時刻や継続時間などにも依存するため，大変複雑であり，これまでに数多くの評価方法や評価指標が提案されている。以下にその代表的なものについて概説する。

1) 等価騒音レベル $L_{\text{Aeq},T}$　ある時間範囲 T について，変動する騒音の騒音レベルをエネルギー的な平均値として表した量で，次式で与えられる。

$$L_{\text{Aeq},T} = 10\log_{10}\left[\frac{1}{T}\int_{t_1}^{t_2}\frac{p_A^2(t)}{p_0^2}dt\right] \quad [\text{dB}] \tag{8.15}$$

ここに，$L_{\text{Aeq},T}$ は時刻 t_1 から時刻 t_2 までの時間 $T[\text{s}]$ における等価騒音レベル [dB]，$p_A(t)$ は対象とする騒音の瞬時 A 特性音圧 [Pa]，p_0 は基準音圧（$20\mu\text{Pa}$）である。

騒音は通常時々刻々変化し，変動が大きい場合には騒音計の指示値が安定せず，計測値を1つに定めることが難しい。そこで，評価対象となる時間帯（観測時間）に観測点に到達する音のエネルギーを求め，これを時間長で割ったものをレベル表示することが考えられた。これは，図 8.9 に示すように観測時間内に到達する音のエネルギーが同じとなる定常音のレベル，すなわちエネルギー平均値を求めることに相当する。また，観測時間長 T を明示する場合には $L_{\text{Aeq},T}$ のように記す。例えば，10分間の等価騒音レベルであれば $L_{\text{Aeq},10\text{min}}$ な

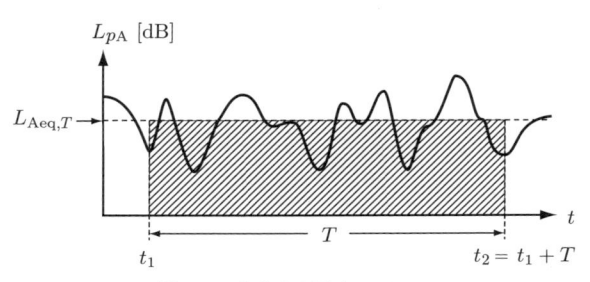

図 **8.9**　変動する騒音の L_{Aeq}

どと表記する。等価騒音レベルはその表記からラー・イーキュウまたはエルエイ・イーキュウなどと呼ばれる場合もある。なお英語による正式名称は equivalent continuous A-weighted sound pressure level（A 特性実効音圧レベル：騒音計で測った音圧の実効値のレベル）である。

定義通りの等価騒音レベルを求めるには厳密には積分型の騒音計が必要であるが，十分に短い間隔で測られた一連の騒音レベル値 $L_{pA}(0), L_{pA}(1), \cdots, L_{pA}(N-1)$ があれば，近似的に等価騒音レベルを

$$L_{\text{Aeq}} \simeq 10\log_{10}\frac{1}{N}\sum_{i=0}^{N-1}10^{L_{pA}(i)/10} \quad [\text{dB}] \tag{8.16}$$

で求めることができる。

♪コラム♪ 航空機騒音に係る環境基準

「航空機騒音に係る環境基準」が34年ぶりに改正され，平成19年12月に環境省から告示された。航空機騒音の評価指標としては，これまでWECPNLが用いられてきたが，近年の騒音測定機器の技術的進歩や国際的動向が考慮され，新たに時間帯補正等価騒音レベル（L_{den}）が評価基準に採用された。これは，昼間に対して夕方の騒音に5dB，夜間の騒音に10dBの重み付けを行って評価した1日の等価騒音レベルであり，航空機騒音の場合は，間欠的に発生する航空機騒音それぞれについて測定した単発騒音暴露レベルL_{AE}から，次式により1日ごとの$L_{den,i}$を算出し，全測定日の$L_{den,i}$をエネルギー的に平均してL_{den}を求める。

$$L_{den,i} = 10 \log_{10} \left\{ \frac{T_0}{T} \left(\sum_i 10^{\frac{L_{AE,d,i}}{10}} + \sum_j 10^{\frac{L_{AE,e,j}+5}{10}} + \sum_k 10^{\frac{L_{AE,n,k}+10}{10}} \right) \right\}$$

ただし
$L_{AE,d,i}$：7時～19時の時間帯におけるi番目のL_{AE}
$L_{AE,e,j}$：19時～22時の時間帯におけるj番目のL_{AE}
$L_{AE,n,k}$：0時～7時及び22時～24時の時間帯におけるk番目のL_{AE}
T_0：規準化時間（1秒），T：観測1日の時間（86400秒），N：測定日数
$L_{den,i}$：測定日のうちi日目の測定日のL_{den}

2) 単発騒音暴露レベル L_{AE} 単発的に発生する騒音の全エネルギー（瞬時A特性音圧の2乗積分値）と等しいエネルギーをもつ継続時間1秒の定常音の騒音レベルで，次式で与えられる。単位はデシベル。

$$L_{AE} = 10 \log_{10} \frac{1}{T_0} \int_{t_1}^{t_2} \frac{p_A^2(t)}{p_0^2} dt \quad [\text{dB}] \tag{8.17}$$

ここに，t_1～t_2は対象とする騒音の継続時間を含む時間[s]，T_0は基準時間（1s）である。単発的に発生する継続時間の短い音を等価騒音レベルで評価しようとすると，観測時間長の設定の仕方によって，エネルギー平均値を求める際の分母が異なり評価値が大きく変化する。このような場合には音のエネルギーの総量を観測時間で割るのではなく，基準時間（1s）で割ったもので評価することとし，この単発騒音暴露レベルが用いられる。

3) 時間帯補正等価騒音レベル L_{dn}, L_{den}　時間帯別に測定された等価騒音レベルに重みを付けて合成した量を，1日86400秒で平均したレベルである．L_{dn} は時間帯を昼間と夜間の2つに分け，夜間の騒音レベルに10dB加算して24時間の平均をとったレベルであり，L_{den} は，時間帯をさらに細かく3つに区分し，夕刻，夜間についてはそれぞれに5dB，10dBをペナルティーとして加算している．時間帯の区切りは国によっても異なるが，前者では昼間を7:00〜22:00，夜間を22:00〜7:00，後者では，昼間を7:00〜19:00，夕刻を19:00〜22:00，夜間を22:00〜7:00としている例が多い．

4) 時間率騒音レベル $L_{\mathrm{AN},T}$　騒音レベルが，対象とする時間 T の N％の時間にわたってあるレベル値を超えている場合，そのレベルを N％時間率騒音レベルという．（たとえば $L_{\mathrm{A5,10min.}}$ は，10分間の時間のうちの5％（30秒）の時間にわたって騒音レベルがその値以上であるレベルをいう．）

　等価騒音レベルや単発騒音暴露レベルは観測時間内の騒音レベルを代表する1つの評価値であるが，その値が等しいからと言って騒音の状況が同じである筈はない．平均化されているために，これらの値から時々刻々変化する騒音レベルの変動の幅や分布状況を把握することはできない．そのため，測定された騒音レベルのヒストグラムや図8.10に示すような累積度数曲線を描いたり，累積度数曲線の上端から N％のレベル値 L_{AN} を求めることがある．騒音測定では，5％，50％，95％値を求めることが多く，それぞれ L_{A5}, L_{A50}, L_{A95} などと表記される．特に L_{A50} は丁度中位のレベルに相当し，中央値と呼ばれ，騒音に係る旧環境基準の評価量として長年用いられてきた．また L_{A5}, L_{A95} は90％レンジの上下端値と呼ばれ，この間に騒音レベルの9割が存在することから，変動幅の目安とされている．

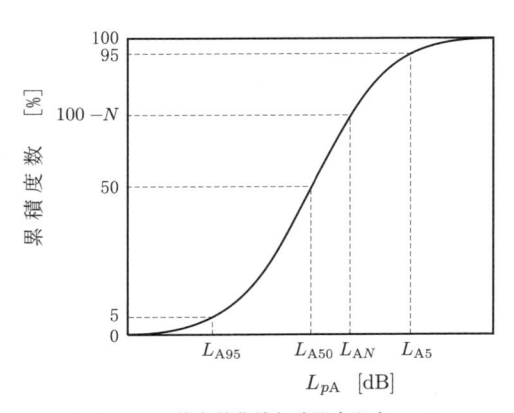

図 **8.10**　累積度数曲線と時間率騒音レベル

8.1.4 騒音の影響と社会反応[4]

　大きな騒音にさらされる職場で長年働いていると，次第に聴力が劣化し，会話に支障をきたすようになることがある（職業性難聴）。また，家の周囲の環境がうるさくて，会話やTV視聴の妨げになったり，読書や休息，睡眠に影響を受けたりする。騒音の影響については，様々な実験や調査が行われ，多くの知見が得られている。表8.2は，これらの知見に基づきWHO（世界保健機構）が1980年に公表した騒音の許容値である。これによれば居間の昼間の騒音レベルは，聴取妨害の観点からL_{Aeq}が45dB，また，夜間の寝室の騒音レベルは，睡眠妨害の観点からL_{Aeq}が35dB以下が望ましいとされている。

　道路や鉄道，航空機等の騒音が住民の日常生活に与える影響については，国内外において多くの社会調査が実施され，騒音量と住民意識（反応）との関係が求められている。

　図8.11はシュルツが欧米諸国で行われた代表的な11の社会調査データを基に，"非常にうるさい"と回答した人の割合と騒音量との関係を一本の統合曲線に整理したものである。この様な騒音量と住民反応との関係は，dose-response（量-反応曲線）と呼ばれ，騒音の許容基準や規制基準の設定にしばしば用いられる。図より，L_{dn}が55dB以下であれば，非常にうるさいと感じる人の割合は10%以下であることがわかる。

表 8.2 騒音の許容値（WHO, 1980）

L_{Aeq}	影響	影響概略	用途
45dB 昼間	聴取妨害	文章了解度100%にS/N 10dBが必要，普通の会話での音声は1mで騒音レベル56dB	居間
35dB 45dB 夜間	睡眠妨害	睡眠妨害が認められない このレベル以上で寝付き困難者が増加する	寝室
55dB 昼間	annoyance アノイアンス （うるささ）	住民反応（航空機騒音、道路交通騒音）調査で、seriously annoyed 急増	住宅地区 都市環境
75dB 労働8時間	聴力影響	500, 1k, 2k, 3kHzの聴力低下、平均25dB以内	職場

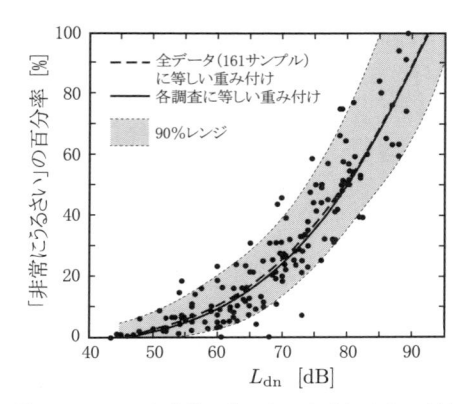

図 8.11 L_{dn} と非常にうるさいと感じる人の割合

> ♪コラム♪ 低周波音
>
> 　低周波音は一般に 100Hz 以下の音とされ，特に可聴域下限の 20Hz 以下の音は超低周波音と呼ばれる。これらの帯域の音は，相当に大きな音圧でなければ通常知覚されることはないが，波長が長いため回折し易く，一般の遮音材も透過するため長距離を伝搬する特長がある。低周波音は物的影響として窓や建具等の振動やガタツキを発生させる以外にも，生理・心理的影響として人によっては頭痛，吐き気，耳鳴り，どうき，胸の圧迫感，血圧上昇を起こす原因になると言われている。
>
> 　低周波音は，高架橋のジョイント部，高速鉄道のトンネル坑口，ボイラ等から発生することが知られており，環境影響評価の対象ともなっている。特に超低周波音は一般の騒音計では測定できないため専用の低周波音レベル計を用いて測定する。また，低周波音を評価するために ISO-7196 で G 特性が規定されている。

8.2　環境振動

　ここでは，主として我々が日々の生活の場においてさらされる道路や鉄道，近隣の作業所を振動源とする公害としての振動（環境振動）を取り上げる。まず，環境振動の測定評価に関わる歴史を簡単に紹介しよう。

　我が国では，国土が狭い上に過密な土地利用により，諸外国と比べ，早くから公害振動が問題となり始めた。昭和 51 年（1976 年）に，公害振動を本格的に規制する振動規制法が制定された。それまでは，振動を評価するために，振動速度

が測定されていたが,振動規制法では,騒音の測定と同じ考え方に立ち,振動レベルが導入された。以降,公害振動については,この振動レベル [dB] による評価が主流となった。

その後,諸外国では,乗り物の乗り心地や作業環境を想定した,全身振動に対する関心が高まり,補正振動加速度 [m/s^2] による評価が採用されている(ISO規格)。

最近 JIS 規格を ISO に整合させようとする動きがある。振動測定に関わる規格は,既に JIS C 1510(振動レベル計)等があるが,ISO/DIS 8041 が翻訳され JIS B 7761 として規格化された。

このような事情により,公害振動(環境振動)と作業環境における全身振動では,測定装置,評価方法が異なっている。

8.2.1 振動レベルと補正加速度

(1) 振動レベルと振動加速度レベル 環境振動(公害振動を含む)は,主に振動レベル計を用いて測定される。振動レベル計の構成を図 8.12 に示す。まず加速度ピックアップの出力信号に対し,図 8.13 に示す鉛直方向と水平方向の周波数重み付け(振動感覚補正)がなされる。次に,実効値検波・時定数回路により整流,時間重み付け(0.63 秒の指数平均)が行われ,実効値 $a_\mathrm{w}(t_0)$ が求められる(t_0 は観測時点である)。そして,次式に示すように,基準の振動加速度 $a_0\ (=10^{-5}\mathrm{m/s^2})$ との比をとり,対数変換を行い,レベル表示される。

$$L_\mathrm{V} = 20\log_{10}\frac{a_\mathrm{w}(t_0)}{a_0} = 10\log_{10}\left\{\frac{a_\mathrm{w}(t_0)}{a_0}\right\}^2 \quad [\mathrm{dB}] \tag{8.18}$$

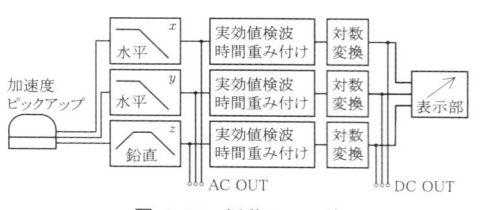

図 8.12 振動レベル計

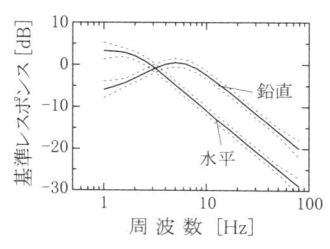

図 8.13 周波数重み付け特性

振動感覚補正を行った上記のレベルは，人間の主観量と対応させることを目的としている．一方，振動加速度レベル L_{Va} は，平坦特性（周波数重み付け特性無し）の場合のレベルである．

> ♪コラム♪ **基準の振動加速度 a_0**
>
> 　振動レベルを定義する場合の基準の振動加速度（以下基準加速度と呼ぶ）a_0 は，我が国では 10^{-5}m/s^2 を採用している．ISO でも当初は 10^{-5}m/s^2 とする予定であったが，最終的には 10^{-6}m/s^2 を推奨することになった．
>
> 　我が国のように，ISO と異なる基準加速度 a_0 を採用する国も多く，現状では，振動レベルを用いる場合，国際的には a_0 の値を明記する必要がある．

(2) 補正加速度　作業環境や船舶やトラクター等の乗り物における振動は，補正加速度により示される．測定装置は，振動レベル計と概ね同じであるが，周波数重み付け特性と時間重み付け特性が異なる（方形重み付けが基本）ことと，対数をとらない（レベルに変換しない）ことが異なっている．また，振動レベルは並進運動のみを取り扱っているが，補正加速度は回転運動を取り扱うこともある．

補正加速度実効値 a_w は測定した補正加速度瞬時値 $a_w(t)$（周波数重み付けを行った並進, 回転加速度）を用い

$$a_w = \left[\frac{1}{T}\int_0^T a_w^2(t)dt\right]^{\frac{1}{2}} \quad [\text{m/s}^2] \tag{8.19}$$

と定義される．移動加速度実効値 $a_w(t_0)$ は観察時点 t_0，移動平均時間 $\tau[\text{s}]$ を用い，リニア平均（方形時間重み付け）による場合は

$$a_w(t_0) = \left[\frac{1}{\tau}\int_{t_0-\tau}^{t_0} a_w^2(t)dt\right]^{\frac{1}{2}} \quad [\text{m/s}^2] \tag{8.20}$$

指数平均（指数時間重み付け）による場合は

$$a_w(t_0) = \left[\frac{1}{\tau}\int_{-\infty}^{t_0} a_w^2(t)e^{\frac{t-t_0}{\tau}}dt\right]^{\frac{1}{2}} \quad [\text{m/s}^2] \tag{8.21}$$

と表される．

(3) 振動と体感 振動レベル，補正振動加速度と体感や建物への影響の程度を表 8.3 に挙げる。振動加速度レベルと，補正振動加速度は周波数重み付け特性が異なり，また地震の震度階とは算出方法が異なることから，目安を示している。

振動の感覚閾値は振動レベルで 60dB 前後であるとされている。生活環境を想定した実験の結果[5]では，振動レベルが 70dB になると約半数の人が不快と感ずる。

振動は，感じないのが普通である。振動を感じ始めると，振動閾値を少し超える程度でも，不快に感じるのである。

振動規制法のうち最も規制基準が高いのは，特定建設作業の 75dB である。振動レベルが 75dB，周波数が 12.5Hz の場合，その変位は 15μm 程度である。道路交通振動等の苦情の多くは，不快には感じるが，目に見えないほどの変位である。

表 8.3 振動レベルと体感の目安[5-7]

振動レベル [dB]	補正振動加速度 [m/s^2]	睡眠影響	旧震度階による目安	体感・影響等
50	0.00316		0(無感)	
55	0.00562			
60	0.0100	影響なし	1(軽震)	振動を感じ始める
65	0.0178	*1:過半数が覚醒,*2:影響なし		
70	0.0316	*1:全てが覚醒,*2:殆ど影響なし	2(弱震)	半数が不快
75	0.0562	*2:大半が覚醒,*3:眠りが浅くなる		
80	0.100		3(弱震)	建具が鳴動 (地震)
85	0.178			
90	0.316		4(中震)	
95	0.562			
100	1.00		5(強震)	壁に割れ目が入る
105	1.78			
110	3.16		6(烈震)	家屋倒壊 30%
115	5.62			
120	10.0			重力加速度

注 1) 周波数重み付けの方法により，値が前後する目安の値である
注 2) 睡眠影響の*1 は睡眠深度 1 を,*2 は睡眠深度 2 を,*3 は睡眠深度 3 を示す
注 3) 睡眠深度は脳波から測定している

8.2.2 振動伝搬

(1) 地盤振動の伝搬　地盤を伝搬する振動は図8.14に示す，実体波（body wave）と表面波（surface wave）に分類することができる。実体波は，地中のあらゆる方向に3次元的に伝わる波である。表面波は，地表面に沿って伝搬する波である。

　まず，実体波に着目すると，縦波（P波）と横波（S波）に分類することができる。縦揺れ，横揺れではない。縦揺れとは，鉛直方向の，横揺れとは，水平方向の振動をいう。

縦波　媒質の運動が振動の伝搬方向と一致する波（疎密波）
横波　媒質の運動が振動の伝搬方向と直交する波（せん断波）

バネやゴムひもを押し引きする際に発生する波が縦波である。空気中の音も縦波である。ギターのように弦を直角方向にはじく際に生ずる波が横波である。

　次に，表面波はレイリー波とラブ波に分類することができる。レイリー波は縦波（P波）と鉛直方向の横波（S波）から成っており，媒質の運動が鉛直面内に楕円状となる波である。海上のさざ波の動きに似ている。ラブ波は，媒質の運動が波の進行方向に垂直で表面に平行となる波である。

　点振動源では，実体波は球面状に伝搬していくが，表面波は，地表面付近のみに存在し，円筒状に伝搬していく。従って，実体波（縦波，横波）は倍距離6dBの減衰（−6dB/d.d.と表記），表面波は倍距離3dBの減衰（−3dB/d.d.と表記）となる[8]。

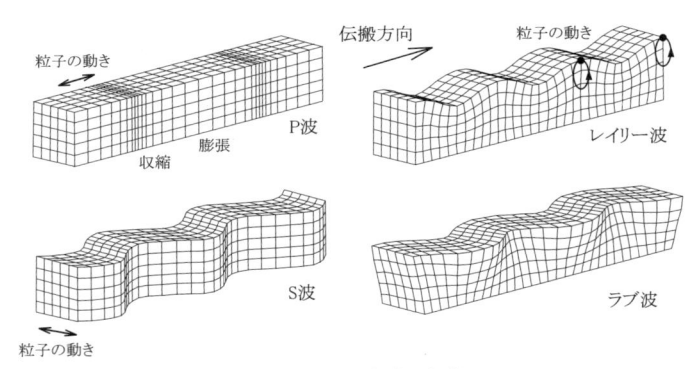

図 8.14　地盤振動の伝搬

我が国の一般的な地質構造は，地表面付近は比較的柔らかく，地下十数 m～数十 m 付近に支持層となる比較的固い地層があることが多い．この場合，加振源に近い位置では実体波成分が主であり，−6dB/d.d. の距離減衰を示す．振動源から離れるにつれ表面波成分が優勢になり，−3dB/d.d. の距離減衰を示す．さらに離れると，地盤の摩擦などにより生じる内部減衰による影響が現れる．これに対し，Borinnitz は次式を提案している．

$$L_V = L_0 - 20n \log_{10}\left(\frac{r}{r_0}\right) - 8.68\alpha(r - r_0) \quad [\text{dB}] \quad (8.22)$$

ここに，L_0 は基準点における振動レベル [dB]，r_0 は振動源から基準点までの距離 [m]，n は幾何減衰係数（実体波 $n = 1.0$, 表面波 $n = 0.5$），α は内部減衰係数 [m^{-1}] を示す．

> **♪コラム♪ 地震波と縦揺れ，横揺れ** [9]
>
> 　地震が来たとき，「最初にドンと縦方向に揺れ，しばらくして横方向にグラグラ揺れる」ことが多い．理科の教科書では，P 波（縦波）が先に来て，S 波（横波）が後に来ると書かれてる．遠隔地で地震が起こっているのにも関わらず，何故 P 波は縦揺れ，S 波は横揺れするのであろう？
> 　実は，遠隔地の地震波は地下の深いところから地表に向かってくるのである．地震の際に，一番はじめに到達する波（P 波）は，最短時間となる経路を伝搬する．地下深部の方が伝搬速度が速いことから，最短距離を伝搬するよりも深部を通り，受振点の近くで地表に向かう波の方が先に到達する．このことから縦波は縦に揺れ，横波は横に揺れになることが多い．
> 　それでは，遠隔地の地震波がもし地中を直進したら揺れはどうなる？

(2) 建物への振動伝搬（建物による振動の増幅）　地盤振動が建物へ伝搬するメカニズムを考える．まず，地盤振動が建物の基礎に伝搬する際に入力損失が起こり，振動は減衰する．次に，建築構造体の躯体に伝搬した振動は，床などの構造体の共振の影響を受ける．その結果，地盤面と建物内部の振動を比較すると建物内部の振動が大きいことが多い．家屋による振動増幅は 5～10dB 程度とされている[10]．騒音とは異なり，振動を評価する場合には，建物に伝搬する際に増幅される点に留意する必要がある．

8.2.3　振動の測定と評価

(1)　環境振動　道路交通振動，鉄道振動，工場や建設作業の振動など環境振動の測定，評価には振動レベルが用いられ，JIS Z 8735 の振動レベル測定方法に準拠し行われる。

ピックアップは，振動規制法のように，振動源の排出量を監視する場合には，排出側の敷地境界に設置される。また，受振側における振動暴露状況の把握では，建物近傍の地盤面，振動が問題となる部屋の床面に設置される。

振動ピックアップは，柔らかい面に設置すると，設置共振により，本来評価すべき振動が正確に把握できないことがある。従って，畳や，絨毯の上では原則として測定は行わない。設置する地盤面が柔らかい場合には，地盤面を踏み固める等の対策が必要となる。

振動レベルの測定も騒音レベルの測定方法とほぼ同じである。指示値が概ね一定の場合は，その指示値を採用する。指示値が周期的又は間欠的に変動する場合は，周期毎の最大値を複数回（十分と思われる個数）読み取り，その平均値を採用する。指示値が不規則かつ大幅に変動する場合は，指示値を多数読み取り，80% レンジの上端値である L_{v10} により評価する。等価騒音レベル L_{Aeq} と同様に，振動エネルギーの時間平均値から等価振動レベル L_{Veq} が求められるが，L_{Veq} は人の感覚との対応が明確ではなく，評価量としてあまり使用されていない。

(2)　作業振動　補正振動加速度は，職場の作業環境における全身振動や手腕振動の測定評価に用いられる。全身振動の測定は，JIS B 7760-1 および JIS B 7760-1 に示す測定装置と測定方法に準拠し行われる。振動レベルの測定方法との比較を表 8.4 に示す。振動レベルは，人の体感に留意し dB で示されるが，全身振動に対する評価は，加速度に直結した表記となっている。

8.3　地域の騒音・振動環境と法制度 [11]

騒音は静けさを奪い不快であるばかりでなく，会話妨害や睡眠妨害など我々の日常生活に悪影響を及ぼし，典型 7 公害（大気汚染，水質汚濁，騒音，振動，悪臭，地盤沈下，土壌汚染）の一つに挙げられている。昭和 30 年代後半から 40 年代の

表 8.4 振動レベルと全身振動補正

項目	振動レベル	補正加速度（全身振動）
評価対象	公害振動などの環境振動	作業環境における全身振動
単位	dB	m/s^2
周波数重み付け特性	鉛直, 水平方向	W_k：座位, 立位 Z 方向, 仰臥位 上下方向 W_d：座位, 立位 XY 方向, 仰臥位 水平方向 W_j：仰臥位頭部 (上下) など
時間重み付け特性	指数重み付け 0.63 秒	方形重み付け 1 秒
測定の方向	建物, 施設又は伝搬方向を基準に設定	人体を基準に設定 X:前後 Y:左右 Z:上下

中頃にかけての我が国の高度成長期には，産業が急激に発展すると同時に公害が大きな社会問題となった。昭和 42 年（1967 年）に「公害対策基本法」が公布され，それに基づいて翌年の昭和 43 年（1968 年）に騒音規制法が制定されている。その後，地球規模での環境問題にも配慮した「環境基本法」が平成 5 年（1993 年）に制定され，現在は，この基本法の基に，「騒音規制法」や「環境影響評価法」などの法令が整備され，「環境基準」が定められている。

8.3.1 環境基本法

平成 5 年（1993 年）に制定された「環境基本法」は，環境の保全に関する基本理念を定め，施策の方向性を示すものであり，その第 4 条の基本理念においては，「環境への負荷をできる限り低減すること等の活動が自主的積極的に行われることを通じて，健全で恵み豊かな環境を維持しつつ，持続的に発展することができる社会を構築することを旨として環境の保全を行わなければならないこと，及び科学的知見の充実の下に環境の保全上の支障を未然に防ぐことを旨として環境の保全を行わなければならないこと」を規定している。

また第 16 条には「環境基準」，第 21 条には騒音規制法，振動規制法などの根拠が示されている。さらに，第 20 条では，「国は，土地の形状の変更，工作物の新築その他これらに類する事業を行う事業者が，その事業の実施に当たりあらかじめその事業に係る環境への影響について自ら適正に調査，予測又は評価を行い，その結果に基づき，その事業に係る環境の保全について適正に配慮することを推進するため，必要な措置を講ずるものとする」とあり，これに基づいて「環境影響評価法」が制定されている。

8.3.2 騒音規制法,振動規制法

(1) 騒音規制法　昭和43年（1968年）に制定された騒音規制法は,「工場および事業場における事業活動ならびに建設工事に伴って発生する相当範囲にわたる騒音について,必要な規制を行うとともに,自動車騒音に関わる許容限度を定めること等により,生活環境を保全し,国民の健康の保護に資すること」を目的としており,特定工場等に関する規制,特定建設作業に関する規制,自動車騒音に係る許容限度等について,規制基準の設定方法や規制方法などが定められている。

(2) 振動規制法　昭和51年（1976年）には「工場,事業場,建設工事及び道路から発生する振動」についても,上記騒音の場合と同様な規制が制定された。

(3) 特定工場に対する規制基準　特定工場に対する規制基準の例（愛知県の場合）を表8.5に示す。これらの値は特定工場等の敷地境界における騒音レベルと振動レベルの規制基準であるが,地域によって最大20dBの差があり,同一地域でも時間帯により5～15dBの差がある。これらの基準が満たされない工場に対しては改善勧告さらには改善命令が出されることがある。

表 8.5　特定工場に対する規制基準（愛知県の例）

（単位：デシベル）

時間の区分 区域の区分	騒音 (L_{A5})			振動 (L_{V10})	
	昼間 8～19時	朝・夕 6時～8時 19時～22時	夜間 22時～ 翌日の6時	昼間 7時～20時	夜間 20時～ 翌日の7時
第一種低層住居専用地域 第一種中高層住居専用地域 第二種低層住居専用地域 第二種中高層住居専用地域	45	40	40	60	55
第一種住居地域 第二種住居地域 準住居地域	50	45	40	65	55
近隣商業地域 商業地域 準工業地域	65	60	50	65	60
工業地域	70	65	60	70	65
工業専用地域	75	75	70	75	70
その他の地域	60	55	50	65	60

8.3.3　環境基準

　環境基本法第16条には,「政府は,大気の汚染,水質の汚濁,土壌の汚染及び騒音に係る環境上の条件について,それぞれ,人の健康を保護し,及び生活環境を保全する上で維持されることが望ましい基準を定めるものとする。」とあり,騒音については現在,次の3つの基準が定められている。

- ・一般地域・道路に面する地域に適用される「騒音に係る環境基準」
- ・飛行場周辺に適用される「航空機騒音に係る環境基準」
- ・新幹線鉄道沿線に適用される「新幹線鉄道騒音に係る環境基準」

一例として,「騒音に係る環境基準」を表8.6に示す。昼間は主として会話等の聴取妨害,夜間は睡眠妨害を与えることのないよう地域類型別に,基準値が等価騒音レベル L_{Aeq} により定められている。

8.3.4　環境影響評価

　我が国においては,昭和47年(1972年)に「各種公共事業に係る環境保全対策について」の閣議了解が行われ,個別法に基づく環境影響評価の制度化が進められた。昭和53年(1978年)には,道路,ダム,宅地開発事業,工業団地開発事業等に関し,「建設省所管事業に係る環境影響評価に関する当面の措置方針について」(建設事務次官通達)が,また翌年の昭和54年には,「整備五新幹線に関する環境影響評価の実施について」(運輸大臣通達)が出されている。また,民間事業では,発電所に関し,昭和52年(1977年)に,通商産業省において,「発電所の立地に関する環境影響評価及び環境審査の強化について」の省議決定されている。地方公共団体においては,昭和51年に川崎市,昭和53年に北海道が条例を制定するなど,各自治体において独自の環境影響評価制度が開始された。その後,昭和59年に「環境影響評価の実施について」の閣議決定(以下「閣議アセス」という。)が行われ,現在の環境影響評価法が平成9年(1997年)に制定されている。
　この法律の目的は「土地の形状の変更,工作物の新設等の事業を行う事業者がその事業の実施に当たりあらかじめ環境影響評価を行うことが環境の保全上極めて重要であることにかんがみ,環境影響評価について国等の責務を明らかにするとともに,規模が大きく環境影響の程度が著しいものとなるおそれがある事業に

8.3. 地域の騒音・振動環境と法制度[11]

表 8.6 騒音に係わる環境基準

環境基準は、地域の類型及び時間の区分ごとに次表の基準値の欄に掲げるとおりとし、各類型を当てはめる地域は、都道府県知事が指定する。

地域の類型	基準値 (L_{Aeq})	
	昼　間	夜　間
AA	50 デシベル以下	40 デシベル以下
A 及び B	55 デシベル以下	45 デシベル以下
C	60 デシベル以下	50 デシベル以下

(注) 1) 時間の区分は、昼間を午前 6 時から午後 10 時までの間とし、夜間を午後 10 時から翌日の午前 6 時までの間とする。
2) AA を当てはめる地域は、療養施設、社会福祉施設等が集合して設置される地域など特に静穏を要する地域とする。
3) A を当てはめる地域は、専ら住居の用に供される地域とする。
4) B を当てはめる地域は、主として住居の用に供される地域とする。
5) C を当てはめる地域は、相当数の住居と併せて商業、工業等の用に供される地域とする。

ただし、次表に掲げる地域に該当する地域 (以下「道路に面する地域」という) については、上表によらず次表の基準値の欄に掲げるとおりとする。

地域の区分	基準値 (L_{Aeq})	
	昼　間	夜　間
A 地域のうち 2 車線以上の車線を有する道路に面する地域	60 デシベル以下	55 デシベル以下
B 地域のうち 2 車線以上の車線を有する道路に面する地域及び C 地域のうち車線を有する道路に面する地域	65 デシベル以下	60 デシベル以下

備考　車線とは、1 縦列の自動車が安全かつ円滑に走行するために必要な一定の幅員を有する帯状の車道部分をいう。この場合において、幹線交通を担う道路に近接する空間については、上表にかかわらず、特例として次表の基準値の欄に掲げるとおりとする。

基準値 (L_{Aeq})	
昼　間	夜　間
70 デシベル以下	65 デシベル以下

備考　個別の住居等において騒音の影響を受けやすい面の窓を主として閉めた生活が営まれていると認められる時は、屋内へ透過する騒音に係る基準 (昼間にあっては 45 デシベル以下、夜間にあっては 40 デシベル以下) によることができる。

ついて環境影響評価が適切かつ円滑に行われるための手続その他所要の事項を定め，その手続等によって行われた環境影響評価の結果をその事業に係る環境の保全のための措置その他のその事業の内容に関する決定に反映させるための措置をとること等により，その事業に係る環境の保全について適正な配慮がなされることを確保し，もって現在及び将来の国民の健康で文化的な生活の確保に資すること」である。

　この法律により，土地造成，道路や鉄道建設，建物の建設など，ある一定規模以上の事業に際しては，事業者は事前に周辺環境への影響を予測評価し適切な対策を講じることが求められている。この手順の例（愛知県の場合）を表 8.7 に示す。まず事業者は，影響評価の方法書を公表し，住民の意見を聞くと共に知事や市長の意見を求めなければならない。知事や市長は学識経験者等の専門家で構成される審議会に付託し意見を取りまとめる。次に，事業者は必要な調査を実施して，影響を予測評価し，その結果を準備書としてまとめ公表する。このときも方法書の場合と同様に住民や知事の意見を聞き，必要な修正を行い評価書が作成される。これに基づいて必要な環境保全措置を講じながら，事業を実施し，最後に事後の調査を行うことになる。

8.3.5　その他の法令

　騒音の大きな職場に対しては，「「労働安全衛生法」などにより，「事業者は 90dB 以上の騒音作業に従事する労働者に対して，防音保護具を使用させること」などの具体的な，「騒音障害防止のためのガイドライン」が示されている。また自動車騒音に対しては，「幹線道路の沿道整備に関する法律」，航空機騒音に対しては「公共飛行場周辺における航空機騒音による障害の防止に関する法律」，また大型な商業施設から発生する騒音については「大規模小売店舗立地法」など定められている。

8.3. 地域の騒音・振動環境と法制度[11]

表 8.7 環境アセスメントの流れ（点線は必要に応じて行う手続き，パンフレット「環境アセスメント―環境影響評価法愛知県環境影響評価条例のあらまし―」愛知県環境部環境活動推進課　平成 20 年 2 月発行を参考）

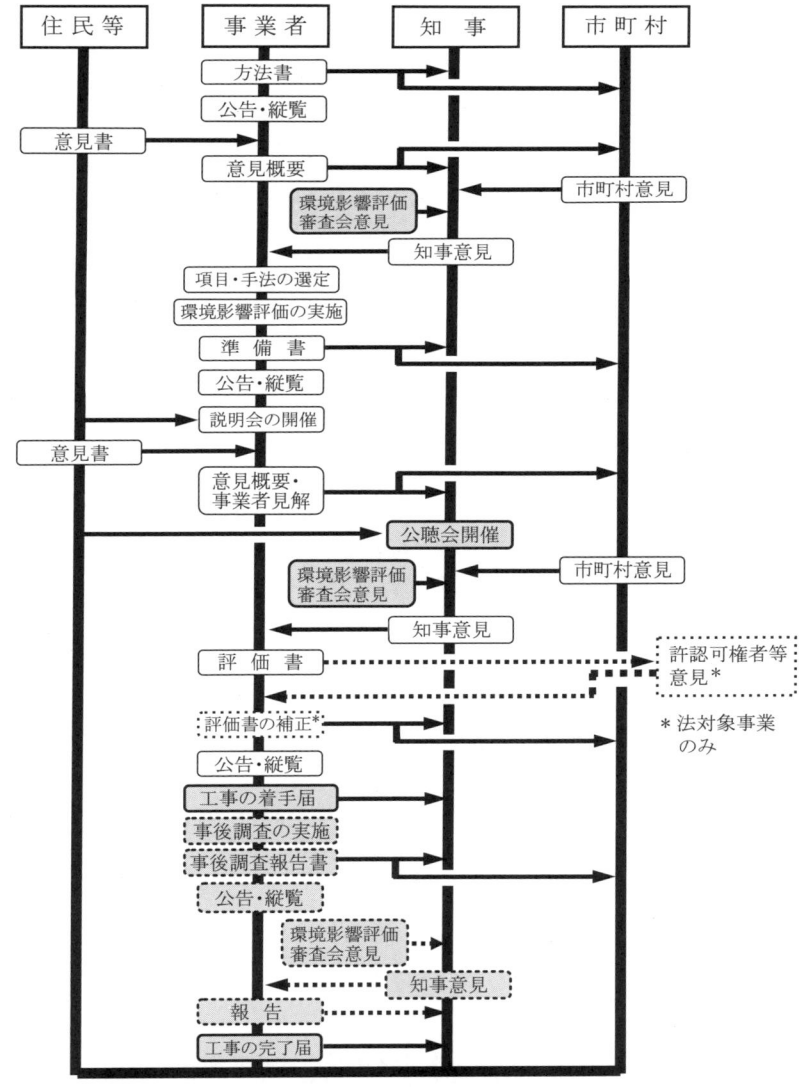

住民等	事業者	知事	市町村
	方法書		
	公告・縦覧		
意見書			
	意見概要		
			市町村意見
	環境影響評価審査会意見		
		知事意見	
	項目・手法の選定		
	環境影響評価の実施		
	準備書		
	公告・縦覧		
	説明会の開催		
意見書			
	意見概要・事業者見解		
	公聴会開催		
	環境影響評価審査会意見		市町村意見
		知事意見	
	評価書		許認可権者等意見*
	評価書の補正*		
	公告・縦覧		
	工事の着手届		
	事後調査の実施		
	事後調査報告書		
	公告・縦覧		
	環境影響評価審査会意見		
		知事意見	
	報　告		
	工事の完了届		

＊法対象事業のみ

■：愛知県環境影響評価条例に基づく独自の手続きであるが、環境影響評価法の対象事業においても同様に実施される。

♪コラム♪ 大規模小売店舗立地法

2002年に施行されたこの法律により売り場面積が 1000m^2 以上の小売店舗を立地する場合には，あらかじめ来客者の自動車による周辺道路への影響や，店舗の空調機や冷凍機また駐車場から発生する騒音が周辺住居に及ぼす影響を予測，評価することが必要になった。多くのスーパーストアーや日曜大工用具店の面積は 1000m^2 を超えており，この法律が適用される。騒音の場合には，日中と夜間のそれぞれの等価騒音レベルが，環境基準値を満足するだけでなく，夜間に単発的に発生する騒音（来客車両の騒音や搬入車両の騒音など）の最大値が，一回でも一定の基準を超えてはならないなどの規制がある。これは，昼間16時間，夜間8時間のエネルギー平均である等価騒音レベルだけで騒音を評価するのではなく，睡眠妨害などに関係の深い騒音のピークレベルも考慮しており，2つの側面から騒音を評価するという点で注目に値する。

課題・演習問題

1. 音源から10m離れた点の音圧レベルが80dBであるとする。80m離れた点の音圧レベルを拡散による減衰から求めよ。ただし，音源の形状は 1) 点音源, 2) 無限長の線音源, 3) 無限大の面音源の3種とする。

2. 無指向性点音源と観測点の間に下図のような障壁がある。観測点に到達する音の音圧レベルを求めよ。ただし，対象とする音の周波数は125Hz, 250Hz, 500Hz, 1kHz, および2kHzの5条件とし，それぞれの周波数の音の音響パワーレベルはすべて100dBとする。

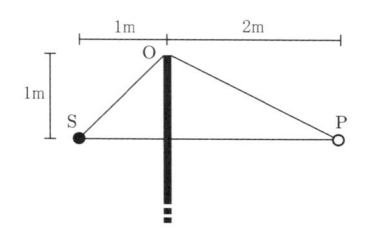

3. 振動レベルが60dBである16Hzの鉛直振動（基準値 $a_0 = 10^{-5}$）は，振動加速度に置き換えると何 $[\text{m/s}^2]$ となるか求めよ。

4. 前演習問題3の振動の変位振幅を求めよ．
5. 前演習問題3の振動は，ISOが採用する $a_0 = 10^{-6}$ を採用した場合，何dBとなるか．
6. 振動を感じやすい周波数を鉛直振動，水平振動別に答えよ．
7. 5m地点で70dBある振動は，20m離れた場合，何dBになるか求めよ．振動の伝搬条件は，レイリー波，内部減衰係数 α は沖積層の $0.02[1/m]$ とする．

参考図書等

1) 日本工業規格, JIS Z 8738:1999 屋外の音の伝搬における空気吸収の計算（日本規格協会, 1999）．
2) 山本貢平, 高木興一, "前川チャートの数式表示について," 騒音制御 **15**, 4, pp.40-43 (1991)．
3) 日本工業規格, JIS Z 8731:1999 環境騒音の表示・測定方法（日本規格協会, 1999）．
4) 難波精一郎, 聴覚ハンドブック（ナカニシ出版, 1984）．
5) 日本建築学会, 建築物の振動に関する居住性能評価指針同解説（日本建築学会, 2004）pp.100-105．
6) 山崎和秀, "振動と睡眠," 騒音制御 **6**, 3, pp.21-26 (1982)．
7) 日本音響学会環境工学委員会環境振動予測・解析 WG, "環境振動の予測・解析の現状," 日本建築学会 **6**(3), pp.21-26 (1982)．
8) 塩田正純, 公害振動の予測手法（井上出版, 1986）．
9) 梅田康弘, "地震波の伝わり方," 京都新聞 (2006.3.16)．
10) 平尾善裕, "木造家屋の振動増幅特性（振動増幅の周波数的特徴）," 小林理研ニュース No.35 (1992)．
11) 日本騒音制御工学会, 地域の音環境計画（技報堂出版, 1997）．

第9章　楽しむ音

　この章のテーマは「音を楽しむ」である。漢字を並べればまさに音楽。でも，音を楽しむのは音楽に限ったことではない。たとえば朗読，落語，短歌や俳句を聞くというのも明らかに音を利用して楽しむものである。これらは音といっても主に意味を伝えるための音声言語を使っている。音楽でも大半は歌（歌詞）を伴うもので言語と無関係ではない。

　また，音楽は踊りや儀式とも無関係ではない。蓄音機やラジオの発明以前は音楽を音のみで楽しむということはあり得なかった。歌手や演奏者のパーフォーマンス，さらにはダンサーや舞台の装飾と一体となって演じられるのが普通であった。つまり視覚と切り離すことができないのである。とはいえ，言語や視覚の話は本書の範囲をかなり超えることになってしまう。そこで，ここでは音響学的に興味が持たれるいわゆる「音」を中心に話を進めていく。

　音楽で使われる音は，人に聞こえる音のすべての範囲だと思っていいだろう。音の大きさは静寂な状態から，コンサートホールや屋外ライブでは最大 120dB 近くまで上がる。周波数範囲もほぼ可聴域全体にわたる。個々の楽器の音域は音符で見るとそんなに広くはないけれど，実は可聴域の下（20Hz 以下）や上（20kHz 以上）の音も出ている。これらも体では感じることもあるとされるが，基本的に耳では感じられない。

9.1　音楽の起源

　人類が音楽を始めたのはいつだろうか。これは人類がいつから言葉を使い始めたのかと同じように難しい問題である。音は化石のような証拠を残さないから状況証拠で推論するしかない。言葉が使えたか否かは猿人化石の骨格から発声機構の進化をある程度探ることができる。しかし音楽となるとそれもできない。「アー」

とか「ウー」という声だけでも音楽になり得るし，拍手やものを叩く音でも音楽になる。逆に，単に声や音を出すだけでは音楽ではないともいえるだろう。明らかに音楽が存在する証拠は文字による記述であるが，文字は相当時代をくだらないと出てこない。より古い証拠としては楽器そのものあるいは絵に描かれた楽器であろう。メソポタミアのレリーフやエジプトの壁画にはハープや笛のような楽器が描かれている。日本では縄文時代の土鈴があり，弥生時代には多くの銅鐸が作られた。また古墳時代になると太鼓のようなものを持つ埴輪も見つかっている。

記録に残らない音楽はもっと早く出現しているのだろう。ネアンデルタール人（約20万年〜2万年前）は音楽を持っていただろうという研究もある [1]。現生人類（ホモ・サピエンス）には当然音楽があったと思われるが，音楽の内容を再現できるように記録が残されるようになったのはかなり新しいことである。

さらに音楽が科学的に論じられるようになったのはもっと最近のことである。後で述べるが，ギリシャ時代にはピタゴラスが音階を数学的に決める方法を残している。また古代中国でも紀元前2世紀頃に竹の管で音階を決める話が伝説として書かれている [2]。

旋律やリズムを文字や記号で表す方法も同様に古くから存在するが，時代，場所によって様々である。国によって使う音階や楽器は様々であり，楽譜も多種多様である。また，実際に声や音で伝承するために楽譜をまったく使わないこともある。

私たちに馴染み深い五線譜が使われるのは17世紀頃からだといわれる。ただ，これは西洋音楽のための表記方法であるから世界各地の音楽を表現するには限界がある。それでも，最も普及して体系的に整っているのが五線譜による表記であることは否定できない。

9.2 音楽の3要素

音楽の3要素は，メロディー，リズム，ハーモニーといわれる。メロディーは主に音の高低の変化であるが，勝手気ままな高さではなくて，ある決まった音階の中から高さが選ばれる。リズムは音の長さを時間の流れの中でどのように区切るかである。これも自由に長さを決めるのではなく、基準になる音の長さがある。また周期的に繰り返す基本パターンも多い。ハーモニーは2つ以上の音あるいは

メロディーを同時に出した場合の調和である。これもどんな音を組み合わせてもよいわけではなく、美しい響きを作る和音というものがある。このように，メロディーも，リズムもハーモニーもある条件の中で選ぶことによって美しい音楽ができ上がっている。もちろんそうした条件からの逸脱が芸術性を生むことにもなるが，それは基本的な条件を理解しての上のことである。

そこで，これからは音楽を成り立たせる基本となる3要素の中で特に音階と和音を音響学的に見ていこう。

9.3 音階

9.3.1 音階

音楽では音の高さをいろいろと変えてメロディーを作る。そのとき，ひとつひとつの音はどんな高さでもよいというわけにはいかない。誰もが良く知っているドレミを使うことになっている。意図して高さをずらす場合を除けば，ドレミファソラシ以外の音を使うと調子はずれな感じになってしまうだろう。これが音階で，音楽で使う音の高さの基本になる。私たちはドレミの音階を使うことは当然だと思っているが，世界中の音楽をみるとまったく異なった音階を使う音楽もある。とはいっても，まず音階を物理的に理解するには，よく知っているドレミを理解しておこう。

現在普通に使われているドレミとは，西洋音楽の平均律（十二平均律）である[3]。図 9.1 はハ長調のドレミファソラシドを五線譜で表したものである。

図 9.1 ハ長調の音階

下のドから上のドまでの範囲をオクターブ（Octave）という。Octとは8を表す言葉で，ドレミファソラシドの8個の音の範囲という意味である。そして上のドの上はレミファ…と続き，「1オクターブ上のレミファ」と表現する。下のドの下も同様である。西洋音階では長調に対して短調の音階もある。これはラシドレミファソラを1オクターブとしていている。この音階のメロディーは長調に比べて寂しいあるいは悲しい感じがする。長調と短調はこのように範囲がずれているだけで音階としての差はないので，ここからは長調にしぼって説明していこう。

物理的にはオクターブとは周波数が2倍になることに相当する。仮にドの周波数が100Hzだとすると1オクターブ上のドは200Hzであり，さらにオクターブ上がると400Hzとなる。逆に1オクターブ下がると周波数が1/2になる。ちょうど1:2という単純な比率が人間の感覚にも非常に重要なのである。

というのはオクターブずれた音は高さが違っていても似た感じを与えるのである。男性と女性が一緒に歌う場合，実際に出している声の高さは女性の方が1オクターブ高いことが多い。また，カラオケなどで高い声が出せなくなると，いきなり1オクターブ下の音で歌い続けることがあるだろう。それでも違和感が少ないのはオクターブ差の音が似た響きを感じさせるからなのである。世界にはいろいろな音階があると述べたが，それでもこのオクターブの概念はどの音階にも共通である。違いはその1オクターブの間にいくつの音をどのように配置するかということなのである。

♪コラム♪ オクターブ

周波数比が2倍の関係を1オクターブ（Octave）といいます。本文中でも述べているように Oct とは8を表す言葉で，ラテン・ギリシャ語の octo が語源です。

octopus は足が8本の蛸であり，またガソリンのハイオクはオクタン価の基準になるオクタン C_8H_{18} に由来しています。またローマ時代の暦で october は年初（今の3月）から数えて8番目の月を表していました。（しかし，BC153年に年初を2ヵ月早めて以来，october は10番目になったままです。）

ところで，人間が聞きうる周波数は，20Hz から 20kHz まで広がっており，その比は 1000 倍です。これをオクターブで表せば簡潔になって約 10 オクターブの広さということができます（$1000 \simeq 1024 = 2^{10}$）。ちなみに人間の目が感じる光の波長は 380nm〜770nm で約1オクターブです。

9.3.2　階名と音名

これまで単に音階をドレミと表現してきたが，ドレミは絶対的な音の高さを表すものではない。ハ長調のドレミとヘ長調のドレミでは音の高さが違う。ヘ長調のドはハ長調のファの高さと同じである。つまりドレミは相対的な高さを表すものである。それでドレミファソラシドは階名と呼ぶ。それに対して絶対的な音の高さを表すのが音名である。こちらは CDEFGAB が使われる。たとえばハ長調

のドは C，ヘ長調のドは F になる。そもそもハとかヘとは CDEFGAB を日本式にハニホヘトイロと呼ぶことから来ている。

表 9.1 は音名の呼び方を示したものである。このなかで最も一般的なのは英米式で，アルファベットの順に並んでいる。小中学校ではあまり使っていないようであるが，ポピュラー音楽では欠かせないものである。とくにギターを習ったことのある人には コード（和音）の名前として馴染み深いだろう。また，調についてもハ長調を C，ト長調を G といったりもする。ドイツ式はクラシックで使われることがあり A（アー）の次が H（ハー）となっている点が異なる。日本式は主に調を表す場合，つまり ト長調，ニ短調という場合に使われる。

ところで，音名は絶対的な高さを表すのだから，物理的に周波数が何 Hz と決められるはずである。これについては，A を 440Hz にするという世界的な約束がある。1 オクターブ上の A は 880Hz，1 オクターブ下の A は 220Hz である。では A 以外の音はどうなっているのだろうか。その答えは次の節で明らかになる。

表 9.1 階名と音名

ハ長調の階名	ド	レ	ミ	ファ	ソ	ラ	シ
英米式	C	D	E	F	G	A	B
日本式	ハ	ニ	ホ	ヘ	ト	イ	ロ
ドイツ式	C	D	E	F	G	A	H

9.3.3　平均律音階

ピアノなどに親しんでいる人はすでに気がついたと思うが，音階はドレミファソラシドだけでなくドの半音上の音（♯ド）とかシの半音下（♭シ）いうように半音上がったり下がったりすることがある。それらの並びは五線譜からは見えにくい。これがはっきり分かるのがピアノの鍵盤である。図 9.2 はピアノの鍵盤の一部である。

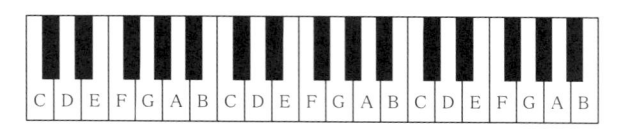

図 9.2　鍵盤と音名

9.3. 音階

鍵盤は手前に白鍵が並び，白鍵と白鍵の間に黒鍵がある。ただし間に黒鍵がないところもある。たとえば2つの白鍵の間にある黒鍵は下の白鍵の半音上，あるいは上の白鍵の半音下の音である。1オクターブ分の白鍵，黒鍵の音名を並べてみると下のようになる。

$$
\begin{array}{cccccccccccc}
C & \sharp C & D & \sharp D & E & F & \sharp F & G & \sharp G & A & \sharp A & B & C \\
  & \flat D &   & \flat E &   &   & \flat G &   & \flat A &   & \flat B &   &
\end{array}
$$

下のCから上のCまで12段階あることが分かる。また，EとFの間，BとCの間には音がない。つぎにこの12段階の高さはどうなっているのだろうか。平均律ではこの1段階上がることが周波数で見ると一定の倍率を掛けることに相当している。その比を k とすると周波数の関係は

$$\frac{\sharp C}{C} = \frac{D}{\sharp C} = \frac{\sharp D}{D} = \cdots = \frac{C'}{B} = k \quad ; C' は1オクターブ上のC$$

となる。1段階上がるごとに周波数は k 倍になり，12段階上がると2倍になるのだから

$$k^{12} = 2$$

したがって

$$k = \sqrt[12]{2} \fallingdotseq 1.05946$$

である。つまり2の12乗根である。このことは平均律において1段階（半音）上がるということは周波数が約1.05946倍になることを意味している。2段階（全音）なら 1.05946^2 で1.12246倍になる。そしてこの比率はどこの2音でも一定である。1オクターブ内の12段階を等しい比率の等比数列にしているので，これを平均律または十二平均律と呼ぶ。ここまで分かれば全ての音名と周波数を対応させるのは簡単である。Aが440Hzであるから，ここから1.05946を掛けたり割ったりすれば半音刻みで周波数が計算できる。表9.2がその結果である。このように半音ステップで音階の周波数を見ると等比数列になっている。したがって周波数に比例した高さの階段とすると図9.3(a)のように上るにしたがって傾斜が急になる。しかし，私たちはむしろ同図(b)のようなイメージを持っている。こ

れは周波数の対数を高さにした階段である。このことは「人は刺激量の対数に比例して感じる」というウェーバー・フェヒナー (Weber-Fechner) の法則のよい例だといえる。

さて，音の高さを半音単位で決めることができた。しかし，実際の音楽ではさらに微妙な高低が生ずることもある。

表 9.2 平均律の周波数

A	220.00Hz	440.00Hz	880.00Hz
♯A, ♭B	233.08Hz	466.16Hz	
B	246.94Hz	493.88Hz	
C	261.63Hz	523.25Hz	
♯C, ♭D	277.18Hz	554.37Hz	
D	293.66Hz	587.33Hz	
♯D, ♭E	311.13Hz	622.25Hz	
E	329.63Hz	659.26Hz	
F	349.23Hz	698.46Hz	
♯F, ♭G	369.99Hz	739.99Hz	
G	392.00Hz	783.99Hz	
♯G, ♭A	415.30Hz	830.61Hz	

そのような音の高さの差（音程）を表す単位としてセントがある。セントとは半音の 100 分の 1 の音程である。いい換えると半音は 100 セント，全音は 200 セントそして 1 オクターブは 1200 セントである。この場合の半音の 100 分の 1 とは対数尺度で見ているので 1 セントに相当する比は

$$\sqrt[1200]{2} \fallingdotseq 1.000578$$

これは，たとえば 1000Hz に対して約 0.6Hz の変化であるが，普通の人間にはとても区別ができない程小さな差である。

(a) 音階と周波数

(b) 音階と周波数の対数

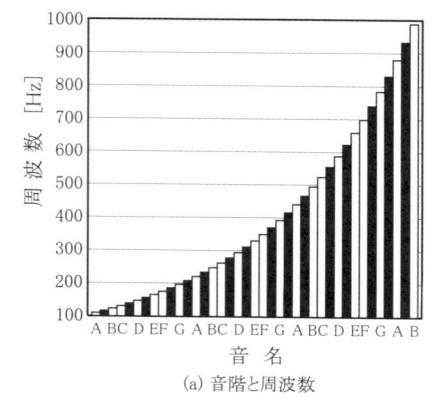

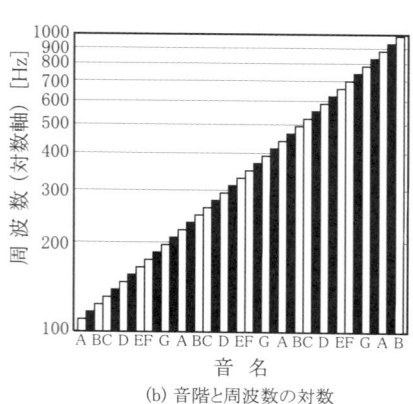

図 9.3 音階の階段

9.3.4 移調

これまでハ長調の話ばかりしてきたが，もちろん他の調の周波数も簡単に決められる。主音（ド）となる音をずらすだけである。たとえばヘ長調なら表 9.2 において F（ヘ）から始めて

　　　全音　全音　半音　全音　全音　全音　半音

と上がればヘ長調のドレミファソラシドになる。ハ長調を単純に平行移動するだけだ。その音名を順に並べると

　　　F　G　A　♭B　C　D　E　F

となる。図 9.4 はヘ長調のドレミファソラシドを楽譜で表している。第 3 線に♭が付いているのは間隔の全音，半音の関係を上に示したように合わせるためである。他の調もまったく同じで，ハ長調を平行移動するだけでよい。このように移調が簡単なのは平均律の大きな特徴である。

図 9.4 ヘ長調の音階

9.3.5 ピタゴラスの音階と純正律

　平均律は 19 世紀ころから普及した歴史的に新しい音階である。西洋においてもそれ以前は異なる音階が用いられていた。音階がいつごろから意識的に定められたのかはわからない。それでも，ギリシャ時代には今のドレミファソラシドに相当する 8 個の音を 1 オクターブに割り振る音階ができていた。ただし，音の高さの決め方は平均律とは異なる。そのひとつとしてピタゴラスの音階がある。三平方の定理で有名なあの ピタゴラスである。

　ピタゴラスが注目したのは 2 音の周波数の比である。周波数比が $1:2$ の 2 音は 1 オクターブの関係で同時に聞くと混ざり合って非常によく調和して響く。次によく協和する周波数比は $2:3$，そして $3:4$，$3:5$ というように小さい整数の比がよい。これは楽器音に含まれる倍音どうしが一致するからである。

　ピタゴラスはこの $2:3$ という比率に徹底的こだわって音階を作ったのである。$2:3$ というのは音楽的には完全 5 度の音程になる。たとえばドとソの関係であ

る。当時は周波数カウンターなどはないから直接周波数を求めることはできない。でも弦の振動を利用すれば 2:3 の比は簡単に作ることができる。同じ張力で張った弦ならば周波数は弦の長さに反比例することが分かっていたのだ。

　図 9.5 のように弦の長さを変えられる装置（モノコード）を作れば周波数比は弦の長さで調節できる。

　さてピタゴラス音階の決め方は以下のようにする。

図 9.5　モノコード

- C を主音として決める。この周波数を比率の基準 1 とする。1 オクターブ上の C′ は 2 である。($C = 1, C' = 2$)
- C を 3/2 倍すると G の音になる。($G = 3/2$)
- G をさらに 3/2 倍すると 9/4 で 5 度上の D になるが，2 より大きいので半分にする。音としては 1 オクターブ下げる。9/8 になる。($D = 9/8$)
- D を 3/2 倍すると 27/16 が 5 度上の A になる。($A = 27/16$)
- 同様に 3/2 倍して 2 を超えたら半分にするということ続けると（$E = 81/32$, $B = 243/64$）
- B の次は 3/2 倍すると ♯F になってしまうが，スタートの C に戻って逆に下げると F になる。つまり 2/3 倍にした後に，オクターブを合わせるために 2 倍する。($F = 4/3$)

これで完成である。以上を表 9.3 にまとめて示す。これを実際にドレミファソラシドとして聞いてみると平均律とほとんど同じように聴こえる。別々に聞いてその違いを判断するのは音楽的に訓練されていないと難しいだろう。

　しかし，ピタゴラスの音階では半音に 256/243 という複雑な比が出てくる。また，和音を出すと響きが美しくないところがいくつかある。とくに 3 度（たとえば C と E）の 81/64 の響きがよくない。そこでこの不満を解消する音階がたくさん提唱された。

　そのなかでルネサンスのころから出てきたのが純正律である。純正律では和音がきれいに聞こえるという点に重点が置かれた。西洋のこの時代の，キリスト教音楽などでは和声の美しさが重要だったのだ。純正律の周波数比を表 9.4 に示す。ここで気がつくのは，比として出てくる数が小さい数ばかりだということである。

表 9.3 ピタゴラス音階		
	Cとの比	下の音との比
C	1	256/243
D	9/8	9/8
E	81/64	9/8
F	4/3	256/243
G	3/2	9/8
A	27/16	9/8
B	243/128	9/8
C	2	256/243

表 9.4 純正律の周波数		
	Cとの比	下の音との比
C	1	16/15
D	9/8	9/8
E	5/4	10/9
F	4/3	16/15
G	3/2	9/8
A	5/3	10/9
B	15/8	9/8
C	2	16/15

こうして純正律は和音の美しさについては非常によく改善された。しかし、ここで別の問題がでてきた。それは移調の問題である。ピタゴラス音階でも純正律でも半音や全音の比率が場所によって微妙に違っていることがわかるだろう。このことは移調したときに同じ音名でも周波数が違ってしまうということになる。

表9.3でGをドとするト長調を考えてみよう。ハ長調のドとレ（CとD）の比は9/8である。ト長調も同じだとするとト長調のレは$3/2 \times 9/8$は27/18（1.6875）になる。ところがハ長調のGの次のAは5/3（1.6667）である。もともと等間隔でない物差しなので、平行移動すると目盛りがずれてしまうのである。このことは楽器の合奏でとくに困ったことになる。音の高さを連続的に変えられない楽器だと、調ごとに何種類も作らなければいけなくなってしまうのだ。

それで、この問題の解決策として平均律が登場してきたわけだ。しかし平均律では和音の美しさを犠牲にしている。たとえば平均律のGはCの1.4983倍の周波数で純正律3/2（1.5000）からずれている分だけ響きが濁る。結局は移調・合奏のしやすさと和音の美しさのトレードオフということになる。

9.3.6 世界の音階

これまでに紹介してきたのは、現在の西洋の音階につながるものだけである。世界中にはこれ以外に様々な音階がある。1オクターブに置く音の数が違っていたり、五線譜と♯、♭だけでは表せない高さをとったりするようなものもある。

図 9.6 の呂音階は私たちにとても馴染み深い日本の音階である。西洋音階と比べると 4 番目（ファ）と 7 番目（シ）がないのでヨナ抜き音階などとも呼ばれる。演歌ではよく使われる音階である。沖縄音階もすぐにわかるだろう。こちらはレとラがない。この音階で適当に弾くだけでも沖縄の感じがするから不思議である。

外国の音階を見ると，インドやアラブの音階のように，五線譜では表しきれない音階もたくさんある。とくにアラブ音楽には何十種類もの音階があって，それぞれが私たちには不思議に思えるような響きを持っている。図に示した，マカーム ラストはその中のひとつである。アラブ音楽では西洋音階の 12 段階より細かい音程が出てくる。ここではミとシが約 1/4 音下がっている。初めて聞くと調子はずれのような感じを受けるかもしれないが，それは西洋音階に慣れてしまった耳で聞くからかも知れない。

なお，一般に西洋音階の中で扱われているようでも歌ったり演奏するときに音の高さを少し上げたり下げたりすることもある。たとえば，アフリカ音楽をルーツとするアメリカのブルースやジャズではミとシに♭がつくブルーノートという音階がよく現れる。実験的な音階としては 1 オクターブの 12 音を分け隔てなく使うものもある。しかしそこからきれいなメロディーが生まれるかどうかは疑問である。

その他にも西洋音階と異なる音階が世界中にはある。その地域での音楽文化や民族楽器と強く結びついたもので，それぞれ独特の雰囲気をもっている。今は西洋音階が標準とされているが，音楽はそこだけに収まるものではないことがよくわかる。

9.3.7 ハーモニー

2つの異なる高さの音を同時に出すと，互いに溶け合うように聞こえたり，単に別々の音が鳴っているように感じたり，元の音にはなかった濁りのようなものを感じたりする。たとえばピアノの鍵盤を適当に2つ叩いてみると，隣どうしの音はあまり美しく響かない。2つか3つ離れた鍵盤だと調和して聞こえることが多い。その差は何だろうか。

2つの音は同じ高さ（ユニゾン）が最もよく調和する。その次はオクターブ違いの音である。その周波数はちょうど2倍とか半分の関係にある。でもオクターブ違いの音は溶け合いすぎて面白みがないともいえる。そこで，次によく調和する周波数比を探すと 2:3 である。これは音階を作るときの基本にもなる周波数比だ。さらに探っていくと，3:4, 4:5, 3:5 などという比もきれいな調和を感じさせる。一般に小さい整数の比がよい。それに対して 10:11 とか 11:13 というような比だと汚く聞こえてしまう。

異なる高さの複数の音を同時に響かせることを和音という。そのときの音の響きが調和するかしないかで協和音，不協和音と区別する。ところで，人にはなぜ和音が美しく聞こえたり汚く聞こえたりするのだろうか。これを完全に説明するのは難しいが，ひとつの説明は倍音の一致という観点からできる。

楽器の音は後述するように基本の高さの周波数に対して2倍，3倍，$\cdots$ の周波数の倍音を含んでいる。2つの音の倍音が一致すると溶け合って聞こえるのだ。たとえば基本周波数 100Hz と 150Hz の音を考えてみよう。100Hz の音には 200, 300, 400Hz, $\cdots$ の倍音がある。一方 150Hz の方には 300, 450, 600Hz, $\cdots$ の倍音がある。そうすると公倍数の 300, 600, 900Hz が一致する。

逆に 100Hz と 110Hz のような組合せでは公倍数が少ないので，うまく溶け合って聞こえない。また，倍音の周波数が少しずれていることも和音の響きを汚くする原因になる。これはうなりの現象が起こるからで，うなりが遅いときはワウワウウワウと震えたような感じに聞こえ，うなりが速いと濁った音に聞こえてしまう。音階の節で説明した平均律音階は和音が美しくないのはこのことが原因なのである。たとえば 2:3 の周波数比は階名でいえばドとソで，音楽的には完全5度と呼ばれる音階である。これは純正律では正しく 2:3 の周波数比になるのに平均律では 2:2.9966 となるのである。

さて，実際の音楽においては3つの音で作る和音が基本である。どの調であっ

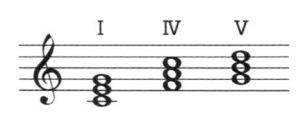

図 9.7 ハ長調の主要3和音

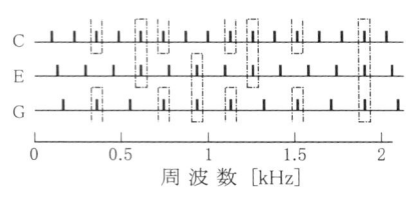

図 9.8 和音における倍音の一致

てもドレミファソラシドの 1,4,5 番の音つまりド，ファ，ソを基準に五線譜でその上にひとつおき（3 度）の場所に音を積み上げるのが主要な和音である。これはドミソ，ファラド，ソシレである（図 9.7）。この 3 音の周波数比は純正律ならどれも 4 : 5 : 6 という単純な比になっている。これが長調の主要 3 和音である。ドミソの和音での倍音の一致の様子を図 9.8 に示す。

和音の一番下の音をルート（根音）という。そしてルートの音名で和音の種類を表す。たとえばハ長調のドミソは C の和音という。ポピュラー音楽では和音というよりコードと呼ぶのが一般的だろう。

さて，3 音の和音を使うときは音の高さを合わせるために，一番上の音を 1 オクターブ下げたり，一番下の音を 1 オクターブ上げたりすることがある。これを回転と呼ぶ。たとえばソシレの上のレを 1 オクターブ下げてレソシとする。この場合の周波数比は 3 : 4 : 5 でさらに小さい数の比になる。

和音はルートが同じでも積み上げ方が違うと響きが随分違ってくる[4]。また 3 音ではなく 4 音，5 音と組み合わせることも多い。C をルートとする和音のいくつかを図 9.9 に示す。C_7 とはルートから 7 度上の音も加えて 4 音にしている。次の C_{sus4} （サスペンデッド フォー）は 3 度の代わりに 4 度を入れる。サスペンドとは宙ぶらりんというような意味で，たしかに不安定な感じがする。C_m は同じルートでも短調の音階で作られているので寂しい響きである。

このように和音にはいろいろなバリエーションがあり，さらにオクターブ違いの音を加えたりすると，その種類はもっと多くなる。近年の音楽で使われる和音は，始めに説明したような調和したものばかりではない。敢えて不協和な組み合わせの難しいコードが現れることも珍しくない。

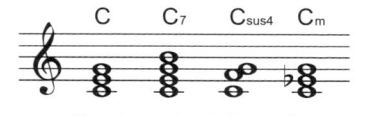

図 9.9 いろいろなコード

9.4 楽器

9.4.1 楽器の分類

　楽器には様々な種類がある。小中学校の音楽では、楽器を金管楽器，木管楽器，弦楽器，打楽器，鍵盤楽器と分類すると教えられる。しかし，これらは分類基準が明確でないうえに，オーケストラで使われる楽器以外のことまで考慮されていないのが欠点である。

　そこで，音響学的に考えるには音を発生させる仕組みで分類する方がよいだろう。この点に留意したものとしてエーリヒ ホルンボステル（Erich von Hornbostel）とクルト ザクス（Curt Sachs）の提唱した五分類法（HS 法）がある[5]。HS 法における楽器の分類を表 9.5 に示す。なお，小分類については主なもののみ取り上げた。

　まず，気鳴楽器は気流で空気を振動させるもので概ね管楽器と重なる。リード（簧）とは葦の茎や竹などの薄い板である。これを使わないタイプはエアリードといって，管の口や側面の穴に息を吹きつけて空気を振動させる。リードを使う場合は，これを口で吹いて振動させる。サクソフォンのように 1 枚のリードを使う場合と，オーボエのように 2 枚のリードを合わせて使うものがある。自由リードはリードが口に触れないもの，あるいは息以外の方法で気流を起こす。またこの場合のリードは金属製が多く，形状的には管楽器と呼べないものが多い。リップリードの楽器はトランペットに代表されるもので，吹口にあてた唇を振動させる。これはいわゆる金管楽器に相当する。

　体鳴楽器は，ものを叩いたり擦ったりして音を出すものである。打楽器のなかで次に説明する膜鳴楽器を除いたものがここに入る。この中にはシンバルのように音の高さを変えられないものとマリンバのようにメロディーを演奏できるものとがある。

　膜鳴楽器はいわゆる太鼓の類である。一部の例外を除けば音の高さはほとんど変えられないので主にリズム楽器として使われる。

　弦鳴楽器は種類が非常に多い。ハープのような竪琴型は民族楽器には見られるがポピュラーやクラシックで使われるものは少ない。ギターのように胴とネックを持つリュート型は非常にバリエーションに富んでいて，ギター類やバイオリン族は現代の音楽で最も多く使われている楽器である。チターは，共鳴箱の上に弦

表 9.5 楽器の分類

分類	小分類	楽器名
気鳴楽器	エアリード	フルート，ケーナ，パンフルート，尺八，リコーダー，オカリナ
	シングルリード	クラリネット，サクソフォン，ティクティリ（蛇使いの笛）
	ダブルリード	オーボエ，ファゴット，バグパイプ，ショーム，篳篥
	自由リード	オルガン，ハーモニカ，アコーデオン，笙
	リップリード	トランペット，トロンボーン，チューバ，ホルン
体鳴楽器	打つ	ゴング，シンバル，カウベル，木琴，マリンバ，スチールドラム
	振る	マラカス，シェイカー，ジングル，ベルツリー
	擦る，弾く	ギロ，ミュージカルソー，サンザ（カリンバ）
膜鳴楽器	打つ	太鼓，ティンパニー，タンバリン，ボンゴ，ティンバレス，タブラ
	擦る	クィーカ，摩擦ドラム
弦鳴楽器	竪琴類	リラ，ハープ，ケラル
	リュート類 撥弦	ギター，マンドリン，バラライカ，三味線，琵琶，ウード，ウクレレ
	擦弦	バイオリン，チェロ，胡弓，二胡，馬頭琴，サーランギ
	チター類 撥弦	チター，箏（こと），ビーナ，マウンテンダルシマー
	打弦	ピアノ，ハンマーダルシマー，サントゥール，洋琴（ヤンチン）
機械・電気楽器	機械式	自動ピアノ，オルゴール
	電気式	エレキギター，スチールギター，ハモンドオルガン（初期）
	電子式	シンセサイザ，エレクトーン

を張ったような形の楽器である．弦を弾くものと打つものがあって，ピアノはここに分類される．

　機械・電気式という分類は，他と分類基準がやや異なるので分かりにくいところがある．機械式というのは複雑なメカニカルな機構を持つもので自動演奏機も含まれる．電気式は何らかの機械的振動を電気的に増幅加工して音を出すものをいう．エレキギターは弦の機械的振動が音の源であって，回路で振動を作りだしているわけではない．それに対して電子式は振動自体を電気の回路で作り出すと

9.4.2 倍音構造

弦楽器や管楽器の音は一般に倍音構造をもっている。倍音構造とは基本となる周波数の純音（正弦波）とその2倍，3倍，… の整数倍の周波数の成分を含むというものである。2倍音から上の成分を高調波，その中でn倍の周波数の成分はn次高調波と呼ぶ。なぜ，このようにきれいに整数倍の周波数を持つかは弦や管の中の空気の振動モードを考えると分かる。

図9.10は弦の振動モードを示している。両端が固定という条件で起こる振動は，同図最上段のように全体が大きく揺れるだけでなく，2段目から下のようにいくつかに分割されたような形でも振動する。このような振動形態を振動モードというが，弦をはじくと多くの振動モードが同時に発生しているのである。ここで，最上段のモードの周波数を1とすれば下段は2倍，3倍，4倍となっている。

図9.11は管内の空気の振動の振幅を模式的に表した図である。管の場合は端が開いているか閉じているかで境界条件が異なる。両端が開いている場合は整数倍の周波数の倍音が出る。また片方が閉じていると3, 5, 7, … と奇数倍の周波数の振動が発生することもわかるだろう。

実例として楽器の音の波形とスペクトルを示しておこう。図9.12はアコースティックギターの1弦（最も細い弦）を弾いたときの波形で，音の出始めから約

図 9.10 弦の振動モード　　　図 9.11 管の振動モード

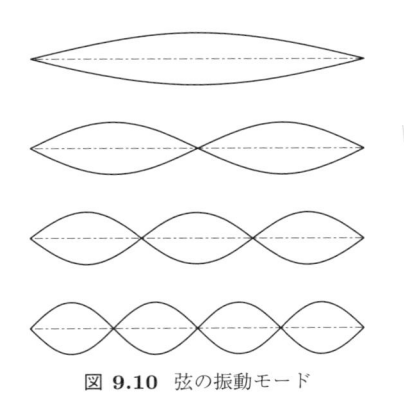

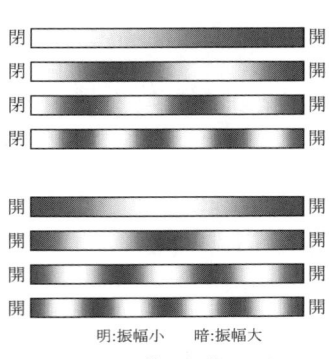

明:振幅小　　暗:振幅大

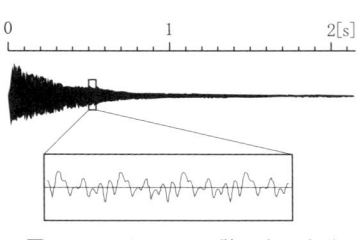

図 9.12 ギターの 1 弦の音の波形

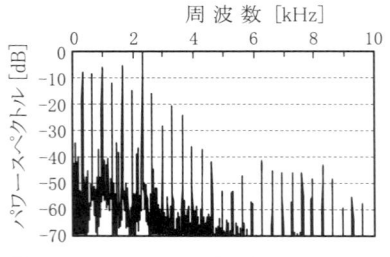

図 9.13 ギターの 1 弦の音のスペクトル

0.5 秒後の部分が拡大表示されている。正弦波とは異なる複雑な波形である。またその部分のパワースペクトルを図 9.13 に示す。等間隔の周波数について非常にたくさんのピークがあるのがよくわかるだろう。これが倍音構造である。

さて，このように複数の周波数を含む音を聞いたら，音の高さとしてはどの周波数を感じるのだろうか。答えは，基本周波数の高さである。つまり多くの振動の中の一番長い周期を感じるのである。このことは音の混合が色の混合とまったく異なっていることを意味している。もっと単純に 100Hz と 200Hz の純音を同時に聞くとどう聞こえるか実験してみるとよく分かる。混合した音は，音色は変わるものの高さは 100Hz として聞こえる。決して中間の 150Hz に聞こえることはない。

以上のような弦楽器，管楽器に比べると太鼓やトライアングルのような打楽器は少し様子が異なる。それは振動の形によってはモードが非常に複雑になって，倍音が整数倍の関係にならないからである。非整数倍音の場合は音の高さの感じが不明瞭になる。

9.4.3 楽器の音色

楽器に限らず音色というものは数量的に現すことが非常に難しい。それでも大きな要因としてはスペクトルとエンベロープが重要であることはわかっている[6]。スペクトルは前項でも述べたようにどんな周波数成分がどのような強さで含まれるかということである。エンベロープは音の強さの時間的な変化のことである。音が急に出てくるのか，ゆっくり出てくるのか，出てすぐに消えてしまうのか，持続して鳴るのかなどで音色は随分違って聞こえる。

これらを調べて見ると楽器ごとに異なっていてそれぞれの特徴を持っていることがわかる。しかし，スペクトルやエンベロープはひとつの楽器においても一定ではない。出す音の高さによっても変わる。たとえばピアノの最低音と最高音ではスペクトルはまったく違っている。また低音は長く響くのに高音はすぐに消えてしまう。つまりエンベロープも全然違っている。さらに同じ高さの音でも弾く強さを変えればスペクトルやエンベロープが変わる。

どんな楽器でもよい。たとえばドの音を録音して周波数がレの音に合うように速めに再生してみる。この程度なら本当に楽器で出したレの音に似ている。でもこれをミファソ…と続けていくと，その楽器本来の音とはかけ離れてくる。これは音の高さによってスペクトルが違うのが本来の楽器の特徴だからである。私たちが楽器の音色としてもっているイメージは，このように，音の高低，強弱，さらに様々な演奏法で出てくる音を含めた総合的で非常に幅の広いものなのである。

それでも音を物理的に分析することは音色を解明する基本である。同じ種類の楽器でもスペクトルを調べて見るとかなり違っていることが多い。例として2つのソプラノリコーダーの音のスペクトルを示す。図9.14は木製の高級品とプラスチック製の普及品のC,E,Gの音を分析したものである。音の高さによる倍音の出方の相違が分かる。また木製とプラスチック製の違いも明らかである。この音色の差は耳でも確認できる。

このようにスペクトルを調べることは楽器の音色の違いを知る大きな手がかりである。しかしこれですべてがわかるわけではない。上で述べたようにスペクトルも奏法などで大きく変わってしまう。そして，また楽器の音には倍音以外の成分も含まれている。たとえばフルートの息がこすれるような音，三味線のさわりでビリつく音などは非常に複雑なノイズ成分が含まれている。それらまで含めると楽器の音とは実に奥深いものであるといえる。

9.5 電子楽器

9.5.1 シンセサイザ

電子楽器は機械的な振動を利用せず，電気回路で音の波を作り出すものである。したがって，エレキギターは電気を使っていても物理的振動を音の源としている

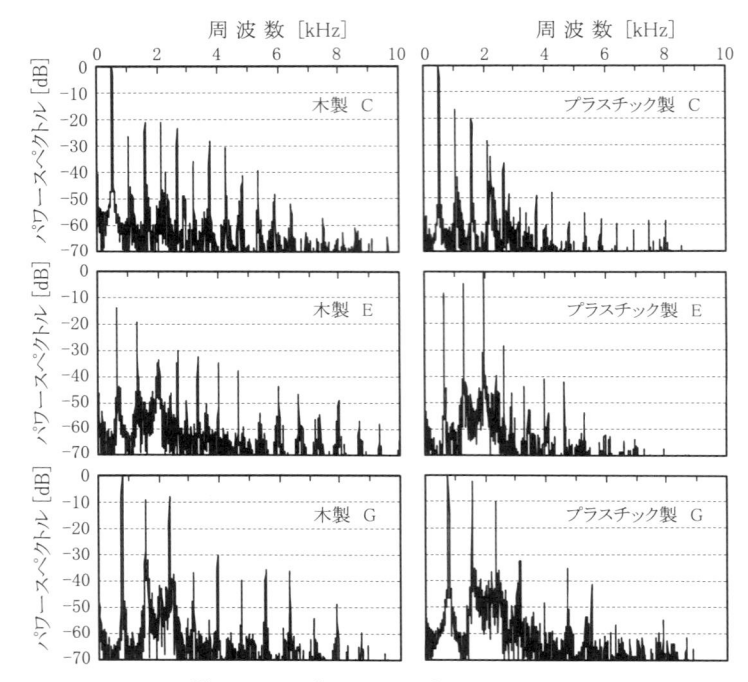

図 9.14 ソプラノリコーダーのスペクトル

ので電子楽器と呼ばない。

電子楽器は 20 世紀に入るといろいろなものが作られ始めた。たとえばロシアのレオン テルミン（Leon Theremin）の作ったテルミンが有名である。この楽器はアンテナの近くに手をかざして音の高さや大きさをコントロールする。電気回路で作った不安定な発振音が幽霊の出るような面白い音なので，いまでもテレビなどで紹介されることがある。

しかし，ひとつの装置でいろいろな音を出す研究が本格的に始められたのは 1950 年代のオルソン（H.F.Olson）の RCA MarkII Synthesizer で，このとき初めてシンセサイザという言葉が使われた[7]。そしてシンセサイザが一般の音楽で用いられるようになったのはロバート モーグ（Robert Moog）が 1960 年代に作ったモーグシンセサイザからだろう。ここから百花繚乱のごとくシンセサイザが商品化され音楽界でもバッハの曲をシンセサイザで演奏したウォルター カルロス（Walter [Wendy] Carlos）の Switched On Bach が大ヒットした。またロックの世界で

もキース エマソン（Keith Emerson）やリック ウェイクマン（Rick Wakeman）といったスターが現われ，シンセサイザは幅広く普及していった。さらに，技術的にはモノフォニック（単音しかでない）からポリフォニック（複音演奏が可能）へ，アナログからディジタルへ，そしてコンピュータ化と進化して，今ではポピュラー音楽では普通に使われる楽器になっている。

シンセサイザはこれまでの楽器にはない新しい音を作るという側面と，既存の楽器の音をリアルに再現するという側面がある。前者の方が音の幅は広いと思われるが，効果音的な音以外でシンセサイザ独自の音はあまり音楽に定着していない。なんでも作れるという利点が逆に個性を失わせている。それに比べると後者への要望は常に大きかった。グランドピアノがなくても手軽にグランドピアノの音が出せ，トランペッターがいなくてもトランペットのフレーズが出せる。そしてコンピュータと組み合わせれば，数十人のオーケストラに近い音まで作りだせるのだから期待が大きいのも当然である。これはプロのミュージシャンばかりでなく一般向けの商品としても要望されるものであった。

9.5.2 音の合成方法

初期のシンセサイザでは音の波形作りは単純な回路で行われ、主に次の2つの方式があった。

(1) 加算方式 楽器のスペクトルが倍音構造を持つことから，倍音に相当する正弦波を発振させてそれらを加えて合成する。倍音ごとの強さを調整することで音色を変えることができる。これはパイプオルガンの発想と同じである。

(2) 減算方式 まず，方形波，ノコギリ波などを発生させる。これらの波には図 9.15 のような倍音が含まれている。減算方式では，これに対してローパスフィルタ（低域通過フィルタ）を通すことによって倍音の量を調節して音色を変えるものである。フィルタを掛けなければ，元の波形のままで非常に倍音の多い音が出る。遮断周波数を下げれば次第に正弦波に近づいていく。

両者ともに，これに加えて簡単なエンベロープをつけることで，持続音や減衰音を作ることができる。しかし加算方式では発振器を非常にたくさん用意しない

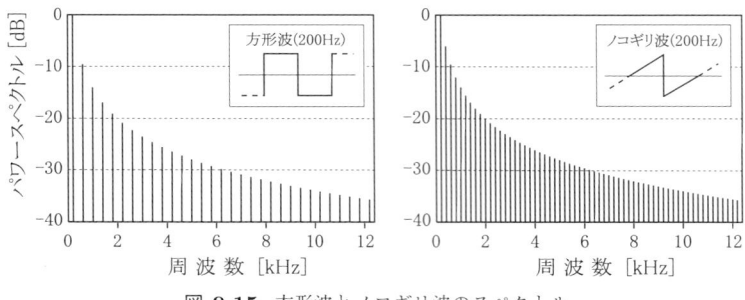

図 9.15 方形波とノコギリ波のスペクトル

といい音が作れない。また減算方式ではローパスフィルタでは個々の倍音を調整できないなどの欠点がある。

減算方式はモーグシンセサイザに代表される 1960〜70 年代のシンセサイザの主流であった。いわゆるアナログシンセサイザという言葉もこの方式を意味することが多い。

(3) FM 方式　1980 年代になると FM 方式というまったく異なる考えの方式が生まれた。FM とは FM 放送と同じで周波数変調（Frequency Modulation）のことである。正弦波の振動を表すと

$$f(t) = A\sin\omega_\mathrm{c} t$$

となる。ここで ω_c は角周波数であるが，これを

$$f(t) = A\sin(\omega_\mathrm{c} t + m\sin\omega_\mathrm{m} t)$$

というように別の正弦波で変化させるのが周波数変調である。簡単にいえば，振動の速さが揺らぐのである。FM 放送の場合，ω_c は ω_m の 1000 倍以上であるが，FM 方式シンセサイザでは ω_c と ω_m は同じ程度の大きさに選ぶのが特徴である。ここで変調の深さ m と変調角周波数を変えると，ω_c の倍音がたくさん現れるのである。この変調をさらに重ねるとますます豊富で多様な倍音構造を作ることができる。従来の方式に比べると音の多様性が広がって FM 方式は大ヒットとなった。ただ，この方式は目的の音を作るにはどのような変調を掛ければいいのかが非常に分かりにくいという欠点がある。

(4) サンプリング方式 FM方式のシンセサイザの内部はかなりディジタル化されていたが発想はまだアナログ的であった。それに対してディジタルならではの方式として登場したのがサンプリング方式である。これは実在の音をディジタル的に録音してそれをキーボードなどによって発音させるものである。したがって本来の意味でのシンセサイザ（音を合成するもの）とは趣を異にする。それでも本物の楽器の音を使うので非常にリアルな音を出すことができる。ただし，楽器のすべての音域，すべての奏法を録音することは不可能なのでピッチを変えたりエンベロープを変えたりという不自然な加工をせざるを得ない。そこにサンプリング方式の限界があり，多様な音を作るためには他の方式を併用せざるを得ない。

(5) その他の方式 その後はサンプリング方式と他の従来の方式の組み合わせなどの試行錯誤が行われ，同時にコンピュータでの音合成の技術が発達してきた。それは実際の物理現象をシミュレートして振動の波形を計算によって求めるというものである。たとえば弦の長さ，重さ，張力，共鳴胴の形などからギターの音をコンピュータの中で作り出すのである。これはコンピュータの計算能力が格段に向上して初めて可能になった技術である。

今はシミュレーション方式だけでなく，かつてのアナログ方式もディジタル処理でできるようになっている。シンセサイザも今や中身は一種のコンピュータといえる。そうなるとコンピュータがプログラムによってシンセサイザの機能をもつことは難しいことではない。それをソフトシンセサイザという。これまでのようなシンセサイザという実体を持たないシンセサイザなのである。

9.5.3 MIDI

MIDI（Musical Instrument Digital Interface）とは，電子楽器どうしあるいはコンピュータと電子楽器の間で音楽の演奏や機器の設定の情報をやり取りする信号の世界共通の規格である。

ここで電子楽器にはシンセサイザ，電子ピアノのような鍵盤楽器が多いが，弦楽器や管楽器の形をしたものもある。これらは，演奏方法はどうであれ，音の出し方は共通である。つまり，演奏に用いる部分は単なるセンサーであり，出す音の高さ，強さ，長さなどを感知する。そして，その信号を音を出す装置に送るので

ある．音を発生させる部分は音源と呼ばれ，演奏装置と切り離されていることもある．とくに，コンピュータで自動演奏させる場合には鍵盤などの演奏装置は必要ないので，音源はただの箱のように見える．あるいはコンピュータの中にボードとして格納されて外部から見えないことすらある．

さて，このように MIDI は演奏の情報を，ケーブルを通して伝えるものである．例えば図 9.16 のようにシンセサイザ A のキーボードを演奏して，シンセサイザ B から音を出したり，別の音源から音を出したりすることもできる．また，人間が演奏しなくても，楽譜のような形で演奏情報をコンピュータに入れておけば，コンピュータからシンセサイザや音源に MIDI 信号を送って自動演奏もできる．

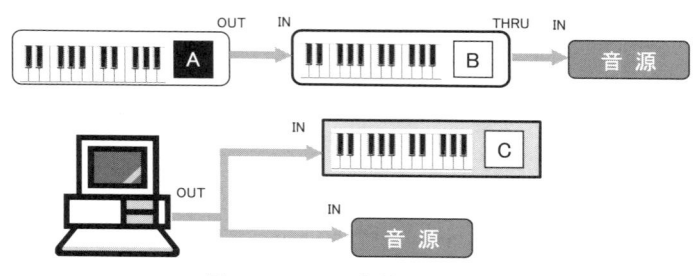

図 9.16 MIDI 信号による制御

9.5.4 MIDI 信号の伝わり方

MIDI 信号は MIDI ケーブルでコンピュータや電子楽器の間を伝わる．このケーブルは原理的には，0,1 の信号は 1 ビットずつ順番に送るシリアル転送である．また MIDI ケーブルの特徴としては図 9.16 上段のようにチェイン接続（芋づる式）ができることがある．MIDI 機器には IN，OUT，THRU（Through）の 3 つの接続端子がある．IN は受信用，OUT は送信用で，THRU は IN から入ってきた信号をそのまま次に送るための端子である．

さて，MIDI 対応のシンセサイザを演奏したとしよう．鍵盤を弾く，ペダルを踏む，音色切り替えのボタンを押す．このような操作を行うと OUT 端子から，それぞれの動作に対応した信号が出てくる．そして MIDI ケーブルの先に別のシンセサイザや音源があれば，それらは信号を受信して必要な動作を行う．

MIDIではこうしたデータがシリアル送信される。ということは，たとえばドミソの3つの音を同時に出したとしても，信号としては，「ドを出せ」「ミを出せ」「ソを出せ」と順番に送られる。そのためミやソの音を出すのが少し遅れることになるのだが，その差が分からないほど十分速く送れるようにしてある。

9.5.5　MIDI信号の構成

MIDIのメッセージには音を出したり止めたり，音色を変えたり，システム全体に関する情報や機器間の同期のための情報などである。メッセージの中で最も多く使われるのがノートオン（音を出す）である。ノートオンメッセージを例にメッセージの構成を説明しよう。

ノートオンのメッセージは図9.17のように3バイトがセットになっていて，3つのバイトの意味は，「ノートオン（命令の種類）＋チャンネル」，「音の高さ」，「音の強さ」である。信号列の1バイト目上位4ビットではノートオン（9）を，下位4ビットで 3チャンネルに送ることを表している。チャンネルとは楽器に割り振られる番号で，1～16（データとしては0～15）がある。

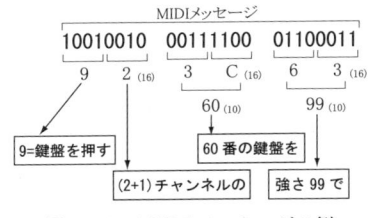

図 9.17 MIDIメッセージの例

2バイト目の00111100（60）はノートナンバーである。これは0～127の値で，半音ステップの音の高さを表す。標準的な88鍵のピアノではノートナンバー21から108までの高さに相当する。

3バイト目はヴェロシティと呼ばれ，やはり0～127の値を指定する。値が大きいほど強く弾いたことになる。本来ヴェロシティ（Velocity）とは「速度」という意味であって「強さ」という意味ではない。それは鍵盤を押す強さの感知に鍵盤が動く速さを代用したからである。

以上で，この3バイトの意味は，「3チャンネルの高さ60の音を強さ99で出せ」ということになる。

9.5.6　MIDI による自動演奏

　MIDI のデータは，コンピュータによる自動演奏に使われる。人が実際に楽器を操作して信号を出さなくても，あらかじめコンピュータに MIDI データをそろえておいて，それを順番に送り出せば自動演奏が行える。

　MIDI 自体にはタイミングに関する機能はないので，自動演奏のためには MIDI 信号をリズムに合わせて正しいタイミングで出さなければならない。それを行う装置やソフトウェアはシーケンサと呼ばれる。大抵のシーケンサは画面に楽譜形式で表示して音楽を作ることができる。データの入力は，実際の楽器を演奏して録音のような感覚で記録することもできるし，1 音符ずつキーボードやマウスで入力することもできる。後者は「打ち込み」と呼ばれ，楽器が演奏できない人でもゆっくりと入力ができるのが利点である。

　自動演奏のデータ量は一般の音楽ファイルに比べて非常に小さい。それは，音楽ファイルが音の波形を記録しているのに対して，シーケンサは MIDI のデータと，それを送り出す時間のデータしか扱っていないからである。このことは，文書を画像ファイルとするかテキストファイルにするかというのと似ている。テキストファイルは文字コードのみを記録し，文字の形は記録しない。

　文字の形は別途フォントという形で記憶している。MIDI においてフォントに対応するのが音色（楽器の種類）である。

　さて，コンピュータミュージックと聞くと，人間らしくない，冷たい，単調というイメージがあるかも知れない。確かに一昔前のコンピュータミュージックはそのような評価を受けてもしかたのないものだった。でも近年では，こうした考え方を改めなければならないようだ。音の高さやリズムをわざと不規則にしたり，音の強弱のメリハリを付けたり，しかも自然の楽器にきわめて近い音をだしたりできるようになり，プロの音楽作製でも非常に多くの場面でコンピュータミュージックが使われているのである。

♪コラム♪ 音程の度

音楽で音程，つまり 2 つの音の高さの違いを度という単位で表します。ところがこれが実にやっかいで，考えれば考えるほど混乱に陥ってしまうようなのです。これが嫌で音楽の授業が嫌いになった人もいるのではないでしょうか。

たとえば C の音を基準に考えて見ましょう。同じ高さの C は 1 度，次の D は 2 度，E は 3 度，F は 4 度，… となります。ここでまず躓きます。同じ高さなら差は 0 じゃないですか。でも 1 度なのです。

そして，もう少し詳しく勉強すると同じ度数でも「完全」「長」「短」「増」「減」などという言葉が出てきます。私たちは 1 オクターブを 12 半音とする音階を使っています。そこで半音の数と度の関係を表にまとめてみました。この規則性がわかりますか。

半音の数	度	半音の数	度
0	完全 1 度	7	完全 5 度
1	短 2 度	8	短 6 度
2	長 2 度	9	長 6 度
3	短 3 度	10	短 7 度
4	長 3 度	11	長 7 度
5	完全 4 度	12	完全 8 度
6	減 5 度，増 4 度		

まず 0 度がないのは差を見ているのではなく，五線譜上で数えて，そこからいくつ目かと考えたからでしょう。たとえば 7 度のことを英語では seventh ということからも分かります。

次に完全と付くのは周波数比が 1 : 1 の 1 度，3 : 4 の 4 度，2 : 3 の 5 度，そして 1 : 2 の 8 度です。ハーモニーが完璧だということで付けられているようです。

ドレミ順で隣どうしの音は 2 度ですが，D と E なら全音（半音 2 個）差，E と F は半音差です。そのような半音 1 個分の違いに関しては「長」「短」「増」「減」を付けて区別します。完全の音程からの半音差には「増」「減」，その他の場合は「長」，「短」を付けます。

これで納得できましたか。いや，まだ疑問は残ります。たとえば半音 8 個分は表で短 6 度となっていますが，これは増 5 度といってはいけないのかなど…。

こうした混乱は純正律に基づいて作られた言葉が平均律でも使われていることに起因します。平均律だけで話をするなら音程は「半音○個分」でおさまります。「長」「短」「増」「減」などが出てくるのは，純正律において同じ半音でも差がいろいろあるからなのです。上の疑問については C と ♯G の音程は増 5 度，C と ♭A は短 6 度となって違うものなのです。つまり純正律には上の表に示した以外の「度」がたくさん存在します。

もっと混乱することをいうと，♭がふたつ重なった「重減」あるいは♯がふたつ重なった「重増」というのもあります。頭が痛くなってきますね。

♪コラム♪ 無限音階

　100Hz と 200Hz と 300Hz の純音を混ぜると，音色は変わるけれど高さとしては 100Hz の純音と同じに感じます．倍音構造を持つ音では一番周波数の低い成分を高さとして感じるというのです．でも，絶対にそうかというと，そうでもありません．たとえば下図 (a) のように，低いドの音から 1 オクターブ上，そのまた 1 オクターブ上と聞こえる限りの純音を混ぜてみましょう．等間隔に描いてありますが，周波数は 2 倍，4 倍，8 倍，… となっています．

　この音の高さは当然ドとして聞こえます．同じようにしてレの音を合成します．そしてミ，ファ，ソ，ラ，シまで作ります．続けて聞くとドレミファソラシと音階を上がる感じがします．ここまでは何も不思議はありません．

　そこで (b) の楽譜のようにこれ繰り返してみます．すると，不思議なことに (c) の楽譜のように 1 オクターブを超えてさらに上に上がっていくように聞こえるのです．本当はシのつぎは下のドを出しているのに，上のドのように聞こえてしまうのですね．これを何度も繰り返すといくらでも上がっていく感じがするので，これを無限音階といいます．周波数成分がオクターブ間隔で同じ程度だと音の高さを 1 オクターブずれて感じてしまうことがあるということです．とくにソラシと徐々に上がってきた後は下のドにいくよりも上のドの方がつながりがいいので，脳が上のドと判断してしまうのです．

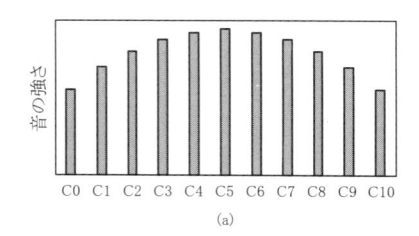

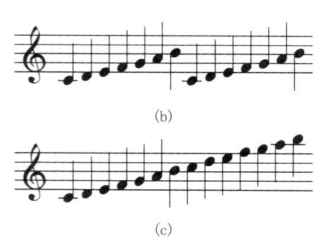

　この不思議な音はいろいろな音楽に取り入れられています．たとえばピンク フロイド（Pink Floyd）のエコーズ（Echoes）という曲のエンディングでは徐々に高くなるコーラスを繰り返し重ねることでいつまでも昇っていく感じをうまく出しています．また，ディープ パープル（Deep Purple）のハイウェイ スター（Highway Star）のイントロでもヴォーカルを重ねることで無限音階の効果を出しています．テレビゲームの好きな人はスーパーマリオ 64 の効果音で無限音階を聞いているかもしれません．

課題・演習問題

1. A=440Hz を基準とした十二平均律の場合，以下の周波数の音はハ長調のどの階名に最も近いか。
    1) 131Hz   2) 330Hz   3) 1400Hz   4) 2350Hz
2. 以下の楽器は HS 五分類法のどれにあたるか調べてみなさい。
    1) 薩摩琵琶   2) フレクサトーン   3) サンポーニャ
    4) ダラブッカ（ドゥンベク）   5) フェンダー ローズ
3. コンピュータの音楽ファイルで WAV 形式（PCM データ）に比べて標準 MIDI ファイルはファイルサイズが 1/1000 以下になる。それはなぜか。

参考図書等

1) スティーヴン ミズン, 熊谷淳子訳, 歌うネアンデルタール ―音楽と言語から見るヒトの進化（早川書房, 2006）.
2) 藤枝守, 響きの考古学（音楽之友社, 1998）.
3) 小方厚, 音律と音階の科学（講談社, 2007）.
4) デイヴ スチュワート, 藤井美保訳, 絶対わかる! 曲作りのための音楽理論（リットーミュージック, 1998）.
5) ダイヤグラムグループ編, 楽器―歴史, 形, 奏法, 構造（マール社, 1992）.
6) 安藤由典, 新版 楽器の音響学（音楽之友社, 1996）.
7) H.F. オルソン, 音楽工学（誠文堂新光社, 1969）.
8) 大蔵康義, 音と音楽の基礎知識（国書刊行会, 1999）.
9) チャールズ テイラー, 佐竹淳, 林大訳, 音の不思議をさぐる（大月書店, 1998）.

第10章　音を測る/聴く/視る

　本章では，音を測定したり可視化する話題を取り上げる．前半ではコンピュータで音を録音，分析，合成，再生する方法を紹介する．特に，ディジタル信号処理により様々な計測値を得る方法については具体的なソフトウェアの使用例を示し，読者が理解を深められるように配慮した．しかし，全ての事例を詳細に記述することは紙面の都合上不可能である．各自で興味を持った部分はそれぞれの専門書等を読んでさらに理解を深めることを期待したい．

　一方，後半では，音に対する各種の実験，音波伝搬の可視化，声紋など，いろいろな角度からの音の観察方法の事例を紹介する．特徴的な音については読者が聴き取れるように CD-ROM に収録した．

10.1　音を測るために

10.1.1　アナログ処理とディジタル処理

　身近なオーディオ機器がそうであるように音や振動の計測器も，その内部処理の大部分はアナログ方式からディジタル方式に置き換わっている．例えば，スペクトル構造を見るために必要であったバンドパスフィルタは以前は電子回路で構成されていたが，これをディジタルフィルタに置き換えれば，現在の計算能力の向上したパソコンなら計測器と同等の処理が可能である．コンピュータプログラムにより，電子回路で行っていた積分処理は加算で，非線形素子を利用した対数変換も関数演算一つで実現してしまう．このようにディジタル化のメリットは絶大である．センサからの信号を AD 変換器でディジタル化するまでのアナログ処理の部分を除けば，計測器の内部処理の大半は汎用のコンピュータで実現できるということを理解しておこう．

10.1.2 ソフトウェア利用の勧め

このように計測器のディジタル化が進んだことにより，プログラミング言語と信号処理に関する知識を持っている人なら，センサ（マイクロホンや加速度ピックアップ）で得られる信号をディジタルデータに変換してコンピュータに取り込むことさえできれば，計測や分析を行うソフトウェアを自作することも可能である。そのため，計測器メーカーも単体で使用する製品ばかりではなく，コンピュータとの接続を意識した製品やコンピュータ上で実行する分析ソフトウェアなどを開発している状況にある。また，インターネット上にもこのような目的のフリーウェアやシェアウェアが数多く公開されており，自分の目的にあったものがあれば活用するのもよいだろう。しかし，ネットから入手したものは全てが正しく動作するとは限らない。使用は自己責任で行い，結果についても十分な検証を行うことを忘れてはならない。

ところで，本章では測定に関わる信号処理を実際に体験してもらうために Octave というフリーウェアを利用した事例を多数掲載することにした。興味のある読者は手持ちのパソコンに Octave をインストールして自身でも同じことを試してみるとよい。計測に対する理解がより深まるものと思われる。

♪コラム♪ **数値解析ソフトウェア Octave**

ディジタル信号処理の分野では MATLAB という有名なソフトウェアがある。Octave はこれとほぼ同等の機能とコマンドを有するフリーウェアであり，GNU によって開発されている。MATLAB で供給されているような多彩な追加パッケージ（Tool Box と呼ばれている）はないものの，基本となる演算処理を利用するだけなら十分な性能を持っている。FFT をはじめとする様々な演算処理も標準でサポートされており，ベクトルや行列演算が C 言語よりも簡単に実行できるという特徴がある。

Octave は元々は UNIX 系のソフトウェアであったが，Windows で利用可能なインストーラ付きのパッケージも供給されている。インターネットの検索サイトで調べればいろいろと情報が得られるので入手されることをお勧めする。公式サイトは http://www.gnu.org/software/octave/ である。

本書では Octave の基本的な文法や詳細な使用法を解説することはページ数の制約上不可能なため割愛するが，多数の解説本[1-4]が出版されているのでそちらを参照されたい。

10.2 音を録る

10.2.1 録音のための機材

　私達が普段耳にする音をディジタル処理するためには，マイクロホンで電気信号に変換された（アナログの）音信号を何らかの方法でディジタル化してコンピュータに取り込まなければならない。精度的なことを無視すれば，これはパソコンに付属するマイクロホンと録音ソフト（例えば Windows ならサウンドレコーダ等）を使えば簡単に実現できる。

　また，音楽を聴くために使うディジタルオーディオプレーヤもレコーディング機能を備えていれば録音したデータを USB 等のインターフェースを介してパソコンに取り込むことが可能である。同様に会議録音用のボイスレコーダも利用できるだろう。これらの製品は半導体メモリに MP3 等のフォーマットで圧縮記録するため，小型で動作音もなく非常に扱い易い。ただし，マイクロホンの性能や記録方式に起因する音質の劣化は避けられない。

　音質をもう少し重視するなら，それなりに価格も高いが非圧縮の PCM 録音が可能な IC レコーダも利用できるだろう。中には，乾電池動作が可能で，ディジタルカメラや携帯電話でよく使われている汎用のメモリカードに直接録音可能な機種も存在する。例えば，筆者が最近使った製品では，録音済みのメモリカードを本体から取り外して小型のカードリーダに入れると USB メモリと同様に扱え，コンピュータから Windows 標準フォーマットの WAV ファイルを簡単に取り出すことができた。

　このように，音をディジタル形式で収録する環境を整えることは一昔前に比べれば随分簡単になったようである。もちろん，厳密な測定をするというなら，精度の保証された計測用のマイクロホンや AD 変換器が必要であることは言うまでもない。しかし，初心者が信号処理の体験を目的とするだけであれば，ひとまず精度的なことは無視して，上述のような身の回りにある機材で音をディジタル化することに挑戦してみてはどうだろう。

10.2.2 ディジタルデータの取り出し

コンピュータに取り込んだ音のファイルを編集したり再生するソフトは（フリーウェアも含めて）いろいろとある。しかし，自分で自由に処理を行うには，C 言語のようなプログラミング言語を使ってプログラムを書かなければならない。それには記述言語の文法以外にも，ファイルの記録フォーマットに関する知識が必要となり，初心者にとっては録音環境を整えるのに比べて遥かに敷居が高い。

少しでもこの敷居を低くするために，本章では Windows 搭載パソコンで WAV ファイル（非圧縮形式）を取り扱うことを前提に，前述の Octave というソフトウェアを利用する方法を紹介していく。

(1) Octave のインストール　本稿執筆時の 2008 年 6 月現在，最も新しい Ver.3.0.1 をインストールしてみよう。公式サイト（http://www.gnu.org/software/octave/）のリンクを辿って Octave-Forge（http://octave.sourceforge.net/）から Windows 用のインストーラ（octave-3.0.1-vs2008-setup.exe）をダウンロードして実行する。（インストールは全て標準の設定でよいが，本書では Graphics backend に Gnuplot を選択した表示例を示している。詳しくは添付の CD-ROM を参照のこと。）

インストール終了後，以下の修正を加える。設定ファイル
`C:¥Program Files¥Octave¥share¥octave¥site¥m¥startup¥octaverc`
をエディタで開いて，その末尾に

```
edit home "c:/octave_files"
if (exist("c:/octave_files", "dir") != 7)
  mkdir("c:/octave_files");
endif
cd c:/octave_files
```

を書き加えて上書き保存する。これにより，Octave を最初に起動した際に，C ドライブに作業用ディレクトリ（Windows ではフォルダという）`octave_files` が自動生成され，カレントディレクトリとして使用できるようになる。設定が難しい場合には，自分で作業フォルダを作成し，起動直後に毎回

```
cd c:/octave_files
```

のコマンドを実行してもよい。

図 10.1 に Octave の起動画面を示す．Octave は対話型のアプリケーションでプロンプト（画面上の > の記号）に続けてコマンドを入力することで様々な処理を実行できる．ちなみに，終了させるときには exit とコマンドを入力する．

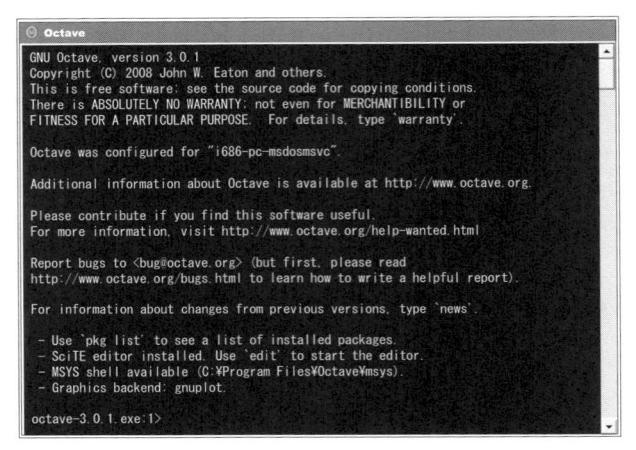

図 10.1 Octave の起動画面

(2) WAV ファイルの読み込み　Octave 3.0.1 では WAV ファイルのデータを読み込む wavread 関数がサポートされており，以下のように使用できる．

Y = wavread(FILENAME)

FILENAME に指定した WAV ファイルを読み込んで，変数 Y にデータを格納する．Y の各列が各チャンネルに対応する．

[Y, FS, BITS] = wavread(FILENAME)

データの読み込みと同時に，FS にサンプリングレート（Hz），BITS にビット数（bit）の情報を取得する．ちなみに，各チャンネルのデータはフルレンジが $-1 \sim +1$ の範囲に対応するように正規化される．

[...] = wavread(FILENAME, N)

先頭から N サンプルだけ読み込む．

[...] = wavread(FILENAME,[N1 N2])

　N1 ～ N2 番目のサンプルを読み込む。

[N, CH] = wavread(FILENAME, "size")

　サンプル数 (N) とチャンネル数 (CH) のみを取得する。

　以下に使用例を示すが，フォルダ c:\octave_files にモノラルで録音した WAV ファイル test.wav が保存されているとき

```
x = wavread("test.wav");
plot(x);
```

のようにコマンドを入力すれば，サンプルデータを変数 x に読み込んで図 10.2 のように時間波形として表示することができる。なお，CD 相当のサンプリングレート（44.1kHz）であれば，10 秒間のデータでも総サンプル数がチャンネルあたり 441000 個となるので，録音時間が長い場合は読み込む位置やサンプル数を指定することが望ましい。

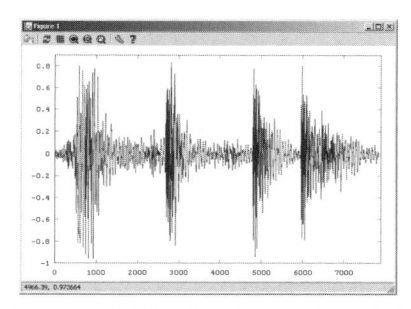

図 10.2 読み込んだ WAV ファイルの表示

　ステレオ録音された WAV ファイルの場合は変数 x に左右両チャンネルのデータがまとめて読み込まれる。これをチャンネル別に変数 L と R に分けるには

```
L=x(:, 1);
R=x(:, 2);
```

とすればよい。これは，x の 1 列目だけを変数 L に，2 列目だけを変数 R に代入するコマンドである。

10.2.3 音を聴く

　WAV 形式のファイルは Windows 上の他の様々なソフトで簡単に再生できるが，Octave からコマンドを使って再生させるには少々工夫が必要である。本書

では，添付 CD-ROM に収録されている WAV ファイル再生アプリケーション wavplay.exe を利用する．収録されている wavplay.exe と wavplay.m を作業用フォルダ c:\octave_files にコピーしておけば，例えば

```
wavplay("test.wav");
```

とコマンドを入力することで，Octave からファイルの再生が可能となる．

10.3 音の大きさを測る

音の大きさの感覚はラウドネスであるが，その第一近似として騒音レベル（A 特性音圧レベル）という測定量があることは 8 章で述べた．ここでは，Octave を使って読み込んだ WAV ファイルに対して騒音計の内部処理を模倣して騒音レベルの計算を試みる．

10.3.1 A 特性フィルタの実現

騒音評価に使う A 特性は，周波数を f[Hz] としてその周波数特性 $A(f)$[dB] が JIS C 1509-1:2006[5] で以下のように定義されている．

$$A(f) = 20\log_{10}\left[\frac{f_4^2}{(f^2+f_1^2)(f^2+f_2^2)^{0.5}}\frac{f^4}{(f^2+f_3^2)^{0.5}(f^2+f_4^2)}\right] - A_{1000} \tag{10.1}$$

ただし，

$$f_1 = 20.60[\text{Hz}],\ f_2 = 107.7[\text{Hz}],\ A_{1000} = -2.000[\text{dB}]$$
$$f_3 = 737.9[\text{Hz}],\ f_4 = 12194[\text{Hz}]$$

である．この定義に従うアナログフィルタの伝達関数 $H(s)$ を求め，さらにこれを双一次変換することにより次のような 6 次の IIR 型のディジタルフィルタの伝達関数 $H(z)$ を得ることができる[6,7]．

$$H(z) = K\frac{(z-1)^4(z+1)^2}{(z-p_1)^2(z-p_2)(z-p_3)(z-p_4)^2} \tag{10.2}$$

10.3. 音の大きさを測る

サンプリングレートを 44.1kHz，1kHz でのゲインを 0dB とした場合，極 $p_1 \sim p_4$ とゲイン K は

$$p_1 = 0.997069439,\ p_2 = 0.984778531,\quad K = 0.3461391778$$
$$p_3 = 0.900034906,\ p_4 = -0.083485762$$

となる。この結果に基づいて A 特性を近似するディジタルフィルタを Octave で実現させるには

```
p = [0.997069439 0.997069439 0.984778531 ...
    0.900034906 -0.083485762 -0.083485762];
z = [1 1 1 1 -1 -1];
K = 0.3461391778;
```

のように変数を定義し

```
[b, a] = zp2tf(z, p, K);
```

でフィルタ係数に変換すればよい。ここで

```
[H, W] = freqz(b, a);
f = W / 2 / pi * 44100;
semilogx(f, 20 * log10(abs(H)));
axis([20 20000 -30 10]);
```

とすれば，周波数特性の概形（横軸:周波数 [Hz]，縦軸:振幅応答 [dB]）を図 10.3 のようにプロットすることができる。また，実際に wavread 関数で読み込んだ WAV ファイルの信号 x に対してフィルタリングを行うには単に

```
y = filter(b, a, x);
```

とするだけでよい。

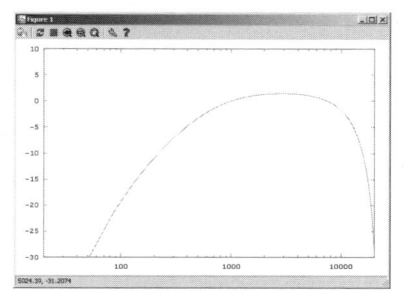

図 10.3 ディジタルフィルタで近似した A 特性

10.3.2 WAV ファイルの作成

騒音計では信号を A 特性フィルタを通した後，直ちに 2 乗検波を行うが，ここでは少し寄り道をしてフィルタリングした音を聴くことを考える。

Octave 3.0.1 ではサンプルデータを WAV ファイルの形式で書き出すために次のような wavwrite 関数が利用できる。

wavwrite(Y, FILENAME)
wavwrite(Y, FS, FILENAME)
wavwrite(Y, FS, BITS, FILENAME)

> 変数 Y に格納されているデータを WAV ファイルに書き出す。FS にサンプリングレート (Hz)，BITS にビット数を指定する。無指定の場合は 8kHz，16-bits に設定される。Y には各列に各チャンネルのデータを格納しておく。

この関数と先に説明した waveplay.exe を利用して

```
wavwrite(y, 44100, "A-weighted.wav");
wavplay("A-weighted.wav");
```

と入力すればフィルタリングした信号 y を WAV ファイルに保存して再生することができるので，一度試してみよう。

10.3.3 騒音レベルの算出

A 特性フィルタを通した信号 y を Octave で 2 乗検波するには

```
y2 = y .^2;
```

とする。ここで，.^2 は系列を要素毎に 2 乗する演算である。動特性回路（時間重み付け特性）[5] を模擬するには規定された時定数（今回は FAST 125ms）を有する 1 次の IIR 型低域通過フィルタ (LPF) を構成すればよく，サンプリングレートが 44.1kHz の場合，フィルタ係数を変数 a2 と b2 に

```
fs = 44100;
Tc = 0.125;
a2 = [1, -exp(-1 / Tc / fs)];
b2 = 1 + a2(2);
```

のように設定し，信号 y2 を

```
y3 = filter(b2, a2, y2);
```

としてフィルタに通すことで実現できる。最後に，y3 を

```
L = 10 * log10(y3);
```

と対数変換すれば騒音レベルが得られる。さらに，

```
plot(L);
```

でレベル変化を図 10.4 のようにプロットもできる。ただし，基準音圧レベルを設定していないので相対レベル表示であることに注意しよう。また，図 10.4 から分かるようにフィルタが十分定常状態に達するまでの区間の算出値は評価に使用すべきではない。

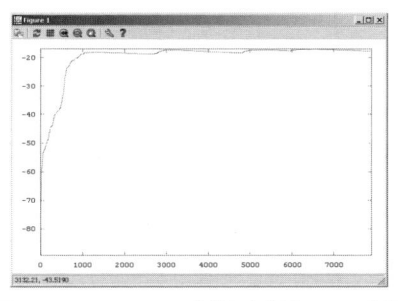

図 10.4　Octave で計算した騒音レベル変化の一例

10.4　音の評価量を求める

ここでは，8.1.3(4) で解説したいくつかの騒音の評価量を Octave を利用して実際に求めることにする。

10.4.1　等価騒音レベルの算出

式 (8.16) で示したように，十分に短い間隔で測られた一連の騒音レベル値 $L_A(0)$, $L_A(1), \cdots, L_A(N-1)$ があれば，近似的に等価騒音レベルを

$$L_{\text{Aeq}} \simeq 10 \log_{10} \frac{1}{N} \sum_{i=0}^{N-1} 10^{L_A(i)/10} \quad [\text{dB}] \tag{10.3}$$

で求めることができる。

第 10 章 音を測る/聴く/視る

> ♪コラム♪ **Octave と外部ソフトとのデータ交換**
>
> Octave の計算結果をファイルに保存したり，逆にファイルに保存された数値を変数に読み込ませる一番簡単な方法は，アスキーファイル（テキストファイル）を介して外部とデータ交換を行うことである。
>
> - 変数の保存
>   例えば，
>
>   ```
>   a = [1:10];
>   ```
>
>   のように作成された 1～10 までの数値列（行ベクトル）a に対して
>
>   ```
>   save -ascii test.txt a
>   ```
>
>   あるいは
>
>   ```
>   save -text test.txt a
>   ```
>
>   と実行すれば，以下のような内容の test.txt という名前のファイルがカレントディレクトリに生成される。
>
>   ```
>   # Created by Octave ....
>   # name: a
>   # type: matrix
>   # rows: 1
>   # columns: 10
>    1 2 3 4 5 6 7 8 9 10
>   ```
>
> - 変数の読み込み
>
>   ```
>   load ファイル名 変数名
>   ```
>
>   と実行すれば，ファイルから同じ名前の変数を探して読み込みが行われる。
>
> - 変数の読み込み（データのみのファイル場合）
>   データの形式などが入力されていない場合（数値のみのファイル）は次のようにする。
>
>   ```
>   a = load("ファイル名");
>   ```

Octave では，前節の A 特性フィルタを通して 2 乗検波した信号 y2 から等価騒音レベルを

```
LAeq = 10 * log10(mean(y2))
```

として算出することができる。ここで，mean は平均を求める関数である。y2 の 1000〜2000 番目の区間のサンプルに限って計算するなら

```
LAeq = 10 * log10(mean(y2(1000:2000)))
```

のようにすればよい。

また，あらかじめ変数 L に騒音レベルの計測値が格納されているような場合は

```
LAeq = 10 * log10(mean(10 .^ (L/10)))
```

により等価騒音レベルの近似値が得られる。例えば騒音計から転送した計測データがテキストファイルとしてコンピュータに保存されていれば，コラムを参考にOctave に読み込めば上述の処理を行うことができる。

10.4.2　単発騒音暴露レベルの算出

A 特性フィルタを通して 2 乗検波した信号 y2 から単発騒音暴露レベルを計算するには，変数 fs にサンプリングレート [Hz] が入力されているものとして

```
LAeq = 10 * log10(sum(y2) / length(y2) * fs);
```

とすればよい。ここで，sum は要素（系列）の総和を，length は要素数（系列長）を求める関数である。

10.4.3　時間率騒音レベルの算出

測定された騒音レベルのヒストグラムや累積度数曲線を描いたり，累積度数曲線の上端から N%のレベル値（時間率騒音レベル）L_{AN} を求めることを考える。

Octave ではヒストグラムを自動生成・描画する hist 関数が利用できる。例えば，変数 L に一連の騒音レベルの計測値が格納されているとき

```
hist(L);
```

とすればヒストグラムが描画される。区間の分割数を指定したい場合には

```
hist(L, 20, 100);
```

とする．このとき，第2引数は分割数，第3引数は百分率でプロットすることを意味している．図 10.5 にプロット例を示す．さらに，

```
L = sort(L);
```

とすれば，変数 L の要素を昇順に並び替えることができるので，続けて

```
N = length(L);
y = [1:N] / N * 100;
plot(L, y);
```

とすれば累積度数曲線を描くことができる（図 10.6）．ここで例えば，データ間を線形補間して 5%時間率騒音レベル L_{A5} を読み取るなら

```
L5 = interp1(y, L, 100-5)
```

とすればよい．

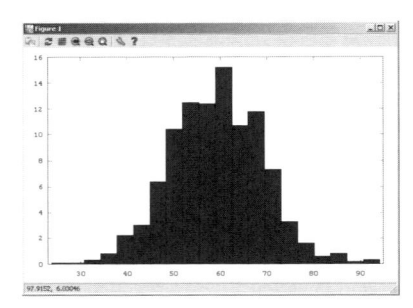

図 10.5　騒音レベル分布のプロット例　　図 10.6　累積度数曲線のプロット例

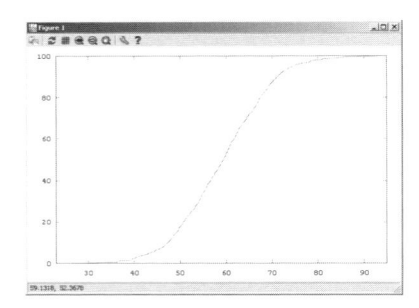

10.5　音を周波数から眺める

音や振動の変化や特徴を時間軸上ではなく，周波数軸上で評価するのが周波数分析である．どのような周波数の成分を含んだ信号であるのか，その構成を調べるのが目的である．従来は一連の帯域フィルタ群に通してレベル計測を行うアナログ方式が主流であったが，今日では高速フーリエ変換（FFT）で分析するディジタル方式が主流となっている．

10.5.1 オクターブ分析

ヒトの音の高さの印象の変化は周波数の対数値の変化にほぼ比例する。楽音では周波数が2倍（これをオクターブ比という）になると1オクターブ上昇するという関係があり、ピアノの鍵盤では白鍵と黒鍵を合わせて1オクターブの中に12個の鍵がある。この場合、下の鍵から半音毎に周波数が $2^{1/12}$ 倍ずつ上昇するが、ヒトは音の高さが均等に上昇するように感じる。このような聴覚の性質に基づいて音の成分を周波数軸上で1オクターブの幅ずつ分解して評価することがある。音の分析では1kHzを基準周波数とするので、1オクターブの区切り方は楽音（9章参照）とは異なる。

各オクターブの区間は中心周波数で区別されるが、中心周波数は区間の上下限値の算術平均（相加平均）ではなく、上下限値の幾何平均（相乗平均）で定義される。ちなみに中心周波数 f_m が1kHzとなるオクターブの区間の下限周波数は

$$f_1 = 1000 \times 2^{-1/2} = 1000/\sqrt{2} \simeq 707.11 [\mathrm{Hz}]$$

上限周波数は

$$f_2 = 1000 \times 2^{1/2} = 1000 \times \sqrt{2} \simeq 1414.2 [\mathrm{Hz}]$$

となる。このとき、上下限周波数の比が

$$\frac{f_2}{f_1} = \frac{1000 \times \sqrt{2}}{1000/\sqrt{2}} = 2$$

とオクターブ比に一致すること、また上下限周波数の幾何平均が

$$\sqrt{f_1 f_2} = \sqrt{1000^2} = 1000 = f_\mathrm{m}$$

と中心周波数に一致することが確認できる。これらの式を一般化すると

$$f_1 = f_\mathrm{m} \times 2^{-1/2} \tag{10.4}$$

$$f_2 = f_\mathrm{m} \times 2^{1/2} \tag{10.5}$$

なる。従って、1kHzを基準周波数として f_m には

$$f_\mathrm{m} = 1000 \times 2^i \ [\mathrm{Hz}] \quad ; i = 0, \pm 1, \pm 2, \cdots \tag{10.6}$$

が選ばれると考えるのが自然な感じがするのだが，現実にはオクターブ比を上述のように2とはせずに，$10^{3/10} \simeq 1.9953$ としていることが多い．JIS C 1513:2002[8]においても，「オクターブ比（Gと表記）として $G=2$（2のべきによる系）と $G=10^{3/10}$（10のべきによる系）のいずれも認める」が，「規格としては後者を推奨する」と記されている．従って，各オクターブ帯域の中心周波数，上下限周波数は厳密には

$$f_\mathrm{m} = 1000 \times G^{\,i} \text{ [Hz]} \quad ; i = 0, \pm 1, \pm 2, \cdots \tag{10.7}$$

$$f_1 = f_\mathrm{m} \times G^{\,-1/2} \tag{10.8}$$

$$f_2 = f_\mathrm{m} \times G^{\,1/2} \tag{10.9}$$

と表現するのが正しい．そして，それぞれの帯域の信号のみを通過させるフィルタのことを1/1オクターブバンドフィルタ（あるいは単にオクターブバンドフィルタ）と呼び，中心周波数を順次切り換えて測定したレベルをオクターブバンドレベルという．

オクターブバンドよりも細かい分析が必要な場合には1オクターブをさらに3分割した1/3オクターブバンドを用いる場合がある．当然，対数軸上で1/3であるので，隣り合うバンドの中心周波数 f_m は下の方から $G^{1/3}$ 倍ずつ変化することになり，

$$f_\mathrm{m} = 1000 \times G^{\,i/3} \text{ [Hz]} \quad ; i = 0, \pm 1, \pm 2, \cdots \tag{10.10}$$

$$f_1 = f_\mathrm{m} \times G^{\,-1/6} \tag{10.11}$$

$$f_2 = f_\mathrm{m} \times G^{\,1/6} \tag{10.12}$$

のように設定される．（同様の考え方で $1/N$ オクターブも定義できる．）

ここで，Octaveを使って $G=10^{3/10}$ として1/3オクターブバンドの中心周波数を計算してみよう．以下のように入力すると，上式の $i=-16 \sim 13$ について f_m が計算できる．（Octaveではコマンド末尾のセミコロンを省略すると計算結果を画面表示するので電卓的な使い方ができる．）

```
G = 10^(3/10)
i = [-16:13]'
1000 * G.^(i/3)
```

10.5. 音を周波数から眺める　**223**

表 10.1　オクターブバンドレベルの帯域（公称値）

1/3オクターブバンド		1/1オクターブバンド	1/3オクターブバンド		1/1オクターブバンド
1.25Hz	1.12Hz		200Hz	178Hz	
1.6Hz	1.41Hz		250Hz	224Hz	250Hz
2Hz	1.78Hz	2Hz	315Hz	282Hz	
2.5Hz	2.24Hz		400Hz	355Hz	
3.15Hz	2.82Hz		500Hz	447Hz	500Hz
4Hz	3.55Hz	4Hz	630Hz	562Hz	
5Hz	4.47Hz		800Hz	708Hz	
6.3Hz	5.62Hz		1kHz	891Hz	1kHz
8Hz	7.08Hz	8Hz	1.25kHz	1.12kHz	
10Hz	8.91Hz		1.6kHz	1.41kHz	
12.5Hz	11.2Hz		2kHz	1.78kHz	2kHz
16Hz	14.1Hz	16Hz	2.5kHz	2.24kHz	
20Hz	17.8Hz		3.15kHz	2.82kHz	
25Hz	22.4Hz		4kHz	3.55kHz	4kHz
31.5Hz	28.2Hz	31.5Hz	5kHz	4.47kHz	
40Hz	35.5Hz		6.3kHz	5.62kHz	
50Hz	44.7Hz		8kHz	7.08kHz	8kHz
63Hz	56.2Hz	63Hz	10kHz	8.91kHz	
80Hz	70.8Hz		12.5kHz	11.2kHz	
100Hz	89.1Hz		16kHz	14.1kHz	16kHz
125Hz	112Hz	125Hz	20kHz	17.8kHz	
160Hz	141Hz			22.4kHz	
（中心周波数）	178Hz	（中心周波数）	（中心周波数）		（中心周波数）

　表示を見れば分かる通り，100Hz, 1kHz, 10kHz 以外は端数が付くため，一般的な呼称や分析器の表示には表 10.1 に示した公称値が用いられる[8]。

　これらのフィルタは従来は電子回路によって構成され，騒音計の実効値検波（あるいは2乗検波）の前段に挿入されてレベル計測が行われた。現在では後述のFFTを用いた分析がよく行われるが，結果の表示をオクターブバンドレベルの形で表示することもある。

　最後に，Octave を使って中心周波数 1kHz のオクターブバンドフィルタを 6 次のバタワース形のディジタルフィルタで実現する例を示しておく。サンプリングレートが 44.1kHz の場合のディジタルフィルタの係数 a と b は

```
G = 10^(3/10);
fm = 1000 * G^0;
f1 = fm * G^-0.5;
f2 = fm * G^0.5;
fs = 44100;
fn = fs/2;
[b, a] = butter(3,[f1/fn, f2/fn]);
```

として求めることができる．ここで，butter はバタワースフィルタを設計する関数であり，第1引数にフィルタ次数（バンドパスの場合はその半分の値）を，第2引数に通過帯域の上下限のカットオフ周波数をナイキスト周波数（サンプリングレートの 1/2）に対する比の形で指定する．サンプル信号 x をこのフィルタに通すには単に

```
y = filter(b, a, x);
```

とすればよい．ただし，フィルタが定常状態に達するまでの期間は出力 y が安定しないことに注意が必要である．また，

```
W = logspace(1,4,500) / 22050 * pi;
H = freqz(b, a, W);
semilogx(W / pi * 22050, 20 * log10(abs(H)));
```

とすれば，横軸を周波数 [Hz] としてフィルタの振幅特性 [dB] を図 10.7 のようにプロットすることができる．

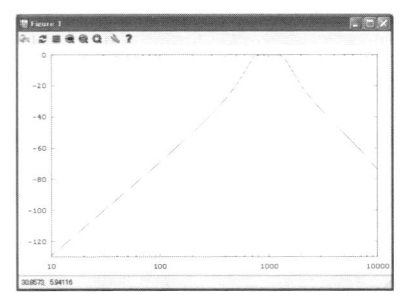

図 **10.7** Octave で設計した 1/1 オクターブバンドフィルタの振幅特性

10.5.2 スペクトル解析 [9,10]

ディジタル化された信号の周波数特性を求めるには高速フーリエ変換（FFT）がよく使われる。このとき，周波数の分析精度（周波数分解能）f_{res} はデータ数 N とサンプリングレート f_s[Hz] によって

$$f_{res} = f_s/N \quad [\text{Hz}] \tag{10.13}$$

で決まる。この値は観測時間長の逆数であり，長時間のデータを用いれば精度が向上することを意味している。ただし，これは解析対象となる信号が時間的に安定している場合の話であり，非定常な信号に対しては目的に応じて分析区間を適切に選ぶ必要がある。（FFT の計算アルゴリズムでは N を 2 のべき乗の値に選ぶことが多い。）

また，分析区間の両端で信号が切り取られて（打ち切りという）解析が行われるため，その部分で信号に大きな不連続が生じ計算結果に誤差が混入する場合がある。これを打ち切り歪という。

さらに，分析可能な周波数の上限がナイキスト周波数（サンプリングレートの 1/2）に制限されているので，これを超える周波数成分が信号に含まれるとディジタル化（標本化）の際に誤差が混入する。これを折り返し歪あるいはエイリアシング（ノイズ）という。

一般には，これら 2 つの誤差の混入は避けられないが，低減させるための方法が知られている。前者については打ち切りの際に窓関数（打ち切り関数）を用いること，後者については AD 変換器の前段にナイキスト周波数より高い成分をカットするフィルタ（アンチエイリアシングフィルタ）を挿入することである。

窓関数には様々な形のものがあり，用途に応じて使い分けることになる。詳細は専門書に委ねるが，バートレット窓（Bartlett window），ハニング窓（Hanning, Hann, raised-cosine window），ハミング窓（Hamming window），ブラックマン窓（Blackman window）などが有名である [11,12]。

さて，FFT の計算結果は複素数となり，絶対値が信号の各周波数の振幅情報を偏角が位相情報を表している。N 個の時間信号から N 個の周波数情報が得られるが，得られた周波数情報は先頭が周波数 0Hz の成分（直流分）を表し，f_{res} の間隔で半分の $N/2$ 個まで（ナイキスト周波数まで）が有効な（正の周波数）成分であり，残りの成分は複素共役な（負の周波数）成分であるため通常は表示しない。

計算結果をプロットする際に，用途によっては横軸の周波数を対数軸でプロットすることがある．一方，縦軸については，振幅成分は dB 単位とするが，着目するバンド（帯域）の積分値がバンドレベルに一致するように単位周波数当たりのレベル値表示とすることが多い．これをスペクトル密度という．位相については，そのまま角度表示とする．

Octave を使えば FFT は簡単に実行できる．変数 x に時間領域のサンプル値が格納されていれば，単に

```
X = fft(x);
```

とするだけで，FFT の結果が変数 X に代入される．サンプル値の個数が変数 N に代入されていれば，これを明示して

```
X = fft(x, N);
```

としてもよい．（N は 2 のべき乗に制限されない．）

FFT の結果は複素数であるので，振幅と位相成分に分けて表示しなければならない．横軸に周波数も明示したいなら，サンプリングレートが変数 fs に格納されているものとして，周波数分解能 fres が

```
fres = fs / N;
```

で求まるので，

```
f = [0:N-1] * fres;
```

とすれば，FFT の結果に対応する周波数が計算でき，これを用いて

```
plot(f(1:N/2), 20 * log10(abs(X(1:N/2))));
```

とすれば振幅特性を

```
plot(f(1:N/2), angle(X(1:N/2)));
```

とすれば位相特性をプロットできる．図 10.8 に振幅特性の計算例を示す．

Octave には，バートレット窓，ハニング窓，ハミング窓，ブラックマン窓を生成する関数が用意されている．長さ N のそれぞれの窓関数は

```
w = bartlett(N);
w = hamming(N);
w = hanning(N);
w = blackman(N);
```

で生成でき，その形状を

```
plot(w);
```

で確認することができる（図 10.9）。同じ長さ N の時間領域のサンプル値が変数 x に格納されていれば，これに窓関数を掛けるには

```
x = x(:) .* w(:);
```

とすればよい。

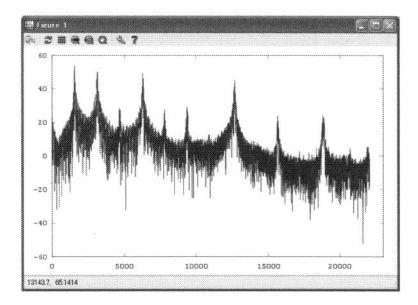

図 10.8　振幅スペクトルのプロット例 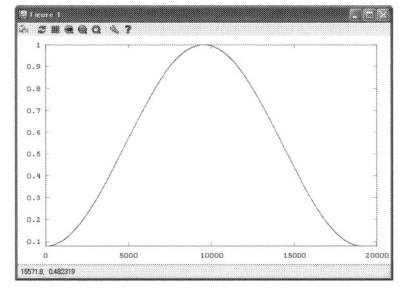　　　図 10.9　hamming 窓のプロット

10.6　音を作る

10.6.1　測定に用いる信号

　音響（騒音）・振動計測には，そこに存在する信号自体の素性を明らかにすることが目的のものと，測定を通じて信号源と受信点間の伝搬特性を把握することが目的のものがある。前者は受信した信号を解析する手法（受動型）であり，後者は自ら信号を発生させ受信点に至るまで反射や透過等の伝搬過程の特性を調べる手法（能動型）である。コウモリやイルカが超音波を発して障害物を見分けたり，

ヒトが八百屋の店先でスイカを叩いて中味を吟味するのも能動型（アクティブタイプ）の測定に分類されよう。

このような能動型の測定を行うには，その用途に適した信号が必要である。ここでは，代表的な計測用途の信号を紹介する。

10.6.2 インパルス信号

厳密な意味でのインパルス信号は数学的にはディラック（Dirac）のデルタ関数 $\delta(t)$ で定義され，以下のような性質を持っている[9,10,13]。

$$\delta(t) = \begin{cases} \infty & ; t = 0 \\ 0 & ; t \neq 0 \end{cases} \tag{10.14}$$

$$\int_{-\infty}^{\infty} \delta(t) dt = 1 \tag{10.15}$$

継続時間が 0，振幅が ∞ であるが，面積が 1 の信号である。この信号はそのフーリエ変換が

$$\Delta(f) = \int_{-\infty}^{\infty} \delta(t) e^{-j2\pi ft} dt = 1 \tag{10.16}$$

となり，全ての周波数成分を均一に含んだ信号である。つまり，信号エネルギーが周波数領域で均一に拡散しているが，時間領域では 1 点に集中した信号と言える。$\delta(t)$ は超関数[9,10]という高校レベルの数学では取り扱わない関数であり，定義通りに発生させることは不可能である。しかし，測定対象となる周波数帯域でエネルギーがある程度均一であればよく，三角波，方形波，sinc 関数で近似される。このような信号はディジタル的には作り易いが，スピーカから効率良く放射することは困難である。そのため，アナログ的には電極間のスパーク放電，競技用ピストル，風船等を用いた音源で代用することが多い。拍手もこの部類に入るが，再現性が低いのが欠点である。振動計測ではインパルスハンマーという装置で加振が行われる。

インパルス信号の用途としてはインパルス応答の直接的測定や残響時間の測定が挙げられる。

10.6.3 正弦波（純音）

意外に感じるかもしれないが，正弦波はインパルス信号とある意味で良く似た（あるいは対極の）信号である。信号エネルギーが時間軸ではなく周波数軸上で一点に集中しており，反対に時間軸で均一に拡散した信号であると言える。音の場合は純音ということもある。

正弦波は測定対象の特定の周波数に対する応答を調べるために使われることが多く，生成・発生が容易でスピーカや加振器からの放射も安定して効率よく行える信号である。ただし，広い周波数帯域にわたって特性を調べるには，周波数を順次変化させて測定を繰り返す必要がある。

44.1kHz サンプリングで 1kHz の正弦波を 5 秒間分作って聞いてみよう。

```
fs = 44100;
f = 1000;
T = 5;
N = fs * T;
i = [0:N-1];
x = 0.5 * sin(2 * pi * f * i / fs);
```

とすれば，正弦波のサンプル値列が変数 x に格納される。これを

```
wavwrite(x', fs, "sin1000.wav");
wavplay("sin1000.wav");
```

とすれば音が再生されるはずである。

10.6.4 チャープ信号（TSP 信号）[14]

正弦波の周波数が時間共に連続して変化する信号である。周波数が規則的に変化し，時間長が短いと鳥の鳴き声のように聞こえるため，チャープ（chirp）信号と言われる。TSP（Time Stretched Pulse）信号と呼ぶこともある。周波数が時間に比例して変化（上昇または下降）するものと，周波数の対数値が時間に比例して変化するものがある。例えば周波数 f[Hz] の正弦波

$$x(t) = A\sin(2\pi f t) \tag{10.17}$$

の（瞬時）位相

$$\theta_i(t) = 2\pi ft \tag{10.18}$$

は時刻 $t[s]$ の1次関数であり，その（瞬時）周波数は

$$f_i(t) = \frac{1}{2\pi}\frac{d\theta_i(t)}{dt} = f \tag{10.19}$$

で求められる．従って，例えば瞬時位相が t の2次式に従う

$$x(t) = \sin\left(2\pi\frac{k}{2}t^2 + 2\pi f_0 t\right) \tag{10.20}$$

のような信号の瞬時周波数は

$$f_i(t) = kft + f_0 \tag{10.21}$$

となり時間に比例して変化することがわかる．ここで，k と f_0 は任意の定数である．

このような原理に基づき逆 FFT を利用して生成された信号が，室内伝達関数の測定等に使われている．TSP 信号は逆の位相特性を持つフィルタを通す（時間軸を反転させた信号と畳み込む，即ち自己相関をとる）ことによって，インパルス信号に戻すことができるため，測定データに対して同じ処理を施しインパルス応答を求めることができる．

Octave を利用して実際に TSP 信号を作ってみよう．詳しい説明は省略するが

```
N = 2^16;
L = N/4;
n = [1:N/2];
a = -4 * pi * L / N^2;
b = -2 * pi * (0.5 - L / N);
P = a * n .^ 2 + b * n;
X = sqrt(N) / 4 * exp(j * [0 P -fliplr(P(1:N/2-1))]);
x = real(ifft(X));
```

とすれば変数 x に TSP 信号が生成されるで，

```
wavwrite(x', 44100, "tsp.wav");
wavplay("tsp.wav");
```

として実際に聞いてみよう．

10.6.5 雑音

雑音は振幅が不規則に変化する信号であり，波形を数式で表現することはできないが，計測に使用する雑音はスペクトル構造の違いなどで区別される。

(1) ホワイトノイズ（白色雑音）[15,16] 振幅分布が正規分布（ガウス分布）に従うためガウスノイズと呼ばれることもある。アナログ的に作成することは難しいが，ディジタル的には容易に作成できる。振幅分布が正規分布に従うように正規乱数をサンプル値とすればよいだけである。（このとき，乱数の標準偏差が振幅の実効値に一致する。）なお，コンピュータで作成されるのは厳密には擬似乱数である。しかし，周期が十分長いのでこのことが実際に問題視されることはほとんどない。

ホワイトノイズは時間的な振る舞いは不規則であるが，十分に長い時間での平均スペクトル（密度）はフラットであり，時間と周波数の双方の領域でエネルギーが均一に拡散された信号と言える。

ホワイトノイズは測定対象となるシステムに入力して，出力の周波数特性を調べたりするとき等に使用する。

Octave で 44.1kHz サンプリングで 10 秒間の白色雑音を作って聞いてみよう。これには $44100 \times 10 = 441000$[個] の正規乱数を

```
x = 0.2 * randn(441000,1);
```

のように作ればよい。randn は平均 0，分散 1 の正規乱数を生成する関数であり，0.2 を掛けているのはオーバーレンジの発生を減らすための処置である。

```
wavwrite(x, 44100, "white.wav");
wavplay("white.wav");
```

として再生してみよう。

図 10.10 と図 10.11 は作成した波形と FFT で求めたその振幅スペクトルである。

(2) ピンクノイズ[16,17] ホワイトノイズのスペクトル密度は周波数 f に依存せず平坦であるが，オクターブバンドレベルは低い方から 3dB ずつ上昇する。奇

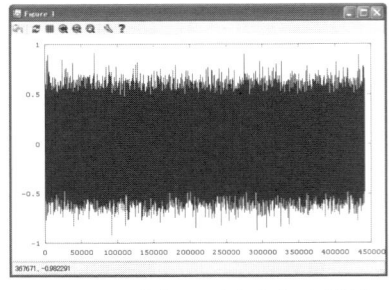

図 10.10 作成した白色雑音（正規乱数）

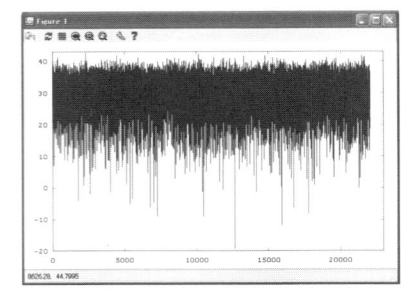

図 10.11 作成した正規乱数の FFT 結果

異に感じるかもしれないが，バンド幅が 2 倍ずつ変化するから，バンド内に含まれるエネルギー（あるいはパワー）も 2 倍すなわち 3dB ずつ変化するからである。

一方，スペクトル密度が $1/f$ に比例して変化（減少）するのがピンクノイズである。こちらはスペクトル密度は -3dB/Oct（オクターブ当たり -3dB 変化することを表す）の傾斜を有するが，オクターブバンドレベルは全て等しくなる。このような特性から，伝達特性をオクターブバンドレベルで評価する場合の信号源に用いたりする。

また，自然音はスペクトル密度が $1/f$ に比例して変化するものが多いため，聴感試験などで背景騒音（雑音）として利用されることもある。

(3) M 系列信号 [18-22) 図 10.12 に示すような n 段の線形帰還形シフトレジスタ回路から出力される 2 値系列（binary sequence）のうち，系列長が $L = 2^n - 1$ であるものを M 系列（Maximum-length linear feedback shift register sequence）という。この系列の $\{0, 1\}$ を $\{+1, -1\}$ に置き換えた信号を M 系列信号と呼ぶ。周期をもつ 2 値信号であるが，周期を長く設定すれば周波数特性もほぼフラットであるため，白色雑音の代わりに使用できる。また，生成が容易で周期性を有するため同期加算などの処理ができ，伝達関数の測定に適した信号である。Octave で 16 段（周期 65535）の M 系列を作成する例を以下に示す。

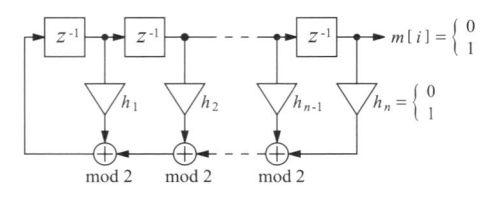

図 10.12 線形帰還形シフトレジスタ回路

10.6. 音を作る

```
id = 32790;
h = bitget(id, 1:32);
n = max(find(h == 1));
L = 2^n - 1;
h = h(1:n);
q = ones(1, n);
m = zeros(1, L);
for i = 1:L
  m(i) = q(n);
  q0 = mod(sum(h .* q), 2);
  q = shift(q, 1);
  q(1) = q0;
endfor
x = 2 * (0.5 - m);
```

ところで，シフトレジスタ回路から発生するM系列（0,1の出現パターン）はフィードバックの取り出し位置（図10.12のh_iが1となっている箇所でタップと呼ばれる）の組み合わせによって決まり，特定の組み合わせでなければ周期が短くなりM系列とならない。上記のOctaveの実行例（コマンド入力）では$h_n \sim h_1$の順に並べたn個の0,1の組み合わせをn桁の2進数として読み取った値をタップの組み合わせを表す識別コードとして最初に変数idにセットしている。表10.2に16段までのM系列を発生する識別コードの一例を示す。なお，16段の

表 10.2 M系列の識別コード

段数	系列数	識別コード
3	2	5(5), 6(6)
4	2	9(9), 12(C)
5	6	18(12), 20(14), 23(17), 27(1B), 29(1D), 30(1E)
6	6	33(21), 45(2D), 48(30), 51(33), 54(36), 57(39)
7	18	65(41), 68(44), 71(47), 72(48), 78(4E),⋯
8	16	142(8E), 149(95), 150(96), 166(A6),⋯
9	48	264(108), 269(10D), 272(110), 278(116),⋯
10	60	516(204), 525(20D), 531(213), 534(216),⋯
11	176	1026(402), 1035(40B), 1045(415), ⋯
12	144	2089(829), 2100(834), 2109(83D), ⋯
13	630	4109(100D), 4115(1013), 4122(101A),⋯
14	756	8213(2015), 8220(201C), 8233(2029), ⋯
15	1800	16385(4001), 16392(4008), 16395(400B), ⋯
16	2048	32790(8016), 32796(801C), 32799(801F), ⋯

※コードは10進表示，括弧内は16進表示

M 系列の生成には 2～3 分を要する．生成ができたら

```
wavwrite(x', 44100, "m-seq.wav")
wavplay("m-seq.wav");
```

として音を聞いてみよう．

10.7 音を視る

音に対する各種の実験，音波伝搬の可視化，声紋など，いろいろな角度からの音の観察方法，例を紹介するとともに，特徴的な音については読者が聴き取れるように CD を用意した．

10.7.1 各種の音響実験

(1) クント（Kundt）の実験 音の振動数，棒の縦波の速さ，ヤング率を求めるものである．図 10.13 に実験装置を示す．ガラス管の中に松脂の粉を均一に散布しておき，右の金属棒を矢印の方向にこすると，金属棒は縦振動の共振周波数で振動する．すると，この周波数の振動がガラス管内の空気を振動させる．左側のコルクを移動させ，管内の音波の共鳴周波数を振動の周波数に一致させると，管内には定在波が発生する．図のガラス管内の波は速度分布を示しており，松脂の粉は激しく振動し，振動速度が 0 となる節の位置に集まる．節と節の間隔は音の半波長になる．こうして求めた波長と音速から金属棒の共振周波数を知ることができ，棒のヤング率を求めることができる．松脂の代わりに，シリコンオイルを用いた実験もあり，このときは振動速度がもっとも大きい腹の位置でオイルが波立ち，腹と腹の間隔から同様に波長を求めることができる．

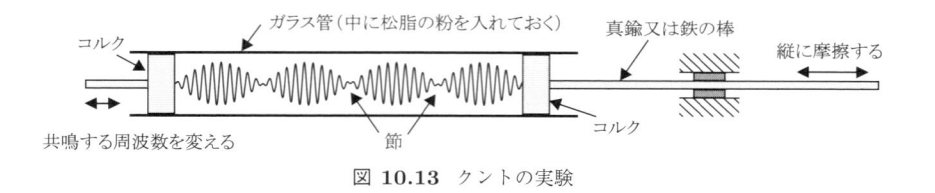

図 10.13 クントの実験

> ♪コラム♪ ヘルムホルツ（Hermann L. F. Helmholtz）
>
> ヘルムホルツ（1821-1894）はドイツ生まれで生理学，物理学，心理学に造詣が深く，医学を学び，軍医として働いたあと，ボンとベルリンで生理学と物理学を教えている。ヘルムホルツ共鳴器は部屋の吸音の一方法として，現在でも使用されている。また，ヘルムホルツの方程式は定常音場の解析に広く利用されている。

(2) Helmholtz 共鳴器の実験 図 10.14 はフラスコを用いたヘルムホルツ共鳴器の実験を示す。フラスコの中にマイクロホンを入れておき，フラスコの口付近で手を叩いたり，口で吹いたりすると，次式の周波数で共鳴する。

$$f = \frac{c}{2\pi}\sqrt{\frac{S}{V\ell}} \tag{10.22}$$

ここに，S はフラスコの首の部分の断面積，c は音速，ℓ, V は，それぞれ首の部分の長さおよび首の部分を除いたフラスコの内容積である。このとき，フラスコの口では空気が激しく出入りしており，首の部分の空気が質量として作用し，フラスコの内の空気がばねとして作用している。

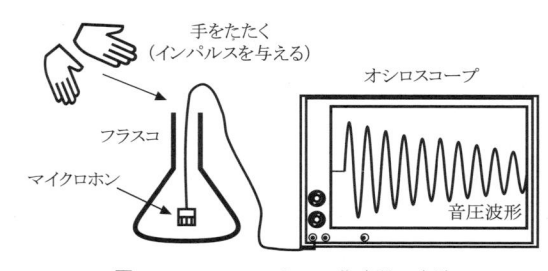

図 **10.14** ヘルムホルツ共鳴器の実験

10.7.2 各種の音

(1) 日光の鳴き竜 音の反射の繰り返しにより，龍が鳴いたように聞こえるものとして，日光の鳴き竜が有名である[25]。鳴き竜が観測されるのは本地堂で，天井が図 10.15 のようにふくらんだ構造になっており，反射音が左右に逃げにくく，残響が長く続くようになっている。

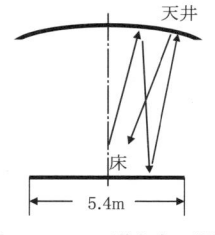

図 **10.15** 天井と床の関係

図 10.16 に NHK で録音された鳴き竜のオシログラムを示す[26]。

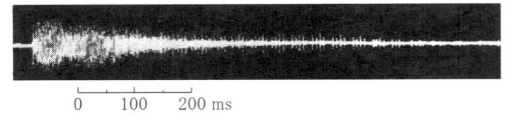

図 10.16　鳴き竜の音の波形

(2) ドップラー効果（CD）　音源が観測者に近づいたり，離れたりしたとき，音の周波数が高くなったり，低くなったりして聞こえる現象をドップラー効果という。図 10.17 にドップラー効果の原理を示す。

(a) 音源が静止しているときの波面　(b) 音源が動いているときの波面

図 10.17　ドップラー効果の原理

音源が静止しているときは，波面の間隔は一定であるが，動いているときは，前方で間隔が狭く，後方で広くなっていることがわかる。各波面間の時間間隔は変わらないことから，波面の間隔が狭いということは，波の波長が短くなることを示している。音速は変わらないことから，波長が短くなると周波数が高くなり，後方では逆に周波数が低くなるのである。図 10.18 にドップ

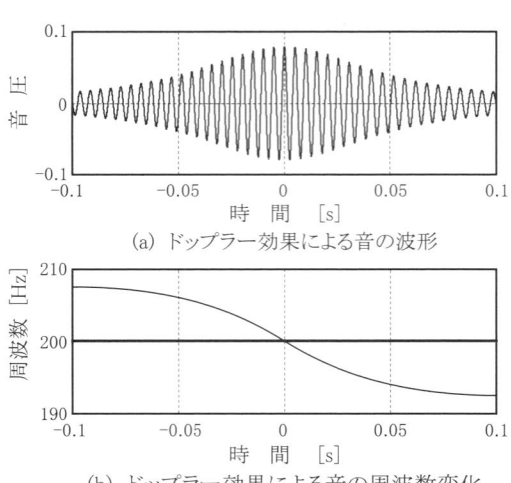

(a) ドップラー効果による音の波形

(b) ドップラー効果による音の周波数変化

図 10.18　ドップラー効果

ラー効果で観測される音の波形と周波数を示す。200Hz の音源が観測者の横 1m を速度 20m/s（72km/h）で通過する場合で，(a) は通過する 0.1 秒前から，通過して 0.1 秒後までの波形であり，(b) はそのときの周波数の変化を示したものである。通過前は音源の周波数 200Hz より高く，通過後は低くなっていることがわかる。

(3) 水琴窟（CD） 地中に埋めた甕のなかに，水滴が落ちたときの反響音を楽しむもので，様々な水琴窟が作られている。図 10.19 に水琴窟の断面図を示す。底に穴を開けた甕が逆さにして地中に埋められ，底は粘土などで固められ，水が溜まるようになっている。水滴が落ちると，音が甕の中で反響し，琴のような音となる。

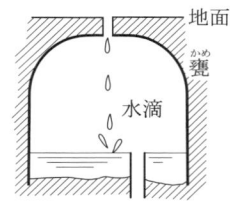

図 **10.19** 水琴窟の断面

10.7.3 音場の可視化

時間領域差分法（FD-TD 法）は，時間ごとに音場を計算できるものである。刻々の時間で求められた音場分布を用いて音の伝搬の様子を可視化して見ることができる。図 10.20 に伝搬の様子を示す。音も水面の波紋のように伝搬することがわかる。

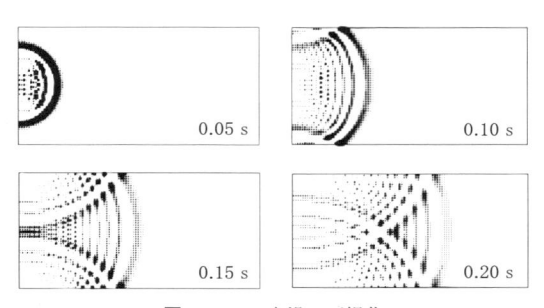

図 **10.20** 音場の可視化

10.7.4 声紋, 音紋

音声や過渡的に変化する音は時々刻々, 周波数が変化する. 横軸を時間, 縦軸に周波数をとり, 各周波数成分の大きさを濃度, 色などで示したものが, 声紋, 音紋である. これにより, その音の特徴がわかり, 音声では声紋は個人個人異なっており, 同じになることはない. 図 10.21 に音声の声紋を示す.「あいうえお」を発音したもので, (a) は男性の声, (b) は女性の声である. 男性に比べ, 女性では周波数が高くなっていることがわかる.

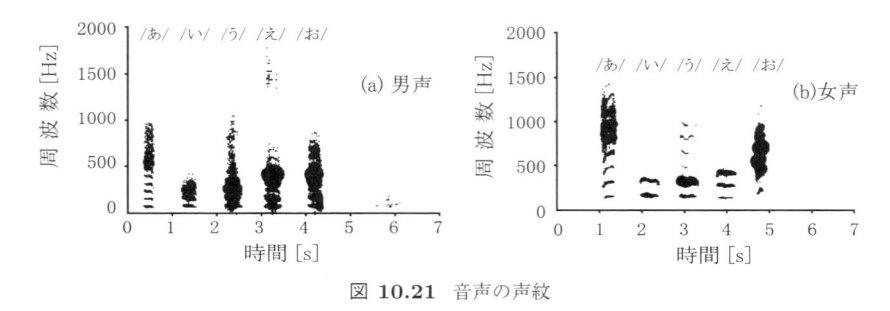

図 10.21 音声の声紋

課題・演習問題

1. ホワイトノイズ, ピンクノイズのように雑音に色の名前がついているのはなぜか. その由来を考えよ.
2. ピンクノイズをディジタル的に生成する方法を考えよ.
3. 1/3 オクターブバンドよりもスペクトル情報を詳細に調べるために 1/6 オクターブバンドや 1/12 オクターブバンドが用いられることがある. これらのバンドの中心周波数と帯域幅の関係を示せ.
4. Octave を使ってホワイトノイズを作り, FFT でその振幅スペクトルを求めて表示せよ.
5. 同様に M 系列信号を生成し, FFT でその振幅スペクトルを求めて表示せよ.

参考図書等

1) 赤間世紀, Octave 教科書（工学社, 2007）.
2) 北本卓也, Octave を用いた数値計算入門（ピアソン・エデュケーション, 2002）.
3) 浪花智英, Octave / Matlab で見るシステム制御（科学技術出版社, 2000）.
4) 青木直史, ディジタル・サウンド処理入門（CQ 出版, 2006）.
5) 日本工業規格, JIS C 1509-1:2005 電気音響 ── サウンドレベルメータ（騒音計）── 第1部：仕様（日本規格協会, 2005）.
6) 樋口龍雄, 川又政征, ディジタル信号処理 ── MATLAB 対応 ──（昭晃堂, 2000）pp.169-173.
7) トーマス・イブ, 中村尚五, プラクティス デジタル信号処理（東京電機大学出版局, 1995）pp.86-97.
8) 日本工業規格, JIS C 1513:2002 音響・振動用オクターブ及び 1/3 オクターブバンド分析器（日本規格協会, 2002）.
9) E.Oran Brigham, *The fast Fourier transform and its applications* (Prentice-Hall,1988).
10) E.Oran Brigham, 宮川洋訳, 高速フーリエ変換（科学技術出版, 1989）.
11) 三上直樹, はじめて学ぶディジタル・フィルタと高速フーリエ変換（ＣＱ出版, 2005）, pp.128-130.
12) 谷萩隆嗣, ディジタルフィルタと信号処理（コロナ社, 2001）, pp.122-130.
13) 松田稔, ディジタル信号処理入門（科学技術出版社, 1988）, pp.136-138.
14) 佐藤史明, "室内音響インパルス応答の測定技術," 日本音響学会誌 **58**(10), pp.669-676 (2002).
15) 飯國洋二, 基礎から学ぶ信号処理（培風館, 2004）p.194.
16) 日本音響学会・金井浩, 音・振動のスペクトル解析（コロナ社, 1999）, p.5.
17) 北村恒二, 騒音と振動のシステム計測（コロナ社, 1975）, pp.68.
18) 柏木濶, M系列とその応用（昭晃堂, 1996）, pp.16-35.
19) 文献 11) pp.151-154.
20) 横山光雄, スペクトル拡散通信システム（科学技術出版社, 1988）, pp.393-424.
21) G.Hoffmann de Visme, 伊理正夫・伊理由美訳, 2値系列（共立出版, 1977）, pp.1-90.
22) Ray H. Pettit, *ECM and ECCM Techniques for Digital Communication Systems* (Lifetime Learning Publications, Belmont 1977), pp.45-49.
23) 吉田卯三郎, 武居文助, 物理学実験（三省堂, 1954）, p.123.
24) 吉澤純夫, 音波シミュレーション入門（CQ 出版社, 2002）.

25) "鳴き竜"は，吉澤純夫，音のなんでも実験室，——講談社ブルーバックス——関連サイト http://www.hi-ho.ne.jp/touchme/otononandemo.htm. で鑑賞できる．

26) 石井聖光, 平野興彦, "本地堂の"鳴き竜"復元に関する研究," 生産研究 **17**(4), pp.75-81 (1965).

27) 佐藤雅弘, 弾性振動・波動の解析入門 13（森北出版, 2003）．

索引

【A–Z】

AAC　　*112*
AC3　　*113*
ATRAC　　*112*
A 特性音圧レベル　　*28, 158, 214*

C 値　　*142*

Eyring–Knudsen の残響式　　*133*
Eyring の残響式　　*132*

G 特性　　*165*

Kundt　　*234*

L 値　　*137*

MIDI　　*112, 201*
MKS 単位系　　*21*
MP3　　*210*
mp3　　*70, 111*
Mpeg　　*111*

NC 曲線　　*138*
NR 曲線　　*138*

PCM 方式　　*110*
phon　　*69*
P 波　　*2, 169, 170*

RASTI　　*140*
R.R 値　　*142*
R 波　　*2*

Sabine の残響式　　*131*
sone　　*69*
STI　　*140*
S 波　　*2, 169, 170*

TSP 信号　　*229*

VGL 曲線　　*72*

WAV 形式　　*213*
WAV ファイル　　*210–212, 214, 216*

【あ】

圧力型マイクロホン　　*80*
穴あき板　　*122*
鐙骨　　*65*
アレクサンダー グラハム ベル　　*23*
暗騒音補正　　*30, 32*

【い】

移調　　*187*
イヤホン　　*75, 87*
インパクトボール　　*137*
インパルス応答　　*230*
インパルスハンマー　　*228*
インピーダンス　　*76*

【う】

Weber–Fechner の法則　　*67*
ウェーバー・フェヒナーの法則　　*25*
Weber の法則　　*67*

【え】

エアリード　　*193*
エイリアシング　　*225*
エコー　　*140*
エジソン　　*85, 87, 105*
エレクトレットマイクロホン　　*84*
円形ピストン　　*61, 93*

242　索　引

【お】

オクターブ　29, 182, 221
音のエネルギー　6, 16, 18, 130
音の大きさ　69, 214
音の強さ　6, 18, 24, 130, 154
音圧傾度型マイクロホン　80, 84
音圧レベル　24, 27, 66, 152, 159
音階　29, 181–183
音楽の3要素　181
音響インピーダンス　61
音響質量　61
音響抵抗　61
音響エネルギー密度　130
音響出力　18, 24, 91, 95, 134, 153
音響パワーレベル　24
音声　101
音節明瞭度　140
音速　2, 3, 18, 49, 131
音程　186
音名　183
音紋　238

【か】

カーボンマイクロホン　85, 87, 104
外耳　64
階名　183
会話妨害　171
拡散による減衰　151
蝸牛　65
拡散音場　125, 130
拡散処理　144
カクテルパーティ効果　9, 71
可聴音　15, 22
感覚閾値　168
環境影響評価法　172
環境基準　172
環境基本法　172
環境振動　165, 166
間欠騒音　160
干渉　52, 128
管内法　119

【き】

幾何音響学　130
規制基準　168

砧骨　65
基本周波数　101, 102
逆2乗則　152
吸音材料　118
吸音率　118
吸音力　118, 131
共振角周波数　79
共振作用　95, 102
共振周波数　79, 95, 234
共振の山　103
強制振動解　37
狭帯域雑音　70
共鳴　53
共鳴機構　124
共鳴吸音特性　121
共鳴周波数　54, 62, 123, 234
距離減衰　151

【く，け】

空気の音響吸収による減衰　154
屈折現象　156
軽量床衝撃音　137
弦の振動　38, 188

【こ】

コインシデンス　125
公害振動　165, 166
高速フーリエ変換　108, 220, 225
呼吸球　55, 57, 60
固体音　137
五分類法　193
固有振動モード　41, 54, 128
コンデンサマイクロホン　83, 85
コンピュータミュージック　204

【さ】

最小可聴音圧　15
最小可聴値　18, 23, 66, 68
最大可聴音圧　15
最大可聴値　19, 66
最短伝搬経路差　156
最適残響時間　141
残響時間　130, 141
残響室法吸音率　119

索　引

サンプリング定理　　104, 107

【し】

時間重み付け特性　　167, 216
時間帯補正等価騒音レベル　　163
時間率騒音レベル　　163
指向係数　　134
実効値　　15, 66, 231
室定数　　134
質量則　　125
時定数　　166, 216
遮音　　118
遮音材料　　124
遮音等級　　137
十二平均律　　182
周波数重み付け特性　　166, 167
周波数の弁別限　　68
周波数分析　　108, 220
重量床衝撃音　　137
手腕振動　　171
純音　　138, 195, 229
純正律　　187, 188
衝撃音　　160
障壁による減衰　　155
シンセサイザ　　198
振動加速度レベル　　28, 72, 167
振動感覚補正　　166
振動規制法　　165
振動レベル　　28, 166, 168

【す】

垂直入射吸音率　　119
垂直入射透過損失　　125
睡眠妨害　　164, 171
スーパーオーディオ　　111
スピーカ　　75, 90
スペクトル　　195, 196

【せ】

声帯　　101
静電マイクロホン　　83
声道　　102
声門波形　　101
西洋音階　　182
線音源　　153

セント　　186
声紋　　238

【そ】

騒音規制法　　172
騒音レベル　　27, 150, 158, 214, 217
総合透過損失　　135
速度型マイクロホン　　84

【た】

第1波面の法則　　70
体積速度　　61, 76
ダイナミック型イヤホン　　88
ダイナミックマイクロホン　　81, 82, 85
多孔質材料　　120
畳み込む　　230
タッピングマシーン　　137
縦波　　1, 2, 136, 169, 170
弾性材料　　127
短調　　182
単発騒音暴露レベル　　162, 219

【ち，つ】

中耳　　64, 65
調音　　102
聴覚器官　　64
長調　　182

槌骨　　65

【て】

定在波　　52, 128, 234
ディジタルオーディオプレーヤ　　210
ディジタルフィルタ　　214, 215, 223
低周波音　　165
デシベル　　66, 87
テルミン　　198
点音源　　57, 151
電気音響変換器　　76

【と】

等価騒音レベル　　161
透過損失　　124

透過率　125
等感度曲線　72
動電変換器　75
等ラウドネス曲線　68
ドップラー効果　236
ドルビー　サラウンド　ディジタル
　　113

【な，に】

ナイキスト　104, 107
内耳　64, 65
内部減衰係数　170
流れ抵抗　120
鳴き竜　235, 236

ニュートン　21
音色　11, 196
Haas 効果　70

【は】

ハーモニー　181, 191
倍音　191
背景騒音　232
バイノーラル　71
ハイパボリックホーン　98
白色雑音　231
波数　51, 94
波長　3, 120, 234
発声器官　101
発声機構　180
パラボリックホーン　98
板状材料　121
半無限障壁　155

【ひ】

非圧縮記録方式　110
ピークファクタ　104
ピタゴラスの音階　187
ピッチ　101, 102, 201
表面波　2, 136, 169
ピンクノイズ　232
フレネル数　156

【ふ，へ】

文章了解度　140

平均自由行程　132
平均律　182, 185, 189
ベル　87
ヘルムホルツ共鳴器　235
ヘルムホルツの共鳴器　61, 122
弁別限　67

【ほ】

ホーン型スピーカ　91
ホーンスピーカ　98, 105
補正振動加速度　168, 171
ホルマント　103
ホワイトノイズ　231

【ま】

マイクロホン　75, 79
曲げ波　136
マスカー　70
マスキー　70
マスキング　70
窓関数　225

【む，め】

無限音階　206
無指向性　78, 80, 134
明瞭度　140
面音源　54, 153
面密度　121, 126

【ゆ】

有声音　102
床衝撃音　136

【ら，り】

ラウドネス　68, 214

利得　30
両耳効果　71
量−反応曲線　164

【わ】

ワウ・フラッタ　105

著者紹介

[編著者]

久野 和宏（くの かずひろ）[三重大学 名誉教授，愛知工業大学 教授：編集，1，2章]
音響工学，音と文化，データ解析などの研究に従事。

野呂 雄一（のろ ゆういち）[三重大学 准教授：編集，2，10章]
ディジタル信号処理，音響計測，騒音の予測・評価などの研究に従事。

[著　者]

井　研治（いのもと けんじ）[愛知工業大学 教授：：4，5，6章]
音とその信号処理などの研究に従事。

堀　康郎（ほり やすろう）[愛知工業大学 教授：：3，10章]
振動工学，音響工学などの研究に従事。

成瀬 治興（なるせ はるおき）[愛知工業大学 教授：7章]
建築音響，環境振動などの研究に従事。

吉久 光一（よしひさ こういち）[名城大学 教授：8章]
建築環境工学，道路交通騒音予測，騒音伝搬などの研究に従事。

大石 弥幸（おおいし やさき）[大同工業大学 教授：9章]
騒音・振動に関する社会調査データの収集・蓄積・管理，聴覚などの研究に従事。

岡田 恭明（おかだ やすあき）[名城大学 准教授：3，8章]
建築環境工学，環境影響評価，道路交通騒音予測などの研究に従事。

佐野 泰之（さの やすゆき）[アクト音響振動調査事務所 課長：4，8章]
各種騒音，振動に関する調査，研究に従事。

付録 CD-ROM について

本書の第 8 章〜第 10 章の内容に関わるファイルを付録 CD-ROM にまとめました。

CD-ROM 内のディレクトリ（フォルダ）と収録内容は以下の通りです。

第 8 章に関しては，地盤振動における縦波（P 波）と横波（S 波）の伝搬を説明する動画（アニメーション）を収録しました。

9 章については，各種音階や和音を実際に聞いていただけるように合成音を WAV 形式のファイルとして保存してあります。また，コラムにある無限音階も収録しました。

10 章については，本文中で紹介した Octave というソフトウェアのインストールに関するメモと WAV ファイルの再生機能を追加するアプリケーションソフト（wavplay.exe）を収録しました。Octave 本体のインストーラは収録していませんので，インストールを試みられる方は収録されているメモ（PDF ファイル）に従って，公式サイトから各自ダウンロードをお願いします。また，Octave で実行できるスクリプトや関数（通称 M ファイル）も収録しています。Octave の基本操作を覚えたら活用してみてください。その他，FD-TD 法のシミュレーション結果（音伝搬を可視化した動画），水琴窟の音，ドップラー効果の音（周波数が変動する合成音）も収録しています。

収録ファイルの詳細については各ディレクトリ内の readme.txt をご覧ください。

```
─ cd-rom
   ├ readme.txt
   ├ movie
   │   ├ FDTD-I.mpg
   │   ├ FDTD-L1.mpg
   │   ├ FDTD-L2.mpg
   │   ├ FDTD-T.mpg
   │   ├ FDTD-W.mpg
   │   ├ FDTD-Y.mpg
   │   ├ p-wave.mpg
   │   ├ readme.txt
   │   └ s-wave.mpg
   ├ software
   │   ├ readme.txt
   │   ├ m-file
   │   │   ├ A_filter.m
   │   │   ├ bandnoise.m
   │   │   ├ cal_level.m
   │   │   ├ intertone.m
   │   │   ├ make_mseq.m
   │   │   ├ make_sin1000.m
   │   │   ├ make_tsp.m
   │   │   ├ make_white.m
   │   │   ├ play.m
   │   │   ├ plot_A_filter.m
   │   │   ├ plot_oct_filter.m
   │   │   ├ readme.txt
   │   │   ├ showspec.m
   │   │   └ tone.m
   │   ├ octave_install
   │   │   ├ Octave301install.pdf
   │   │   └ readme.txt
   │   └ wavplay
   │       ├ readme.txt
   │       ├ wavplay.exe
   │       └ wavplay.m
   └ sound
       ├ chapter09
       │   ├ chord_C.wav
       │   ├ chord_C7.wav
       │   ├ chord_Cm.wav
       │   ├ chord_Csus4.wav
       │   ├ equ_chord.wav
       │   ├ equ_chord2.wav
       │   ├ equ_scale.wav
       │   ├ jst_chord.wav
       │   ├ jst_chord2.wav
       │   ├ jst_scale.wav
       │   ├ Maqam_scale.wav
       │   ├ Okinawa_rand.wav
       │   ├ Okinawa_scale.wav
       │   ├ pyt_chord.wav
       │   ├ pyt_chord2.wav
       │   ├ pyt_scale.wav
       │   ├ readme.txt
       │   ├ ro_scale.wav
       │   └ shepard.wav
       └ chapter10
           ├ dop-200-1.wav
           ├ dop-200-20.wav
           ├ dop-440-1.wav
           ├ dop-440-20.wav
           ├ mseq.wav
           ├ pink.wav
           ├ readme.txt
           ├ sin1000.wav
           ├ suikin.mp3
           ├ tsp.wav
           └ white.wav
```

―音・振動との出会い―
音響学ABC

2009年2月20日　1版1刷　発行
2016年3月25日　1版4刷　発行

定価はカバーに表示してあります。

ISBN978-4-7655-3436-9 C3052

著　者　久野和宏・野呂雄一・井　研治
　　　　堀　康郎・成瀬治興・吉久光一
　　　　大石弥幸・岡田恭明・佐野泰之

発行者　長　　　滋　彦

発行所　技報堂出版株式会社
　　　　〒101-0051　東京都千代田区神田神保町1-2-5
　　　　電　話　営業　(03)(5217)0885
　　　　　　　　編集　(03)(5217)0881
　　　　FAX　　　　　(03)(5217)0886
　　　　振替口座　00140-4-10
　　　　http://gihodobooks.jp/

日本書籍出版協会会員
自然科学書協会会員
土木・建築書協会会員

Printed in Japan

Ⓒ Kazuhiro Kuno, Yuichi Noro et al., 2009

装幀　冨澤　崇　　印刷・製本　三美印刷

落丁・乱丁はお取替えいたします。
本書の無断複写は，著作権法上での例外を除き，禁じられています。

● 小社刊行図書のご案内 ●

建築音響 ―反射音の世界―
久野和宏・野呂雄一編著　　　　　　　　　　　　　　　　　　　　　　　　A5・294 頁

建築音響学の物理的基盤を形成する残響場について，さまざまな視点からモデル化と定式化を行い，その具体的な応用を紹介する。前半では，残響や拡散の概念とそのモデル化，および定式化に関する基礎的な理論を中心に解き明かし，後半では，残響理論のさまざまな問題への応用事例と，今後の展望について記述。建築音響を志す学生，残響理論とその応用に関心を寄せる研究者・技術者，環境問題に携わる行政部局の担当者，建設業者・コンサルタント業者必携の書。

騒音規制の手引き [第2版] ―騒音規制法逐条解説/関連法令・資料集―
日本騒音制御工学会編　　　　　　　　　　　　　　　　　　　　　　　　　A5・700 頁

「騒音規制法」の逐条解説とともに，最新の規格，通知・通達など，関連資料を網羅的におさめる。2002年版以降の改正点に対応，資料編も充実した最新版．騒音に関する苦情は，公害苦情件数のなかで常に上位を占める。他方，「騒音規制法」は，指定地域制がとられていること，特定施設，特定建設作業について届出制となっており，年間 10 万件近い届出があること，自動車騒音について常時監視が規定されていること，改正が繰り返されていることなどから，法文解釈上，疑義が生じることが多い。本書により，その適切な運用が図れよう。

振動規制の手引き ―振動規制法逐条解説/関連法令・資料集―
日本騒音制御工学会編/振動法令研究会著　　　　　　　　　　　　　　　　　A5・356 頁

公害のなかで騒音とともに苦情陳情の多い問題である振動の規制を目的に，1976 年に制定された「振動規制法」は，振動問題に関する国レベルの規定としては世界初のものである。しかし，制定からすでに 25 年以上が経過し，最近は，国と地方自治体をめぐる状況も大きく変化し改正が繰り返されるようになり，また国際動向の変化とも相まって，同法の詳しい解説書を望む声は次第に高まりつつあった。本書は，そのような声に応えるべくまとめられた書で，適切な運用が図れるよう，「振動規制法」を条文ごとに詳細に解説し，必要に応じて補足説明を行うとともに，関連法令，審議会答申などの行政資料を網羅的におさめている。

騒音と日常生活 ―社会調査データの管理・解析・活用法―
久野和宏編著　　　　　　　　　　　　　　　　　　　　　　　　　　　　　B5・332 頁

自治体による騒音の測定・調査データなどは，単純な集計が行われ，型通りの報告書がつくられた後は，死蔵，散逸するケースがほとんどである。本書は，著者らが長年かかわってきた騒音に関する社会調査データの収集・管理・解析・活用法について解説する書。まず，音や耳の性質，音の定量的表し方などの基礎知識にふれた後，騒音に関する具体的なフィールド調査の概要と結果を示しながら，騒音調査の方法と，各種解析によるデータに内在する声（データの集合としての合唱効果=法則性）の抽出，活用の一端を紹介し，さらに，データ管理・蓄積システムの実際とデータ解析方法について論じている。

道路交通騒音予測 ―モデル化の方法と実際―
久野和宏・野呂雄一編著　　　　　　　　　　　　　　　　　　　　　　　　A5・318 頁

道路交通騒音予測モデルを考え，定式化するプロセスに主眼を置き，予測の現状と動向を概説。【主要目次】時間率騒音レベルと等価騒音レベル/環境基準と要請限度/騒音予測の骨組と基本的な考え方/車の音響出力/騒音の伝搬特性/等間隔モデル/指数分布モデル/一般の分布モデル/沿道の騒音レベルに対する予測計算式の適用/交通条件と変化と騒音評価量/等価騒音レベルの簡易予測計算法/トンネル坑口，半地下道路，市街地道路周辺の騒音予測/幾何音響学と回折理論/前川チャート，ほか。

技報堂出版　TEL 営業 03(5217)0885　編集 03(5217)0881
　　　　　　FAX 03(5217)0886